建筑工程施工管理与技术研究

刘太阁　杨振甲　毛立飞　主编

吉林科学技术出版社

图书在版编目（CIP）数据

建筑工程施工管理与技术研究 / 刘太阁，杨振甲，毛立飞主编. -- 长春 : 吉林科学技术出版社，2022.8

ISBN 978-7-5578-9415-3

Ⅰ. ①建… Ⅱ. ①刘… ②杨… ③毛… Ⅲ. ①建筑工程－施工管理－研究 Ⅳ. ①TU71

中国版本图书馆 CIP 数据核字（2022）第 113595 号

建筑工程施工管理与技术研究

主　　编　刘太阁　杨振甲　毛立飞
出 版 人　宛　霞
责任编辑　管思梦
封面设计　树人教育
制　　版　树人教育
幅面尺寸　185mm×260mm
开　　本　16
字　　数　340 千字
印　　张　15.375
印　　数　1-1500 册
版　　次　2022年8月第1版
印　　次　2022年8月第1次印刷

出　　版　吉林科学技术出版社
发　　行　吉林科学技术出版社
地　　址　长春市南关区福祉大路5788号出版大厦A座
邮　　编　130118
发行部电话/传真　0431-81629529　81629530　81629531
81629532　81629533　81629534
储运部电话　0431-86059116
编辑部电话　0431-81629510
印　　刷　廊坊市印艺阁数字科技有限公司

书　　号　ISBN 978-7-5578-9415-3
定　　价　65.00 元

前 言

我国现代化建设中，建筑工程越来越成为国民经济发展的支柱产业。社会和科技的发展，对建筑工程管理提出了更高的要求，并对如何解决这些问题提出了具体的措施。建筑工程的重点就是建筑工程施工，建筑工程施工是建筑施工技术管理水平的重要体现，是各种施工最重要的要素。对建筑工程建设进行全方位施工技术管理，以最佳的建筑施工模式和经济效益模式为提高建筑工程企业的经济效益，不断提高企业的社会影响力，为建筑工程施工企业的发展赢得更为广阔的生存空间。

本书主要讲述了建筑工程施工管理与技术研究的相关内容，建筑工程施工安全与效率关系人们的日常生活。本书通过对建筑工程中各个项目的管理与研究，介绍了建筑施工各个环节的施工技术和方法，详细介绍了建筑工程分部分项和建筑工程安全管理的相关内容。

建筑工程质量与施工技术、现场施工管理有很大关系。随着社会经济水平的提升，人们对建筑物所提出的要求也就越来越高，功能也逐渐多样化，建筑企业为了满足人们需求也应用了很多新技术与新工艺，但施工技术与现场施工管理依然是重点内容，因此，建筑施工应联系实际情况找出存在于现场管理的技术问题与管理问题，并提出一些有效的整改措施，希望为相关人士带来有效参考，做好建筑施工管理工作。

由于笔者经验不足，书中难免存在错漏，望广大读者予以批评指正。

目录

第一章　我国建筑工程施工技术发展概况

第一节　我国建筑工程施工技术的发展

一、建筑工程施工技术的发展

我国古代建筑施工技术有着辉煌的成就，早在公元前2000年就已经掌握了夯填、砌筑、营造、铺瓦、油漆等方面的施工技术。

新中国成立以来，我国经过60多年的社会主义建设，建筑施工技术得到了不断的发展和提高，并取得了举世瞩目的成就。“一五”时期，我国建成长春第一汽车制造厂、武汉长江大桥、成渝铁路及川藏、青藏公路等595个大中型建设项目。此后，相继建成的人民大会堂、北京火车站、民族文化宫等“国庆十周年十大建筑”。20世纪六七十年代，虽然建筑业受到国家经济困难及“文革”影响，但广大建设人员仍然努力建成了南京长江大桥、成昆铁路、胜利油田、刘家峡水电站、上海电视塔、北京饭店新楼等一大批极具影响力的工程项目。改革开放以后，上海宝山钢铁总公司、长江三峡工程、青藏铁路、大亚湾核电站、杭州湾跨海大桥、上海东方明珠塔、国家体育场“鸟巢”、西气东输与南水北调工程，以及全国各地众多的新技术开发区、新建机场、地铁工程、高速铁路等一大批举世瞩目的特大型土木建筑工程，高质量、高速度地陆续建成并投入使用，极大地促进了我国国民经济的快速发展，同时向世界展示了我国建筑业的综合实力。

在建筑施工技术方面，我国不但掌握了大型工业建筑、多高层民用建筑与公共建筑施工的成套技术，而且在地基施工中推广应用了灌注桩后注浆技术、长螺旋钻孔压灌桩技术、水泥粉煤灰碎石桩（CFG桩）复合地基技术、真空预压法加固软土地基技术、土工合成材料应用技术、复合土钉墙支护技术、型钢水泥土复合搅拌桩支护结构技术、工具式组合内支撑技术、逆作法施工技术等新技术。

在混凝土技术中，我国推广应用高耐久性混凝土技术、高强度高性能混凝土技术、自密实混凝土技术、轻骨料混凝土技术、纤维混凝土技术、混凝土裂缝控制技术、超高泵送混凝土技术、预制混凝土装配整体式结构施工技术。

在钢筋及预应力技术中，我国推广应用高强度钢筋应用技术、钢筋焊接网应用技术、大直径钢筋直螺纹连接技术、无黏结预应力技术、有黏结预应力技术、索结构预应力施工技术、建筑用成型钢筋制品加工与配送技术、钢筋机械锚固技术。

在模板及脚手架技术中，我国推广应用清水混凝土模板技术、钢（铝）框胶合板模板技术、塑料模板技术、组拼式大模板技术、早拆模板施工技术、液压爬升模板技术、大吨位长行程油缸整体顶升模板技术、贮仓筒壁滑模托带仓顶空间钢结构整体安装施工技术、插接式钢管脚手架及支撑架技术、盘销式钢管脚手架及支撑架技术、附着升降脚手架技术、电动桥式脚手架技术等新技术。

在钢结构中，我国推广应用深化设计技术、厚钢板焊接技术、大型钢结构滑移安装施工技术、钢结构与大型设备计算机控制整体顶升与提升安装施工技术、钢与混凝土组合结构技术、住宅钢结构技术、高强度钢材应用技术、大型复杂膜结构施工技术、模块式钢结构框架组装吊装技术等。同时，我国推行绿色施工技术，如基坑施工封闭降水技术、基坑施工降水回收利用技术、预拌砂浆技术、外墙自保温体系施工技术、粘贴式外墙外保温隔热系统施工技术、现浇混凝土外墙外保温施工技术、硬泡聚氨酯外墙喷涂保温施工技术、工业废渣及（空心）砌块应用技术、铝合金窗断桥技术、太阳能与建筑一体化应用技术、供热计量技术、建筑外遮阳技术、植生混凝土技术、透水混凝土技术等。

此外，各种新型建筑材料研发成功后已在建筑施工中得到使用与推广，在抗震、加固、改造、防水、建筑信息化的应用方面均有大批新材料、新工艺、新技术、新设备、新方法等得到开发和应用。通过不断探索与研究，我国创造了一系列具有中国特色的先进施工技术，有力地推动了我国建筑施工技术的发展。我国在超高层、大跨度房屋建筑设计和施工，大江截流，大型水电机组安装及大型金属结构安装，大跨度、长距离桥梁建造，高速铁路建造等多个领域的施工技术，均已达到或超过国际先进水平。

但是，与发达国家的一些先进施工技术相比，我国还存在一定差距，特别是在机械化施工水平、新材料的施工工艺及计算机系统的应用等方面，必须加倍努力，加快实现建筑施工现代化的步伐。

二、建筑工程施工发展概况

原始人藏身于天然洞穴。进入新石器时代，人类已架木巢居，以避野兽侵扰，进而以草泥做顶，开始建筑活动。后来发展到把居室建造在地面上。到新石器时代后期，人类逐渐学会用夹板夯土筑墙，垒石为垣，烧制砖瓦。

我国是一个历史悠久和文化发达的国家，在世界科学文化的发展史上，我国人民有着极为卓越的贡献。在建筑技术方面，我国同样有巨大的成绩。在殷代，我国已开始用水测定水平，用夯实的土壤做地基，并开始在墙壁上进行涂饰。战国秦时，我国的砌筑技术已有很大发展，能用特制的楔形砖和企口砖砌筑拱券和窟窿。我国的《考工记》中记载了先秦时期的营造法则。秦以后，宫殿和陵墓的建筑已具相当大的规模，木塔的建造更显示了木构架施工技术已相当成熟。至唐代大规模城市的建造，表明房屋施工技术也达到了相当高的水平。北宋李诫编纂了《营造法则》，对砖、石、木作和装修、彩画的施工法则与工料估算方法均有较详细的规定。

至元、明、清，已能用夯土墙内加竹筋建造三四层楼房，砖石结构得到普及，木构架的整体性得到加强。清朝的《工部工程做法则例》统一了建筑构件的模数和工料标准，制定了绘样和估算的准则。现存的北京故宫等建筑表明，当时我国的建筑技术已达到很高水平。

19 世纪中叶以来，水泥和建筑钢材的出现产生了钢筋混凝土，使房屋施工进入新的阶段。我国自鸦片战争以后，在沿海城市也出现了一些用钢筋混凝土建造的多层和高层大楼，但多数由外国建筑公司承建。此时，由我国私人创办的营造厂虽然也承建了一些工程，但规模小、技术装备较差，施工技术相当落后。

新中国成立后，我国的建筑业发生了根本性变化。为了适应国民经济恢复时期建设的需要，扩大了建筑业建设队伍的规模，引入了苏联建筑技术，在短短几年内，就完成了鞍山钢铁公司、长春汽车厂等 1000 多个规模宏大的工程建设项目。1958—1959 年在北京建设了人民大会堂、北京火车站、中国历史博物馆等结构复杂、规模巨大、功能要求严格装饰标准高的十大建筑，更标志着我国的建筑施工开始进入一个新的发展时期。

我国建筑业的第二次大发展是在 20 世纪 70 年代后期。实行改革开放政策后，一些重要工程相继恢复和上马，工程建设再次呈现出一派繁忙景象。80 年代的南京金陵饭店、广州白天鹅宾馆、上海新锦江宾馆和希尔顿宾馆、北京的国际饭店和昆仑饭店等一批高度超过 100 m 的高层建筑施工，之后的上海金茂大厦、环球大厦，北京的国家体育馆（鸟巢）、游泳馆（水立方）等奥运工程项目也带动了我国建筑工程施工技术的迅速发展。如今，建筑结构的发展可以用大跨度、超高层来形容，随着建筑材料的不断更新及建筑结构的更加完善，建筑工程施工工艺和管理也在不断地创新和发展。

在建筑施工技术方面，我们掌握了施工大型工业设施和高层民用建筑的成套技术，在地基与基础工程施工中，推广了如大直径钻孔灌注桩、超长的打设桩深基础支护技术、旋喷桩、静压桩深层搅拌法、强夯法、地下连续墙和“逆作法”等新技术；在主体结构工程中，应用了滑模爬模、高大模板、台模、隧道模、组合钢模板、模板早拆技术等新型模板体系粗钢筋焊接与直螺纹等机械连接技术，高强高性能混凝土、泵送混凝土、喷射混凝土、钢管混凝土、无砂混凝土、免振捣自流平混凝土、大体积混凝土浇筑技术以及混凝土制备和运输的机械化数控自动化设备，升降式脚手架、悬挑脚手架以及塔吊和施工人货电梯垂直运输机械化等多项新的施工技术。另外，在预应力混凝土技术、墙体改革、装饰材料以及大跨度结构、高耸结构等方面都掌握和发展了许多新的施工技术，有力地推动了我国建筑施工技术的发展。

在建筑施工组织方面，我国在第一个五年计划期间，就在一些重点工程项目上用流水施工技术编制了指导施工的施工组织设计。进入 80 年代和 90 年代以后，高层建筑等大型工程项目需要更科学的施工组织设计来指导施工。计算机综合网络计划技术和工程 CAD

技术的应用，正在逐步实现在施工现场对工程进度、工程质量与安全的实时跟踪监控。现在传统的建筑施工组织模式已转成现代的项目管理模式，建筑施工组织不仅是对进度、成本、质量和安全的管理，对复杂大型的工程项目还要考虑风险等集成化管理。相信，随着计算机的普及，施工组织和工程项目管理将发展到一个更新、更高的水平。

第二节 建设项目的建设程序以及建筑工程的划分

建设程序是指建设项目从设想、选择、评估、决策、设计、施工到竣工验收，投入生产的整个建设过程中，各项工作必须遵循先后次序的法则，包括项目建议书阶段、可行性研究报告阶段、设计阶段、建设准备阶段、建设实施阶段和竣工验收后评价阶段。

建设工程一般可划分为建设项目、单项工程、单位工程三级。建筑工程质量验收应划分为单位（子单位）工程分部（子分部）工程、分项工程和检验批。

一、建设项目

建设项目又叫基本建设项目，指在一个场地上或几个场地上按一个总体设计进行施工的各个工程项目的总和。组成建设项目的单位叫建设单位（业主）。一个建设项目可以只有一个单项工程，也可以由若干单项工程组成，如一个工厂、矿山、学校、医院，一个独立的水利工程，一条公路、铁路，等等。

二、单项工程

单项工程又叫工程项目，是建设项目的组成部分，是指具有独立的设计文件，建成后可以独立发挥生产能力和效益的工程。如工业建设项目可分为主要生产车间、辅助生产车间、公用设施项目、办公楼宿舍等单项工程。又如学校建设项目往往包括教学楼、实验室、图书馆、食堂、宿舍等单项工程。

三、单位工程

单位工程是单项工程的组成部分，一般不能独立发挥生产能力或使用效益，但具有相应的设计图纸和单位工程造价。在实际工程建设中，往往是按专业划分来组织设计和施工的，将一个单项工程按专业的不同划分为若干个独立的设计和施工的单位工程。如民用单项工程一般包括一般建筑工程、给排水工程、电气照明工程等单位工程；工业性单项工程则包括建筑工程、设备安装、电气安装、工业管道、筑炉、特殊构筑物等单位工程。所以，单位工程的划分应按下列原则确定：

1. 具备独立施工条件并能形成独立使用功能的建筑物及构筑物为一个单位工程。

2. 建筑规模较大的单位工程，可将其能形成独立使用功能的部分为一个子单位工程。

四、分部工程

分部工程是单位工程的组成部分，是按照单位工程的不同部位、不同施工方式或不同的材料和设备种类，从单位工程中划分出来的中间产品。如建筑工程的分部工程的划分按专业性质建筑部位确定，有地基与基础、主体结构、建筑装饰装修、建筑屋面、建筑给排水及采暖、建筑电气、智能建筑、通风与空调、电梯 9 个分部工程，67 个子分部工程。所以，分部工程应按以下原则划分：

1. 分部工程应按专业的性质、建筑部位划分。

2. 当分部工程较大或较复杂时，可按材料种类、施工特点、施工程序、专业系统及类别等划分为若干子分部工程。

第三节　建筑工程施工技术的特点与方法

一、建筑施工的特点

1. 建筑施工的流动性

建筑产品的固定性决定了建筑施工的流动性。一般工业产品，生产者和生产设备是固定的，产品在生产线上流动。而建筑产品则相反，其产品是固定的，生产者和生产设备不仅要随着建筑物建造地点的变更而流动，还要随着建筑物的施工部位的改变在不同的空间流动。这就要求事先有一个周密的施工组织设计，使流动的人、机、物等协调配合，做到连续、均衡施工。

2. 建筑施工的工期长

建筑产品的庞大性决定了建筑施工的工期长。建筑产品在建造过程中要投入大量劳动力、材料、机械等，因而与一般工业产品相比，其生产周期较长，少则几个月，多则几年。这就要求事先有一个合理的施工组织设计，尽可能地缩短工期。

3. 建筑施工的个别性

建筑产品的多样性决定了建筑施工的个别性。不同的甚至相同的建筑物，在不同的地区、季节及现场条件下，施工准备工作、施工工艺和施工方法等也不尽相同。因此，建筑产品的生产基本上是单个“定做”，这就要求施工组织设计根据每个工程特点、条件等因素制定出可行的施工方案。

4. 建筑施工的复杂性

建筑产品的综合性决定了建筑施工的复杂性。建筑产品是露天、高空作业，甚至有的是地下作业。加上施工的流动性和个别性，必然造成施工的复杂性，这就要求施工组织设计不仅从质量、技术组织方面考虑措施，还要从安全等方面综合考虑施工方案，使建筑工程顺利地进行施工。

二、建筑产品及生产的技术经济特点

1. 产品的固定性与生产的流动性（显著区别于其他工业）

（1）地点、功能、使用单位固定；

（2）劳动力、材料、机械在建造地点及高度空间流动。

2. 产品的多样性与生产的单件性

（1）产品随地区、民俗、功能、地点、设计人而变化；

（2）不同产品、地区、季节、施工条件，需不同的施工方法、组织方案。

3. 产品的庞大性与生产的协作性、综合性

（1）产品高度大、体形大、重量大；

（2）建设、设计、施工、监理、构件生产、材料供应、运输相互协作；

（3）综合各个专业的人员、机具、设备在不同部位进行立体交叉作业。

4. 产品的复杂性与生产的干扰性

（1）风格、形体、结构类型、装饰作法复杂；

（2）受政策、法规、周围环境、自然条件、安全隐患等因素影响。

5. 产品投资大，生产周期长

占压资金多，需按计划逐步投入；加快工程进度，及早交付使用。

三、基本建设程序

1. 基本建设

基本建设是指利用国家预算内资金、自筹资金、国内基本建设贷款以及其他专项资金进行的以扩大生产能力或新增工程效益为主要目的的新建、扩建工程及有关工作。

2. 基本建设程序

基本建设程序是进行基本建设全过程中的各项工作必须遵循的顺序，程序按先后划分为六个阶段：

（1）项目建议书阶段；（2）可行性研究阶段；（3）设计文件阶段；（4）建设准备阶段；（5）建设实施阶段；（6）竣工验收阶段。

第四节　建筑工程施工技术标准规范、规程及工法

建筑规范规程是我国建筑界常用的标准表达形式。它以建筑科学、技术和实践经验的综合成果为基础，经有关方面协商一致，由国务院有关部委批准、颁发，作为全国建筑界共同遵守的准则和依据。工程建设中的标准体系，按其等级、作用和性质的不同可分为几种类型。

按等级可分为国家标准、专业（部）标准、地方标准和企业标准4级；按性质可分为强制性标准和推荐性标准；按作用分为基础标准（如计量单位、名词术语符号、可靠度统一标准、荷载规范等）、材料标准（如钢筋、水泥及其他建筑材料标准等）、设计标准（如钢结构、混凝土结构、砌体结构设计规范等）、施工标准（如各类工程的施工验收规范）、检验评定标准（如混凝土预制构件、建筑安装工程质量检验评定标准）。

一、建筑工程施工技术规范

建筑施工方面的规范按工业建筑工程与民用建筑工程中的各分部工程，分别有《建筑地基基础：工程施工质量验收规范》《砌体工程施工质量验收规范》《混凝土结构施工质量验收规范》《钢结构工程施工质量验收规范》《木结构工程施工质量验收规范》《屋面工程质量验收规范》《地下防水工程质量验收规范》《建筑地面工程施工质量验收规范》等国家级标准。由国家住房和城乡建设部等颁布实施，编号均表示“GB xxxxx-xxxx”或“GB/Txxxxx-xxxx”字样，如“GB 50404—2007”表示《硬泡聚氨酯保温防水工程技术规范》。各分部工程的施工及验收规范中，对施工工艺要求、施工技术要点、施工准备工作内容、施工质量控制要求以及检验方法等均做了具体、明确、原则性的规定，特别是规范中的强制性规范必须执行。因此，凡新建、改建、修复等工程，在设计、施工和竣工验收时，均应遵守相应的施工及验收规范。

二、建筑工程施工技术规程

规程（规定）比规范低一个等级，是规范的具体化，是根据规范的要求对建筑安装工程的施工过程操作方法、设备及工具的使用以及安全技术要求等，所做出的具体技术规定。属一般行业或地区标准，由各部委或重要的科学研究单位编制，呈报规范的管理单位批准或备案后发布试行。它主要是为了及时推广一些新结构、新材料、新工艺而制定的标准，如《种植屋面工程技术规程》（JGJ 155-2013）、《健康住宅建设技术规程》（CECS179：2017）、《现浇混凝土空心楼盖结构技术规程》（CECS175：2014）等，除对设计计算和构造要求作出规定以外，还对其施工及验收做出规定，其内容不尽相同，根据结构与工艺特

点而定。设计与施工规程（规定）一般包括总则、设计规定、计算要求、构造要求、施工规定和工程验收，有时还附有具体内容的附录。

规程试行一段时间后，在条件成熟时也可以升级为国家规范。规程的内容不能与规范抵触，如有不同，应以规范为准。对于规范和规程中有关规定条目的解释，由其发布通知中指定单位负责。随着设计与施工水平的提高，规范和规程每隔一定时间要做修订。

第二章　地基基础工程

第一节　土方工程

一、土方工程概述

土方工程是建筑工程中的一项重要分部分项工程，常见的土方工程有场地平整、基坑（槽）与管沟、路基、人防工程开挖、地坪填土、路基填筑以及基坑回填等以及运输、排水、降水和土壁支撑、支护等准备和辅助过程。对具有较深基坑的工程，其施工的成败与否对整个建筑工程的影响甚大，有时甚至是关键性的。

二、土方工程的施工特点

1. 面广量大、劳动繁重

建筑工地的场地平整，面积往往很大。在场地平整合大型基坑开挖中，土方工程量可达几百万立方米以上。对于面广量大的土方工程，应尽可能地采用全面机械化施工。

2. 露天作业、施工条件复杂

土方工程施工多为露天作业，且土本身是一种天然物质，成分较为复杂，因此，施工中会直接受地区、气候、水文和地质等条件的影响。

组织土方工程施工，一方面在有条件和可能利用机械施工时，应尽可能地采用机械化施工；在条件不够或机械设备不足时，应创造条件，采取半机械化和革新工具相结合的方法，以代替或减轻繁重的体力劳动。另一方面，要合理安排施工计划，尽可能地不安排在雨期施工，否则应做好防洪排水等准备。此外，土方工程施工中因其特点给施工方案选择和工程质量以及施工安全增加了难度，所以，开工前应编制专项施工方案。

二、土的工程分类

在建筑工程施工中，按土的开挖难易程度将土分为松软土、普通土、坚土、沙砾坚土、软石、次坚石、坚石、特坚石八类。前四类为一般土，后四类为岩石。正确区分和鉴别土的种类，有助于合理地选择施工方法和准确计算土方工程费用。

三、施工准备与辅助工作

土方工程施工前通常需完成一些需的准备工作：施工场地的清理与平整；地面水排除；临时道路修筑；材料准备；供水与供电管线的敷设；临时设施的搭设等。在土方工程施工过程中，为保证整个基础工程施工期间的安全，尚需根据具体工程情况做好相应的辅助性工作，如土方边坡与边坡支护，降低地下水位等。

土方开挖前需做好下列主要准备工作：

1. 现场勘查

摸清工程场地情况，收集施工需要的各项资料，包括施工现场地形、地貌、水文、地质、河流、气象运输道路、邻近建筑物、地下埋设物、管道、电缆等线路，地面上障碍物、堆积物以及水电供应、通信情况，以便研究制订施工方案和绘制总平面图，进行土方开挖。

2. 清除障碍物

将施工区域内的所有障碍物，如电杆电线、地上和地下管道、电缆坟墓、树木、沟渠以及旧有房屋基础等拆除或搬迁、改建、改线；对附近原有建筑物、电杆塔架等采取有效的防护加固措施，应充分利用建筑物。

3. 进行勘探

在黄土地区或有古墓地区，应在工程区一定范围内，按设计要求位置、深度和数量用洛阳铲进行探查，发现古墓、土洞、地道、地下坑穴、防空洞及其他空虚体等，应对地基进行局部处理，方法见后文。

4. 设置排水降水设施

场地内低洼地区的积水必须排除，同时应注意雨水的排除，使场地保持干燥，以利土方施工。

在施工区域内设置临时性或永久性排水沟，将地面水排走或排到低洼处，再用水泵排走；或疏通原有排水泄洪系统，使场地不积水。山坡地区，在离土方边坡上沿 5~6 m 处，设置截水沟、排洪沟，阻止坡顶雨水流入基坑区域内，或在场地周围（在需要的地段）修筑挡水土坝阻水。主排水沟最好设置在施工区域的边缘或道路的两旁，其横断面和纵向坡度应根据最大流量确定。一般排水沟的横断面不小于 0.5 m × 0.5 m，纵向坡度一般不小于 2‰。平坦地区，如出水困难，其纵向坡度可减至 1‰。场地平整过程中，要注意保持排水沟畅通。

四、岩土工程勘察方法

岩土工程勘察中，需要借助各种勘探工具，查明地下岩土的分布特征及工程特性。勘探方法很多，现将建筑工程常用的三种方法介绍如下。

1. 钻探法

钻探就是利用钻机在地层中钻孔，通过沿孔深取样，以鉴别和划分土层，并测定岩土层的物理力学性质。这是最广泛使用的传统方法。

按钻进方式不同，钻机一般常用回钻式、冲击式、振动式三种。其中，回钻式是应用最普遍的一种方式。回钻式钻机是利用钻机的回钻器带动钻头旋转，磨削孔底地层向下钻进，通常使用管状钻头取柱状（原状）土样。目前，国内工程勘察常用的浅孔钻机型号有30型、50型和100型等（数字表示最大钻进深度）。

2. 触探法

触探法是间接的勘察方法，不取土样做试验，只是将一个特制探头装在触探杆底部，打入或压入地基土中，根据贯入阻力的大小探测土层的工程性质。

根据探头的结构和入土方法不同，触探法可分为动力触探和静力触探两大类，动力触探又分为圆锥动力触探和标准贯入试验。

（1）圆锥动力触探

用标准质量的穿心锤提升至标准高度自由下落，将特制的圆锥探头贯入地基土层标准深度，用所需锤击数N的大小来判定土的工程性质的好坏。N值越大，表明贯入阻力越大，土质越密实。

（2）标准贯入试验

标准贯入试验简称为标贯。采用质量为63.5 kg（140磅）的穿心锤，自由落距76 cm，将贯入器锤击打入土中15 cm后，开始记录每打入10cm的锤击数，累计打入30cm的锤击数，即为标准贯入锤击数N。当锤击数已达50击，而贯入深度未达30 cm时，记录实际贯入深度并终止试验。

试验后拔出贯入器，绘制标准贯入锤击数N与深度的关系曲线。标准贯入试验适用于砂土、粉土和一般黏性土，不适用于软塑至流塑的软土。

（3）静力触探

静力触探试验是利用压力装置将触探头用静力压入试验土层，通过触探头中的传感器和量测仪表测试土层对触探头地灌入阻力，以此来判断、分析、确定地基土的物理力学性质。

静力触探适用于软土、一般黏性土、粉土、沙土、素填土和含少量碎石的土。

3. 掘探法

掘探法就是在建筑场地或地基内有代表性的地段用人工开挖探洞、探井或探槽，直接观察了解土层情况与性质。这种方法直观、明了，可直接观察土层的天然结构。

掘探法一般适用于钻探法难以进行勘察（如地基中含有大块漂石、块石等）或难以准确查明的土层（如土层很不均匀、颗粒大小相差悬殊、分布不规则等）、湿陷性黄土地区的勘察、事故处理质量检验等。

五、岩土工程勘察报告

《岩土工程勘察规范（2009 年版）》（GB 50021-2001）中作为强制性条文明确指出：“各项工程建设在设计和施工之前，必须按基本建设程序进行岩土工程勘察。岩土工程勘察应按工程建设各勘察阶段的要求，正确反映工程地质条件，查明不良地质作用和地质灾害，精心勘察、精心分析，提出资料完整、评价正确的勘察报告。”

岩土工程勘察报告一般有文字说明和图表两个部分。

1. 文字说明

岩土工程勘察报告应根据任务要求、勘察阶段、工程特点和地质条件等具体情况编写，并应包括下列内容：

（1）勘察目的、任务要求和依据的技术标准；

（2）拟建工程概况；

（3）勘察方法和勘察工作布置；

（4）场地地形、地貌、地层、地质构造、岩土性质及其均匀性；

（5）各项岩土性质指标，岩土的强度参数、变形参数、地基承载力的建议值；

（6）地下水埋藏情况、类型、水位及其变化；

（7）土和水对建筑材料的腐蚀性；

（8）可能影响工程稳定的不良地质作用的描述和对工程危害程度的评价；

（9）场地稳定性和适宜性的评价。

2. 图表

一份完整的报告书，通常附有以下图纸：

（1）勘探点平面布置图

在勘探点平面布置图上标有建筑物位置，勘探点的编号、坐标、孔口标高以及地质剖面图的连线，说明勘探孔用途的图例等。

（2）工程地质柱状图

每一张柱状图都表明一个勘探点所穿过的地层情况、各层岩土的名称、地质年代、层底深度、取样位置及地下水位等。

（3）工程地质剖面图

柱状图只说明一个点的情况，将相邻点的地层连接起来，就可以联想出点与点之间的地层特征，从而可以推论整个场地的情况。

（4）原位测试成果图表

触探和标贯及载荷试验和试桩的 P-S 曲线等原位测试成果图表。

（5）室内试验成果图表

3. 岩土工程勘察报告的阅读与使用

岩土工程勘察报告是建筑物基础设计和基础施工的依据，因此对于设计和施工人员来说，正确阅读、理解和使用勘察报告是非常重要的。应当全面熟悉勘察报告的文字和图表内容，了解勘察的结论建议和岩土参数的可靠程度，把拟建场地的工程地质条件与拟建建筑物的具体情况和要求联合起来进行综合分析。以下几个方面应当引起设计和施工人员的重视。

（1）场地稳定性评价

正确阅读与使用勘察报告首先是分析评价场地的稳定性和适宜性，然后才是地基土的承载力和变形问题。场地稳定性评价主要涉及区域稳定性和场地稳定性两个方面。

1）区域稳定性是指一个地区或区域的整体稳定，如有无构造断裂带。

2）场地稳定性是指一个具体的工程建筑场地有无不良地质现象及其对场地稳定性的直接与潜在的危害，如泥石流、滑坡、崩塌、塌陷等，应查明其成因、类型、分布范围、发展趋势及危害程度，采取适当的整治措施。

（2）持力层的选择

地基基础的设计必须满足地基承载力和基础沉降这两项基本要求。浅基础通过基础底面，把荷载打散分布到浅层地基；深基础主要把所承受的荷载传递到地基深部。因此，基础深浅不同，持力层选择时的侧重点就不同。

1）浅基础

对于浅基础而言，在满足地基稳定和变形要求的前提下，采用天然地基，基础应尽量浅埋。如果持力层承载力不能满足设计要求，则可采取适当的地基处理措施，如换填垫层、夯实水泥土桩、CFG 桩、强夯等人工处理地基，以满足设计要求。

2）深基础

对于深基础而言，主要是选择桩端持力层。桩端持力层一般宜选择稳定的硬塑——坚硬状态的黏土层和粉土层、中密以上的沙土和碎石层、中微风化的基岩。

（3）考虑环境影响

基础设计与施工不要仅局限于拟建场地范围内，它或多或少要对场地周围的环境产生影响。如基坑开挖起坑外土体的位移变形和坑底土的回弹，排水时地下水位要下降，打桩时产生挤土效应，灌注桩施工时泥浆排放对环境产生污染等。

（4）解决现场具体问题

需要指出的是，由于地基土的复杂性和勘察手段的局限性，勘察报告不可能完全准确地反映场地的全部特征。因而在地基与基础施工过程中，对可能存在的问题应与建设单位、勘察单位和设计单位联系，到现场具体问题具体分析，采取有效的处理措施。

第二节　基坑支护

近年来，我国随着经济建设和城市建设的快速发展，地下工程越来越多。高层建筑、地铁车站、地下车库、地下商场、地下仓库和地下人防工程等施工时都需开挖较深的基坑。大量深基坑工程的出现，促进了设计计算理论的提高和施工工艺发展，通过大量的工程实践和科学研究，逐步形成了基坑工程这一新的学科，基坑工程是土木工程领域内目前发展最迅速的学科之一，也是工程实践要求最迫切的学科之一。对基坑工程进行正确的设计和施工，能带来巨大的经济和社会效益。

基坑工程主要涉及两部分内容：一是在支护体系保护下开挖基坑。基坑支护工程包括排桩墙支护工程，水泥土桩墙支护工程，锚杆及土钉墙支护工程施工，钢及混凝土支撑系统，地下连续墙，沉井与沉箱。二是在地下水位较高地区降低地下水位。降低地下水位包括降水与排水。

考虑到我国绝大部分地区通用性和常用性做法，我们重点学习锚杆及土钉墙支护工程设计与施工和轻型井点降水等分项工程施工工艺。

一、土钉墙支护工程施工

土钉墙由密集的土钉群、被加固的原位土体、喷射的混凝土面层等组成。土钉是用来加固或同时锚固现场原位土体的细长杆件。通常采用钢筋外裹水泥砂浆或水泥净浆体，与周围土体接触，并形成一个结合体。采用土钉加固的基坑侧壁土体与护面等组成的支护结构称为土钉墙。

锚杆又称土层锚杆，一般由锚头、锚头垫座、钻孔、防护套管、拉杆（拉索）、锚固体等组成。通常，锚杆以外拉方式与排桩墙组成“排桩 - 锚杆”支护体系。

土钉墙支护工程设计与施工应遵循的规范规程：

1.《建筑地基基础设计规范》(GB 50007-2013)。

2.《建筑工程施工质量验收统一标准》(GB 50300-2013)。

3.《土方与爆破工程施工及验收规范》(GB 50201-2012)。

4.《建筑地基基础工程施工质量验收规范》(GB 5020)。

5.《建筑基坑支护技术规程》(JGJ 120-2012)。

(一)土钉墙的设计与构造

土钉墙支护结构设计、施工与监测宜由一家有专业承包企业资质的地基与基础工程施工单位负责，以便于及时根据现场测试与监控结果进行反馈设计。

1. 土钉墙的构造要求

（1）土钉墙、预应力锚杆复合土钉墙的坡度不宜大于 1 ∶ 0.2；当基坑较深、土的抗剪强度较低时，宜取较小坡度。

（2）土钉墙宜采用洛阳铲成孔的钢筋土钉。成孔注浆型钢筋土钉的构造应符合下列要求：

1）成孔直径宜取 70~120 mm；土钉水平间距和竖向间距宜为 1~2 m；土钉倾角宜为 5°～20°，其夹角应根据土性和施工条件确定。

2）土钉钢筋宜采用 HRB400、HRB500 级钢筋，钢筋直径应根据土钉抗拔承载力设计要求确定，且宜取 16~32 mm。

3）应沿土钉全长设置对中定位支架，其间距宜取 1.5~2.5 m，土钉钢筋保护层厚度不宜小于 20 mm。

4）土钉孔注浆材料可采用水泥浆或水泥砂浆，其强度不宜低于 20 MPa。

（3）喷射混凝土面层的构造要求应符合下列规定：

1）喷射混凝土面层厚度宜取 80~100 mm。

2）喷射混凝土设计强度等级不宜低于 C20。

3）喷射混凝土面层中应配置钢筋网和通长的加强钢筋，钢筋网宜采用 HPB300 级钢筋，钢筋直径宜取 6~10 mm，钢筋网间距宜取 150~250 mm；钢筋网间的搭接长度应大于 300 mm；加强钢筋的直径宜取 14~20 mm。

（4）土钉与加强钢筋宜采用焊接连接，其连接应满足承受土钉拉力的要求。

（5）当土钉墙后存在滞水时，应在含水土层部位的墙面设置泄水孔或其他疏水措施。

2. 土钉墙支护结构设计

土钉墙支护结构可依据《建筑基坑支护技术规程》（JG 120-2012）、《建筑地基基础设计规范》（GB 50007-2013）进行设计。

3. 设计内容

土钉墙支护设计，一般包括下列内容：

（1）根据工程情况和土钉墙构造要求，初选支护各部件的尺寸和参数。

（2）分析计算，主要计算内容有以下几个方面：

1）土钉抗拉承载力计算。

2）土钉墙稳定性验算。

3）喷射混凝土面层的设计计算，以及土钉与面层的连接计算。

通过上述计算，对各部件初选尺寸和参数进行修改和调整，绘出施工图。对重要的工程宜采用有限元法对支护的内力和变形进行分析。

（3）根据施工过程中获得的量测和监控数据以及发现的问题，进行反馈设计。

（二）土钉墙支护工程施工工艺

土钉墙支护工程施工工艺适用于地下水位以上或经人工降低地下水位后的人工填土、

黏性土、粉质黏土、粉土的基坑支护。

1. 施工准备

（1）技术准备

1）熟悉土钉墙的设计文件，了解设计做法和构造要求。

2）研究岩土工程勘察报告，了解土层构造及各土层的物理力学性能指标。

3）了解地下水位及其变化情况，确定降水措施。

4）查明施工区域地下构筑物及地下管线情况，考虑施工对邻近建筑物或地域的影响。

5）编制土钉墙支护工程施工方案，进行技术交底。

（2）物资准备

1）用作土钉的钢筋和钢筋网片必须符合设计要求，并有出厂合格证和现场复试的试验报告。

2）土钉所用的钢材需要焊接连接时，其接头必须经过试验，合格后方可使用。

3）水泥用强度等级为 42.5 级的普通硅酸盐水泥，并有出厂合格证和现场复试的试验报告，所用的速凝剂必须有出厂合格证和现场复试的试验报告。

4）沙用中沙；石子用 5~10 mm 碎石。

5）各种材料应按计划逐步进场。

（3）施工机械

1）成孔机具：螺旋钻机、洛阳铲等成孔工具。

2）注浆机械：注浆泵和灰浆搅拌机等。

3）混凝土喷射机应密封良好，输料连续均匀，输送水平距离不宜小于 100 m、垂直距离不宜小于 30 m，空压机应满足喷射机所需的工作风压和风量要求。

4）混凝土搅拌机：宜采用强制式搅拌机。

5）其他工具：挖土、运土工具，扎丝钩、铁锹、平铲、手推车等工具。

6）监测装置：经纬仪、水准仪等定位测量工具。

2. 操作要求

（1）土方开挖

1）土钉墙应按每层土钉及混凝土面层分层设置、分层开挖基坑的步序施工。一是为土钉墙提供作业面，二是防止边坡塌方。

2）在完成上一作业面土钉与喷射混凝土面层达到设计强度的 70% 以前，不得开挖下一层土层。

（2）修坡成孔

1）在机械开挖后，应辅以人工修整坡面，坡面平整度的允许偏差宜为 ±20mm。

2）成孔前按设计要求定出孔位，做出标记和编号。

3）根据土层特点，选用洛阳铲或专用钻孔设备成孔，在进钻和抽出过程不能引起塌孔；成孔直径宜为 80~120 mm，成孔时注意保持孔中心线与水平夹角符合设计要求。

4）检查成孔质量，将检查结果填写《土钉墙土钉成孔施工记录》。

（3）安放土钉钢筋

1）插入土钉钢筋前要进行清孔检查，若孔中出现局部渗水、塌孔或掉落松土应立即处理。

2）土钉钢筋一般采用HRB400热轧钢筋。钢筋入孔前先焊接定位支架，使钢筋位于钻孔中心位置，支架沿钢筋长向间距为1.5~2.5 m。

3）检查土钉钢筋安装质量，将检查结果填入《土钉墙土钉钢筋安装记录》。

（4）压力注浆

1）注浆前应将孔内残留的虚土清除干净，注浆管应随土钉钢筋同时插入孔内。

2）注浆材料可选用水泥浆或水泥砂浆。水泥浆的水灰比宜取0.5~0.55，水泥砂浆的水灰比宜取0.40~0.45；同时，灰沙比宜取0.5~1.0，拌和用沙宜选用中粗沙，按重量计的含泥量不得大于3%。

3）采用重力注浆法，水泥浆或水泥砂浆应拌和均匀，一次拌和的水泥浆或水泥砂浆应在初凝前注入孔内。注浆及拔管时，注浆管口应始终埋入注浆液面内，当新鲜浆液从孔口溢出后停止注浆。当浆液液面下降时，应进行补浆。注浆结束后，填写《注浆及护坡混凝土施工记录》表。

（5）绑扎钢筋网

钢筋网可采用绑扎固定。钢筋网宜采用HPB300级钢筋，钢筋直径宜取6~10 mm，钢筋网间距宜取150~250mm，钢筋网间距的允许偏差为 ±30mm，钢筋网间的搭接长度应大于300 mm。

（6）喷射混凝土

1）喷射混凝土强度等级不宜低于C20，配合比应通过试验确定。粗骨料最大粒径不宜大于12 mm，水灰比不宜大于0.45。

2）喷射混凝土前，埋好控制喷射混凝土厚度的标志，面层厚度不宜小于80 mm。喷射作业应分段依次进行，同一分段内喷射顺序应自下而上均匀喷射，一次喷射厚度宜为30~80 mm，喷射厚度超过100 mm时要分两层喷射。钢筋与坡面的间隙应大于20mm。

3）喷射时喷头与受喷面应垂直，宜保持0.6~1.0 m的距离，在钢筋部位应先填充钢筋后方，然后再喷钢筋前方，防止钢筋背面出现空隙。

4）喷射混凝土终凝2 h后，采用喷水方法养护，养护时间不少于3~7 d。

5）制作试块，每批至少留取3组（每组3块）试件。

6）护坡混凝土施工结束后，填写《注浆及护坡混凝土施工记录表》。

注：另一种面层做法：绑扎钢筋网后，再挂一道钢板网，然后采用40mm厚1:3水泥砂浆分遍抹灰，表面压光。待水泥砂浆凝结硬化后，浇水养护不少于3~7 d。

（7）土钉与面层连接

土钉必须和面层有效连接成整体，以下两种方法任选其一。

方法一：喷射混凝土面层中配置通长的加强钢筋，土钉与加强钢筋采用焊接连接，其连接应满足承受土钉拉力的要求；当在土钉拉力作用下喷射混凝土面层的局部受冲切承载力不足时，应采用设置承压钢板等加强措施。

方法二：将端头螺丝杆件套丝，并与土钉对焊，喷射混凝土前将螺杆用塑料布包好，面层混凝土有一定强度后，套入混凝土承压板及螺母，拧紧螺母，可以起预加应力作用。

（8）土钉墙质量检测

1）土钉采用抗拔试验检测承载力，检测数量不少于土钉总数的1%，且同一土层中的土钉检测数量不应少于3根。检测土钉应按随机抽样的原则选取，并应在土钉固结体强度达到设计强度的70%后进行试验。试验最大荷载不应小于土钉轴向拉力标准值的1.1倍。

2）土钉墙面层喷射混凝土应进行现场试块强度试验，每500 m^2喷射混凝土面积试验数量不应少于一组，每组试块不应少于3个。

3）喷射混凝土面层厚度可采用钻孔检测，每500m^2喷射混凝土面积检测数量不应少于一组，每组的检测点不应少于3个；全部检测点的面层厚度平均值不应小于厚度设计值，最小厚度不应小于厚度设计值的80%。

（三）土钉墙施工质量验收标准

1. 主控项目

土钉抗拔承载力、土钉长度、分层开挖厚度应符合规定。

土钉抗拔承载力检测数量：不少于土钉总数的1%，且同一土层中的土钉检测数量不应小于3根。

2. 一般项目

土钉位置、土钉直径、土钉孔倾斜度、水灰比、注浆量、注浆压力、浆体强度、钢筋网间距、土钉面层厚度、预留土墩尺寸及间距、微型桩桩位、微型桩垂直度应符合规定。

（四）土钉墙冬、雨期施工

1. 雨期施工

（1）基坑周围应做好排水沟和集水坑，防止雨水流入孔内，并保持场地内无积水。

（2）雨后应对钻机作业区内进行必要的修整，确保钻机行走安全。

（3）降雨时应停止焊接作业，注意防止触电，施工时应搭设遮挡棚。

（4）夏季在注浆体静止时，不得将盛浆桶和注浆管路暴露于阳光下，以防浆液凝固过快。

2. 冬期施工

（1）作业区气温不宜低于5℃，混凝土拌合料进入喷射机的温度不应低于5℃。

（2）气温低于5℃时喷射作业完成后，喷射面应保温，不得喷水养护。

（3）对注浆管路、注浆泵和储浆桶等应采取保温措施，以防浆液冻结。

（4）负温焊接现场应采取遮挡措施，如搭设防护棚，避免冰雪。严冬时停止焊接作业。

（五）基坑及支护结构监测

1. 基坑开挖监测

（1）布置监测点

1）支挡式结构顶部水平位移监测点的间距不宜大于 20 m，土钉墙、重力式挡墙顶部水平位移监测点的间距不宜大于 15 m，且基坑各边的监测点不应少于 3 个。

2）基坑周边建筑物沉降监测点应设置在建筑物的结构墙、柱上，并应分别沿平行、垂直于坑边的方向布设。在建筑物邻基坑一侧，平行于坑边方向上的测点间距不宜大于 15m。垂直于坑边方向上的测点，宜设置在柱、隔墙与结构缝部位。垂直于坑边方向上的布点范围应能反映建筑物基础的沉降差。

（2）选择监测项目

根据具体情况选择基坑检测项目。

（3）设置位移观测基准点

各类水平位移观测、沉降观测的基准点应设置在变形影响范围外，且基准点数量不应少于两个。

（4）基坑监测

1）初始监测。监测项目在基坑开挖前应测得初始值，且不应少于两次。

2）监控报警值。

3）监测周期。各项监测的时间间隔可根据施工进程确定；当变形超过有关标准或监测结果变化速率较大时，应增加观测次数；当有事故征兆时应连续监测。

2. 基坑监测报告

基坑开挖监测过程中，应根据设计要求提交阶段性监测结果报告。工程结束时应提交完整的监测报告。基坑监测报告应包括以下内容：

（1）工程概况。

（2）监测项目和各测点的平面和立面布置图。

（3）采用仪器设备和监测方法。

（4）监测数据处理方法和监测结果过程曲线。

（5）监测结果评价。

3. 土钉墙施工成品保护措施

（1）锚杆的非锚固段及锚头部分应及时做防腐处理。

（2）成孔后立即及时安排锚杆，立即注浆，防止塌方。

（3）锚杆作业完成后进行土方开挖时，挖土设备不得碰撞锚具，以免锚杆预应力损失。

（4）注浆后自然养护不少于 7 d，在浆体硬化之前，不能承受外力或由外力引起的锚杆位移。

（5）施工过程中，应注意保护定位控制桩、水准基点桩，防止碰撞产生位移。

（6）基坑开挖施工至基坑回填完成前应对支护结构周围土体的变形、周围道路、建筑物以及地下水位情况进行观察和监测，如出现异常情况应及时处理，待恢复正常后方可继续施工。

（7）地下结构工程施工过程中应及时夯实回填土。

4. 土钉墙施工安全环保措施

（1）安全措施

1）深基坑支护上部应设临边防护措施，应设防护栏进行封闭，夜间应设红灯标志。

2）土方开挖应逐层及时设置土钉、土层锚杆，以保证支护的稳定，不得在基坑全部挖完后再设置，以防基坑失稳塌方。

3）施工中应认真监测基坑周围相邻建筑物的水平位移及地面沉降，发现问题及时采取措施。

4）施工现场电气设备应有可靠接地、接零，安装漏电开关。

5）各种设备应处于完好状态，机械设备的运转部位应有安全防护装置。

6）张拉设备应经检验可靠，并有防范措施，防止夹具飞出伤人。锚杆外端部的连接应牢靠，以防在张拉时发生脱扣现象。

7）注浆管路应畅通，防止塞管、堵泵，造成爆管。

（2）环保措施

1）现场施工时对扬尘应有控制措施，并应遵守当地防扬尘的有关规定。

2）施工过程中应加强混凝土喷射机械的维护保养，在作业过程中，不得出现漏风、漏气现象，应最大限度地控制粉尘污染。

3）在城市和居民区施工时应有采用低噪声设备或工具，合理安排作业时间等防噪声措施，并应遵守当地关于防噪声的有关规定。

地基是作为支承基础的土体或岩体。当天然地基不能满足建筑物基础传递来的荷载或地基在荷载作用下的变形不能满足设计要求时，应当对天然地基进行人工处理。地基处理是为提高地基承载力，改善其变形性质或渗透性质而采取的人工处理方法。

（3）常用的地基处理方法

1）换填垫层法。挖去地表浅层软弱土层或不均匀土层，回填坚硬、较粗粒径的材料，并夯压密实形成垫层的地基处理方法，如灰土地基、砂和砂石地基。

2）强夯置换法。将重锤提到高处使其自由落下形成夯坑，并不断夯击坑内回填的砂石、钢渣等硬料，使其形成密实的墩体的地基处理方法。

3）成孔挤密桩法。采用挤土成孔工艺（沉管、冲击、水冲）或非挤土成孔工艺（洛阳铲、螺旋钻冲击）成孔，再将填充材料挤压入孔中或在孔中夯实形成密实桩体，并与原桩间土组成复合地基的地基处理方法，如土挤密桩、灰土挤密桩、石灰桩、砂石桩、夯实水泥土桩。

4）水泥粉煤灰碎石桩法。由水泥、粉煤灰、碎石、石屑或砂等混合料加水拌和形成高黏结强度桩，并由桩、桩间土和褥垫层一起组成复合地基的地基处理方法。此法简称

CFG 桩。

（4）地基处理设计与施工应遵循的规范规程

1）《建筑地基基础设计规范》（GB 50007-2013）；

2）（建筑工程施工质量验收统一标准》（GB 50300-2013）；

3）《建筑地基基础工程施工质量验收规范》（GB 5020）；

4）《建筑地基处理技术规范》（JGJ 79-2012）。

二、灰土地基施工

在地基基础设计与施工中，浅层软弱土的处理常采用换土垫层法。灰土地基属于换填垫层法，灰土是我国的一种传统建筑用料，具有工艺简单、取材方便、费用较低等特点。灰土地基是将基础底面下的软弱土层挖去，用一定比例的石灰与土，在最优含水量情况下充分拌和，分层回填夯实或压实而成。适用于浅层软弱地基及不均匀地基的处理，换填垫层的厚度不宜小于 0.5 m，也不宜大于 3.0 m。

（一）换填垫层设计与构造

1. 垫层的厚度

垫层的厚度应根据需置换软弱土的深度或下卧土层的承载力确定，即作用在垫层底面处土的自重压力（标准值）与附加压力（设计值）之和不大于软弱土层经深度修正后的地基承载力设计值，按下式确定。

$$p_Z + p_{CZ} \le f_z$$

式中：f_z——垫层底面处经深度修正后的地基承载力特征值（kpa）；

p_{cz}——垫层底面处土的自重压力值（kPa）；

p_z——相应于荷载效应标准组合时，垫层底面处的附加压力值（kPa）。

垫层底面处的附加压力值，按下式确定：

条形基础：

$$p_z = \frac{b(p_k - p_c)}{b + 2z \times \tan\theta}$$

矩形基础：

$$p_z = \frac{bl(p_k - p_c)}{(b + 2z \times \tan\theta)(l + 2z \times \tan\theta)}$$

式中：b——矩形基础或条形基础底面的宽度（m）；

l——矩形基础底面的长度（m）；

p_k——基础底面处的平均压力值（kPa）；

p_c——基础底面处土的自重压力值（kPa）；

b——基础底面下垫层的厚度（m）；

θ——垫层的压力扩散角（°），宜通过试验确定。

换填垫层的厚度不宜小于 0.5 m，也不宜大于 3 m。垫层厚度过大，造成施工困难，也不经济；垫层厚度过小，则垫层的作用不明显。

（二）灰土地基冬、雨期施工

1. 雨期施工

（1）雨期施工灰土应连续进行，尽快完成，施工中应有防雨和排水措施。

（2）刚夯打完毕或尚未夯实的灰土，如遭雨淋浸泡，应将积水及松软灰土除去并补填夯实。

2. 冬期施工

（1）冬期施工灰土应在不冻的状态下进行，土料不得含有冻块，并应覆盖保温。

（2）已熟化的石灰应在次日用完，以充分利用石灰熟化时的热量。当日拌和的灰土应当日铺完夯实，夯完的灰土表面应用塑料薄膜和草袋覆盖保温。

3. 灰土地基成品保护措施

（1）施工时应注意妥善保护定位桩、轴线桩，防止碰撞位移，并应经常复测。

（2）夜间施工时，应合理安排施工顺序，要配备足够的照明设施，防止回填超厚或配合比错误。

（3）灰土垫层每层验收后应及时铺填下层，同时应禁止车辆碾压通行。

（4）灰土垫层施工时应有临时遮盖措施，防止日晒雨淋。特别是对冬期的冻胀和夏季炎热气温下的干裂应有防护措施。

（5）灰土垫层竣工验收合格后，应及时进行基础施工与基坑回填。

4. 灰土地基安全环保措施

（1）安全措施

施工区域采用封闭管理，坑、槽边设防护栏，夜间应设红灯标志。

每日开工前应观察坑槽壁、边坡土体松动情况，有无松动裂缝，必要时可采取在土体松动、塌方处用钢管、木板、木方支撑等安全支护措施。施工中如发生坍塌，应立即停工，人员撤至安全地点。

压路机、夯实机等设备的操作应严格遵守机械操作规程的规定，打夯操作人员必须穿绝缘胶鞋和戴绝缘手套。

施工现场的一切电源、电路的安装和拆除应由持证电工操作，电器应严格接地、接零和使用漏电保护器。各段用电应分闸，不得一闸多用。

（2）环保措施

现场施工时对扬尘应有控制措施。施工道路应设专人洒水，堆土应覆盖。

运土车辆应有人清扫，工地出口应设冲洗池，防止车辆带泥土污染道路，运土车辆应覆盖，防止遗撒。

灰土、石灰易飞扬的细颗粒散体材料，应覆盖存放，现场拌和灰土时，应采取措施，防止尘土飞扬。施工现场配备洒水降尘器具，设专人洒水降尘。

在城市和居民区施工时应有采用低噪声设备或工具、合理安排作业时间等防噪声措施，并应遵守当地关于防噪声的有关规定。

第三节　地基处理

地基是作为支承基础的土体或岩体。当天然地基不能满足建筑物基础传递来的荷载或地基在荷载作用下的变形不能满足设计要求时，应当对天然地基进行人工处理。地基处理是为提高地基承载力，改善其变形性质或渗透性质而采取的人工处理方法。

一、常用的地基处理方法

1. 换填垫层法。挖去地表浅层软弱土层或不均匀土层，回填坚硬、较粗粒径的材料，并夯压密实形成垫层的地基处理方法，如灰土地基、砂和砂石地基。

2. 强夯置换法。将重锤提到高处使其自由落下形成夯坑，并不断夯击坑内回填的砂石、钢渣等硬料，使其形成密实的墩体的地基处理方法。

3. 成孔挤密桩法。采用挤土成孔工艺（沉管、冲击、水冲）或非挤土成孔工艺（洛阳铲、螺旋钻冲击）成孔，再将填充材料挤压入孔中或在孔中夯实形成密实桩体，并与原桩间土组成复合地基的地基处理方法，如土挤密桩、灰土挤密桩、石灰桩、砂石桩、夯实水泥土桩。

4. 水泥粉煤灰碎石桩法。由水泥、粉煤灰、碎石、石屑或沙等混合料加水拌和形成高黏结强度桩，并由桩、桩间土和褥垫层一起组成复合地基的地基处理方法。此法简称 CFG 桩。

二、地基处理设计与施工应遵循的规范规程

1.《建筑地基基础设计规范》（GB 50007-2013）；

2.《建筑工程施工质量验收统一标准》（GB 50300-2013）；

3.《建筑地基基础工程施工质量验收规范》（GB 5020）；

4.《建筑地基处理技术规范》（JGJ 79-2012）。

三、灰土地基施工工艺

1. 施工准备

（1）技术准备

1）施工前应根据工程特点、设计要求的压实系数、土料种类、施工条件等进行必要的压实试验，确定土料含水量控制范围、铺灰土的厚度和夯实或碾压遍数等参数。根据现场条件确定施工方法。

2）编制技术交底，并向施工人员进行技术，质量、环保、文明施工交底。

（2）材料准备

灰土体积配合比宜为2 ：8或3 ：7。

1）土料。灰土的土料宜用黏土、粉质黏土。使用前应先过筛，其粒径不大于15 mm。

2）石灰。用新鲜的块灰，使用前1~2 d消解并过筛，其颗粒不得大于5 mm，且不应夹有未熟化的生石灰块粒及其他杂质，也不得含有过多的水分。

（3）施工机具准备

1）施工机械。装载机、翻斗车、筛土机、灰土拌和机、压路机、平碾、振动碾、蛙式或柴油打夯机。

2）工具用具。木夯、手推车、筛子（孔径6~10 mm与16~20 mm两种）、耙子、平头铁锹、胶皮管、小线等。

3）检测设备。水准仪、钢尺、标准斗、靠尺、土工试验设备等。

（4）作业条件准备

1）基坑在铺灰（素）土前应先进行钎探，局部软弱土层或古墓（井）、洞穴等已按设计要求进行处理，并办理完隐蔽验收手续和地基验槽记录。

2）当有地下水时，已采取排水或降低地下水位措施，使地下水位低于灰土垫层底面0.5m以下。

3. 操作要求

（1）基层处理

1）清除松散土并打两遍底夯，要求平整、干净。如有积水、淤泥应清除或晾干。

2）局部有软弱土层或古墓（井）、洞穴等，应按设计要求进行处理，并办理隐蔽验收手续和地基验槽记录。

（2）分层铺灰土

1）灰土的配合比应符合设计要求，一般为2 ：8或：7（石灰：土，体积比）。

2）垫层应分层铺设，分层夯实或压实，基坑内预先安好5 m×5 m网格标桩，控制每层灰土垫层的铺设厚度。每层的灰土铺摊厚度，可根据不同的施工方法。

3）灰土拌和采用人工翻拌时，应通过标准斗计量，严格控制配合比。拌和时土料、石灰边掺边用铁锹翻拌，一般翻拌不少于3遍。采用机械拌和时，应注意灰、土的比例控制。灰土拌和料应拌和均匀，颜色一致。

4）土料最优含水量经击实试验确定，现场以“用手握成团，落地开花”为宜。如土料水分过大或不足时，应晾干或洒水润湿。

（3）夯压密实

1）夯（压）的遍数应根据设计要求的干土质量密度或现场试验确定，一般不少于 3 遍。人工打夯应一夯压半夯，夯夯相接，行行相接，纵横交叉。

2）碾压机械压实回填时，严格控制行驶速度，平碾和振动碾不宜超过 2 km/h，羊角碾不宜超过 3 km/h。每次碾压，机具应从两侧向中央进行，主轮应重叠 150 mm 以上。碾压不到之处，应用人工夯配合夯实。

3）灰土分段施工时，不得在墙角、柱基及承重窗间墙下接缝。上下两层灰土的接缝距离不得小于 500 mm。接缝处应切成直槎，并夯压密实。

4）当灰土地基标高不同时，基坑底土面应挖成阶梯或斜坡搭接，并按先深后浅的顺序进行垫层施工，搭接处应夯压密实。

5）灰土应随铺填随夯压密实，铺填完的灰土不得隔日夯压，夯实后的灰土，3d 内不得受水浸泡。

（4）分层检验压实系数

灰土垫层的压实系数必须分层检验，符合设计要求后方能铺填下层土。压实系数采用环刀法检验，取样点应位于每层厚度的 2/3 深处。

检验数量：对大基坑每 50~100 m² 应不少于 1 个检验点，对基槽每 10~20 m 应不少于 1 个点，每个独立基础应不少于 1 个点。

（5）修整找平

灰土最后一层完成后，应拉线或用靠尺检查标高和平整度，超高处用铁锹铲平，低洼处应补打灰土。

四、灰土地基质量验收标准

1. 事前控制

施工前应检查素土、灰土土料、石灰或水泥等材料性能和配合比及灰土的拌和均匀性。

2. 事中控制

施工过程中应检查分层铺设的厚度、分段施工时上下两层的搭接长度、夯实时的加水量、夯压遍数、压实系数。

3. 事后控制

施工结束后，应检验灰土地基的承载力。

检验方法：按《建筑地基处理技术规范》（JGJ 79-2012）的规定：灰土地基施工结束后，宜采用载荷试验检验垫层质量，地基检测单位应具有相应的工程检测资质。

检验数量：每 300 m^2 不应少于 1 点，3 000 m^2 以上部分每 500 m^2 不应少于 1 点，每单位工程不应少于 3 点。

4. 灰土地基冬、雨期施工

（1）雨期施工

1）雨期施工灰土应连续进行，尽快完成，施工中应有防雨和排水措施。

2）刚夯打完毕或尚未夯实的灰土，如遭雨淋浸泡，应将积水及松软灰土除去并补填夯实。

（2）冬期施工

1）冬期施工灰土应在不冻的状态下进行，土料不得含有冻块，并应覆盖保温。

2）已熟化的石灰应在次日用完，以充分利用石灰熟化时的热量。当日拌和的灰土应当日铺完夯实，夯完的灰土表面应用塑料薄膜和草袋覆盖保温。

（3）灰土地基成品保护措施

1）施工时应注意安善保护定位桩、轴线桩，防止碰撞位移，并应经常复测。

2）夜间施工时，应合理安排施工顺序，要配备有足够的照明设施，防止回填超厚或配合比错误。

3）灰土垫层每层验收后应及时铺填下层，同时应禁止车辆碾压通行。

4）灰土垫层施工时应有临时遮盖措施，防止日晒雨淋。特别是对冬期的冻胀和夏季炎热气温下的干裂应有防护措施。

5）灰土垫层竣工验收合格后，应及时进行基础施工与基坑回填。

（4）灰土地基安全环保措施

施工区域采用封闭管理，坑、槽边设防护栏。夜间应设红灯标志。

每日开工前应观察坑槽壁、边坡土体松动情况，有无松动裂缝，必要时可采取在土体松动、塌方处用钢管、木板、木方支撑等安全支护措施。施工中如发生坍塌，应立即停工，人员撤至安全地点。

压路机、夯实机等设备的操作应严格遵守机械操作规程的规定，打夯操作人员必须穿绝缘胶鞋和戴绝缘手套。

施工现场的一切电源、电路的安装和拆除应由持证电工操作，电器应严格接地、接零和使用漏电保护器。各段用电应分闸，不得一闸多用。

（5）环保措施

1）现场施工时对扬尘应有控制措施。施工道路应设专人洒水，堆土应覆盖。

2）运土车辆应有人清扫，工地出口应设冲洗池，防止车辆带泥土污染道路，运土车辆应覆盖，防止遗撒。

3）灰土、石灰易飞扬的细颗粒散体材料，应覆盖存放，现场拌和灰土时，应采取措施，防止尘土飞扬。施工现场配备洒水降尘器具，设专人洒水降尘。

4）在城市和居民区施工时应有采用低噪声设备或工具、合理安排作业时间等防噪声措施，并应遵守当地关于防噪声的有关规定。

五、砂和砂石地基施工

在地基基础设计与施工中，浅层软弱土的处理常采用换土垫层法。砂和砂石地基也属于换填垫层法。砂和砂石地基是将基础底面下的软弱土层挖去，采用砂或一定比例的砂石混合物，经分层振实作为地基的持力层，以提高地基强度，并通过垫层的压力扩散作用降低对下卧层的压应力，减少变形量，同时能迅速排出垫层中的水分。砂和砂石地基具有取材方便、施工速度快等特点。适用于处理 3.0 m 以内的软弱、透水性强的黏性土地基，不宜用于加固湿陷性黄土地基及渗透系数小的黏性土地基。换填垫层的厚度不宜小于 0.5 m，也不宜大于 3.0 m。

（一）砂和砂石地基施工工艺

1. 施工准备

（1）技术准备

1）根据设计要求选用砂或砂石材料，经试验检验材料的颗粒级配、有机质含量、含泥量等，确定混合填料的配合比。

2）施工前应根据工程特点、设计要求的压实系数、填料种类、施工条件等进行必要的压实试验，确定砂石料含水量控制范围、摊铺厚度和夯实或碾压遍数、机械碾压速度等参数。

3）编制技术交底，并向施工人员进行技术、质量、环保、文明施工交底。

（2）材料准备

1）沙。宜用颗粒级配良好、质地坚硬的中沙或粗沙。当用细沙应同时掺入 25%~35% 碎石或卵石。砂中有机质含量不超过 5%，含泥量应小于 5%。

2）砂石。用自然级配的沙、砾石（或碎石）混合物，粒径小于 2 mm 的部分不应超过总重的 45%，应级配良好。砂石的最大粒径不宜大于 50 mm。

（3）施工机具

1）施工机械。平碾压路机、推土机、平板式振捣器或插入式振捣器、翻斗车等。

2）工具用具。平头铁锹、铁耙、喷水用胶管、小线或细钢丝、手推车等。

3）检测设备。水准仪、钢尺、靠尺、土工试验设备等。

（4）作业条件准备

1）基坑在铺灰土前应先进行钎探，局部软弱土层或古墓（井）、洞穴等已按设计要求进行了处理，并办理完隐蔽验收手续和地基验槽记录。

2）当有地下水时，已采取降低地下水位措施。

2. 操作要求

（1）基层处理

砂或砂石地基铺填之前，应将基底表面浮土、淤泥、杂物等清除干净，槽侧壁按设计要求留出坡度。铺设前应经验槽，并做好验槽记录。

（2）抄平设标桩

基坑内预先安好 5 m × 5 m 网格标桩（钢筋或木桩），控制每层砂或砂石的铺设厚度。

（3）分层铺填砂石

1）应先将沙和砾石按配合比过斗计量，拌和均匀，如发现砂窝或石子成堆现象，应将该处的沙子或石子挖出，填入级配好的砂石。

2）铺填砂石的每层厚度应根据经试验确定的摊铺厚度进行施工。一般情况下可按 150~200 mm，不宜超过 300 mm。

3）垫层底面标高不同时，土面应挖成阶梯或斜坡搭接，并按先深后浅的顺序施工，搭接处应夯压密实。分层铺设时，接头应做成斜坡或阶梯形搭接，每层错开 0.5~1.0 m，并注意充分捣实。

（4）分层振实或碾压

砂和砂石垫层首选平振法，施工方法还有夯实法、碾压法、水撼法等。振夯压实要做到交叉重叠 1/3，防止漏振、漏压。夯实、碾压遍数、振实时间应通过试验确定。用细沙做垫层材料时，不宜使用振捣法或水撼法，以免产生液化现象。

（5）分层检验压实系数

砂和砂石垫层的压实系数必须分层检验，符合设计要求后方能铺填下层土。压实系数采用环刀法检验，取样点应位于每层厚度的 2/3 深处。

检验数量：对大基坑每 50~100 m 应不少于 1 个检验点，对基槽每 10~20 m 应不少于 1 个点，每个独立基础应不少于 1 个点。

（6）修整找平

砂和砂石垫层最后一层完成后，拉线检查标高和平整度，超高处用铁锹铲平，低洼处及时补打砂石。

（二）砂石地基质量验收标准

1. 事前控制

施工前应检查砂、石等原材料质量和配合比及砂、石混合的均匀性。

2. 事中控制

施工过程中应检查分层厚度、分段施工时搭接部分的压实情况、加水量、压实遍数、压实系数。

3. 事后控制

施工结束后，应检查砂及砂石地基的承载力。

检验方法：按《建筑地基处理技术规范》（JGJ 79-2012）的规定：砂石地基施工结束后，宜采用载荷试验检验垫层质量，地基检测单位应具有相应的工程检测资质。

检验数量：每 300 m² 不应少于 1 点，超过 3 000 m² 部分每 500 m² 不应少于 1 点，每单位工程不应少于 3 点。

（三）砂石地基冬、雨期施工

1. 冬期施工

冬期施工时，不得采用夹有冰块的砂石和冻结的天然砂石，并应采取措施防止砂石内水分冻结。

2. 雨期施工

雨期施工时，应有防雨排水措施，防止地表水流入槽坑内造成边坡塌方或基土遭到破坏。基坑或管沟砂石回填应连续进行，尽快完成。

（四）砂石地基成品保护措施

1. 回填砂石时，应注意保护好现场轴线桩、标准高程桩，防止碰撞位移，并应经常复测。

2. 夜间施工时，应合理安排施工顺序，要配备有足够的照明设施，防止回填超厚或配合比错误。

3. 地基范围内不应留有孔洞。完工后如无技术措施，不得在影响其稳定的区域内进行挖掘工程。

4. 灰土垫层竣工验收合格后，应及时进行基础施工与基坑回填。

（五）砂石地基安全环保措施

砂和砂石地基施工时，施工单位采取的安全环保措施同前述的“灰土地基施工”的相关内容。

第四节　桩基础

当采用天然地基浅基础不能满足建筑物对地基变形和强度要求时，可以利用下部坚硬土层作为基础的持力层而设计成深基础，其中较为常用的为桩基础。桩基础由置于土中的桩身和承接上部结构的承台两部分组成。

一、桩的分类

1. 按受力情况分为端承桩和摩擦桩。端承桩是穿过软弱土层而达到坚硬土层，桩顶荷载全部或主要由桩端阻力承担的桩。摩擦桩是完全设置在软弱土层中，桩顶荷载全部或主要由桩侧阻力承担的桩。

2. 按施工方法分为预制桩和灌注桩。

二、混凝土预制桩施工

（一）桩的制作、运输和堆放

1. 桩的制作

钢筋混凝土预制桩分为方桩和预应力管桩两种。混凝土方桩多数是在施工现场预制，也可在预制厂生产。可做成单根桩或多节桩，截面边长多为 200~550 mm，在现场预制，长度不宜超过 30m；在工厂制作，为便于运输，单节长度不宜超过 12 m。混凝土预应力管桩则均在工厂用离心法生产。管桩直径一般 300~800 mm，常用的为 400~600 mm。

（1）桩的制作方法。为节省场地，现场预制方桩多用叠浇法制作。

桩与桩之间应做好隔离层，桩与邻桩及底模之间的接触面不得粘连；上层桩或邻桩的浇注，必须在下层桩或邻桩的混凝土达到设计强度的 30% 以上时，方可进行；桩的重叠层数不应超过 4 层。

（2）桩的制作要求。

1）场地要求。场地应平整、坚实，不得产生不均匀沉降。

2）制桩模板。宜采用钢模板，模板应具有足够刚度，并应平整，尺寸应准确。

3）钢筋骨架。

主筋连接。宜采用对焊和电弧焊，当大于 ø20 时，宜采用机械连接。主筋接头在同一截面内的数量，应符合下列规定：

当采用对焊或电弧焊时，对于受拉钢筋，不得超过 50%；相邻两根主筋接头截面的距离应大于 35d（主筋直径），并不应小于 500mm；必须符合《钢筋焊接及验收规程》（JGJ18-2012）和《钢筋机械连接技术规程》（JGJ107-2010）的规定；桩顶桩尖构造。桩顶一定范围内的箍筋应加密，并设置钢筋网片。

4）混凝土。混凝土骨料粒径宜为 5~40 mm；强度等级不宜低于 C30（静压法沉桩时不宜低于 C20）；灌注混凝土时，宜从桩顶开始灌筑，并应防止另一端的砂浆积聚过多。

（3）成品桩验收。混凝土预制桩的表面应平整、密实。

2. 桩的起吊、运输和堆放

（1）桩的吊运。混凝土设计强度达到 70% 及以上方可起吊，达到 100% 方可运输；桩在起吊时，必须保证安全平稳，保护桩身质量；吊点位置应符合设计要求，一般节点的设置。水平运输时，应做到桩身平稳放置，严禁在场地上直接拖拉桩体。

（2）桩的堆放。堆放场地应平整坚实；按不同规格、长度及施工流水顺序分别堆放；当场地条件许可时，宜单层堆放；当叠层堆放时，垫木间距应与吊点位置相同，各层垫木应上下对齐，并位于同一垂直线上，堆放层数不宜超过 4 层。

（3）取桩规定。当桩叠层堆放超过 2 层时，应采用吊机取桩，严禁拖拉取桩；三点支撑自行式打桩机不应拖拉取桩。

（二）锤击打桩施工工艺

锤击打桩是利用打桩设备的锤击能量将预制桩沉入土（岩）层的施工方法，它施工速度快，机械化程度高，适用范围广，但施工时有冲撞噪声和对地表层有振动，在城市区和夜间施工有所限制。其施工工艺适用于工业与民用建筑、铁路、公路、港口等陆上预制桩桩基施工。由打入土（岩）层的预制桩和连接于桩顶的承台共同组成桩基础。

1. 施工准备

（1）技术准备

1）熟悉基础施工图纸和工程地质勘查报告，准备有关的技术规范、规程，掌握施工工艺。

2）编制施工组织设计，并对施工人员进行技术交底。

3）准备有关工程技术资料表格。

（2）材料准备

1）预制桩的制作质量符合《建筑桩基技术规范》（JGJ 94-2008）和《混凝土结构工程施工质量验收规范》（GB 50204-2015）。预制桩的混凝土强度达到设计强度的 100% 且混凝土的龄期不得少于 28 d。

2）电焊接桩时，电焊条必须有合格证及质量证明单。

3）打桩缓冲用硬木、麻袋、草垫等弹性衬垫。

（3）施工机具准备

1）打桩设备选择。打桩设备包括桩锤、桩梁和动力装置。

桩锤：可选用落锤、柴油锤、汽锤和振动锤。其中柴油锤由于其性能较好，故应用较为广泛。柴油锤利用燃油爆炸来推动活塞往返运动进行锤击打桩。

桩锤的选用应根据地质条件、桩型、桩的密集程度、单桩竖向承载力及现有施工条件等因素确定。

桩架：桩架一般由底盘、导向杆、起吊设备、撑杆等组成。桩架的高度由桩的长度、桩锤高度、桩帽厚度及所用的滑轮组的高度决定。另外，还应留 1~2m 的高度作为桩锤的伸缩余地。

动力装置：打桩动力装置是根据所选桩锤而定的。当采用空气锤时，应配备空气压缩机；当选用蒸汽锤时，则要配备蒸汽锅炉和卷扬机。

2）工具用具。送桩器、电焊机、平板车等。

3）检测设备。经纬仪、水准仪、钢卷尺、塔尺等。

（4）作业条件准备

1）施工现场具备三通一平。

2）预制桩、焊条等材料已进场并验收合格。

3）测量基准已交底，复测、验收完毕。

4）施工人员到位，技术、安全技术交底已完成，机械设备进场完毕。

2. 锤击打桩操作要求

（1）桩位放线

1）在打桩施工区域附近设置水准点，不少于 2 个，其位置以不受打桩影响为原则（距离操作地点 40m 以外），轴线控制桩应设置在距最外桩 5~10m 处，以控制桩基轴线和标高。

2）测量好的桩位用钢钎打孔深度 >200 mm，用白灰灌入孔内，并在其上插入钢筋棍。

3）桩位的放样允许偏差：群桩 20 mm，单排桩 10 mm。

（2）确定打桩顺序。根据桩的密集程度（桩距大小）、桩的规格、设计标高、周边环境、工期要求等综合考虑，合理确定打桩顺序。打桩顺序一般分为逐排打设、自中部向四周打设和由中间向两侧打设三种。

1）当桩的中心距大于 4 倍桩的边长（桩径）时，可采用上述三种打法均可。当采用逐排打设时，会使土体朝一个方向挤压，为了避免土体挤压不均匀，可采用间隔跳打方式。

2）当桩的中心距小于 4 倍桩的边长（桩径）时，应采用自中部向四周打设；若场地狭长由中间向两侧打设。

3）当一侧毗邻建筑物时，由毗邻建筑物处向另一方向施打。

4）根据基础的设计标高，宜先深后浅。

5）根据桩的规格，宜先大后小，先长后短。

（3）桩机就位。根据打桩机桩架下端的角度计初调桩架的垂直度，按打桩顺序将桩机移至桩位上，用线坠由桩帽中心点吊下与地上桩位点初对中。

（4）起吊桩

1）桩帽：桩帽宜做成圆筒形并设有导向脚与桩架导轨相连，应有足够的强度、刚度和耐打性。桩帽设有桩垫和锤垫，“锤垫”设在桩帽的上部，一般用竖纹硬木或盘圆层叠的钢丝绳制作，厚度宜取 15~20 cm。“桩垫”设在桩帽的下部套筒内，一般用麻袋、硬纸板等材料制作。

2）起吊桩：利用辅助吊车将桩送至打桩机桩架下面，桩机起吊桩并送进桩帽内。

3）对中：桩尖插入桩位中心后，先用桩和桩锤自重将桩插入地下 30 cm 左右，桩身稳定后，调整桩身、桩锤桩帽的中心线重合，使打入方向成一直线。

4）调直：用经纬仪测定桩的垂直度。经纬仪设置在不受打桩影响的位置，保证两台经纬仪与导轨成正交方向进行测定，使插入地面垂直偏差小于 0.5%。

（5）打桩

1）桩开始打入时采用短距轻击，待桩入土一定深度（1~2 m）稳定以后，再以规定落距施打。

2）正常打桩宜采用重锤低击，柴油锤落距一般不超过 1.5 m，锤重参照有关标准选用。

3）停锤标准。

摩擦桩：以控制桩端设计标高为主，贯入度为辅；摩擦桩桩端位于一般土层。

端承桩：以贯入度控制为主，桩端设计标高为辅；端承桩桩端达到坚硬、硬塑的黏性土，中密以上粉土、沙土、碎石类土及风化岩。

贯入度已达到设计要求而桩端标高未达到时，应继续锤击 3 阵，并按每阵 10 击的贯入度不大于设计规定的数值确认，必要时，施工控制贯入度应通过试验确定。

4）打（压）入桩的桩位偏差，必须符合规定。斜桩倾斜度的偏差不得大于倾斜角正切值的 15%（倾斜角是桩的纵向中心线与铅垂线间的夹角）。

5）当遇到贯入度剧变，桩身突然发生倾斜、位移或有严重回弹、桩顶或桩身出现严重裂缝、破碎等情况时，应暂停打桩，并分析原因，采取相应措施。

6）打桩施工记录：打桩工程是隐蔽工程，施工中应做好每根桩的观测和记录，这是工程验收的依据。各项观测数据应填写《钢筋混凝土预制桩施工记录》。

（6）接桩

1）待桩顶距地面 0.5~1 m 时接桩，接桩采用焊接或法兰连接等方法。

2）焊接接桩：

钢板宜采用低碳钢，焊条宜采用 E43。

对接前，上下端板表面应采用铁刷子清刷干净，坡口处应刷至露出金属光泽。

接桩时，上下节桩段应保持顺直，在桩四周对称分层施焊，接层数不少于 2 层；错位偏差不大于 2mm，不得采用大锤横向敲打纠偏。

焊好后，桩接头应自然冷却后方可继续锤击，自然冷却时间不宜少于 8 min，严禁采用水冷却或焊好即施打。

焊接接头的质量检查，对于同一工程探伤抽样检验不得少于 3 个接头。

（7）送桩

1）如果桩顶标高低于槽底标高，应采用送桩器送桩。

2）送桩器：宜做成圆筒形，并应有足够的强度、刚度和耐打性。送桩器长度应满足送桩深度的要求，弯曲度不得大于 1/1 000。

3）在管桩顶部放置桩垫，厚薄均匀，将送桩器下口套在桩顶上，调整桩锤、送桩器和桩三者的轴线在同一直线上。

4）锤击送桩器将桩送至设计深度，送桩完成后及时将空孔回填密实。

（8）截桩头

打桩完成后，将多余的桩头截断；藏桩头时，宜采用锯桩器截割，不得截断桩体纵向主筋；严禁采用大锤横向敲击截桩或强行扳拉截桩。

4. 锤击打桩质量验收标准

（1）事前控制。施工前应检验成品桩及外观质量。

（2）事中控制。施工过程中应检验接桩质量、锤击及静压的技术指标、垂直度以及桩顶标高等。

（3）事后控制

1）施工后应检验桩位偏差和承载力。对于地基基础设计等级为甲级或地质条件复杂，应采用静载荷试验的方法对桩基承载力进行检验，检验桩数不应少于总数的1%，且不应少于3根，当总桩数少于50根时，不应少于2根。

2）桩身完整性检测。对混凝土预制桩，检验数量不应少于总桩数的10%，且不得少于10根。每个柱子承台下不得少于1根。

（三）混凝土预制桩成品保护措施

1. 现场测量控制网的保护。

2. 已进场的预制桩堆放整齐，注意防止滚落及施工机械碰撞。

3. 送桩后的孔洞应及时回填，以免发生意外伤人事件。

4. 对地下管线及周边建（构）筑物应采取减少震动和挤土影响的措施，并设点观测，必要时采取加固措施；在毗邻边坡打桩时，应随时注意观测打桩对边坡的影响。

（四）混凝土预制桩安全环保措施

1. 安全措施

（1）人员进入现场必须戴安全帽，特种作业人员佩戴专用的防护用具。

（2）施工人员必须遵守安全技术操作规程，严禁违章作业和违章指挥，严禁酒后上岗。

（3）施工设备应根据《建筑机械使用安全技术规程》（JGJ 33-2012）经常进行检查，定期保养，确保使用安全。

（4）施工作业区域内严禁非操作人员进入，高空作业（超过2 m）要带安全带，穿防滑鞋，吊机吊桩时要平稳，严禁猛起猛落。

2. 环保措施

（1）使用机械设备时，要尽量减少噪声、废气等的污染；施工场地的噪声应符合《建筑施工场界环境噪声排放标准》（GB 12523-2011）的规定。

（2）受影响的一切公用设施，在施工期间应采取措施加以保护。

（3）施工应遵守当地有关部门关于环保的有关要求。

第五节　地下防水

一、地下防水内容介绍

1. 施工要点

（1）防水混凝土施工前应做好降排水工作，不得在有积水的环境中浇筑混凝土。

（2）防水混凝土应分层连续浇筑，分层厚度不得大于500mm，宜少留施工缝。必须留缝的应符合下列要求：墙体水平施工缝不应留在剪力与弯矩最大处或底板与侧墙的交接处，应留在高出底板表面不小于300mm的墙体上；拱（板）墙结合的水平施工缝，宜留在拱（板）墙接缝以下 150~300mm 处；墙体有预留孔洞时，施工缝距孔洞边缘不应小于 300mm。

（3）用于防水混凝土的模板应拼缝严密、支撑牢固。一般不宜采用螺栓或铁丝贯穿混凝土墙来固定模板，当墙较高必须用螺栓穿墙固定模板时，须在螺栓中间加焊一块直径为 8~10cm 的钢板止水环。

（4）防水混凝土拌合物在运输后如出现离析，必须进行二次搅拌。当坍落度损失后不能满足施工要求时，应加入原水胶比的水泥浆或掺加同品种的减水剂进行搅拌，严禁直接加水。

（5）防水混凝土应机械振捣，避免漏振、欠振和超振。

（6）防水混凝土水平施工缝浇筑混凝土前，应将其表面浮浆和杂物清除，然后铺设净浆或涂刷混凝土界面处理剂、水泥基渗透结晶型防水涂料等材料，再铺 30~50mm 厚的 1 ∶ 1 水泥砂浆，并应及时浇筑混凝土；垂直施工缝浇筑混凝土前，应将其表面清理干净，再涂刷混凝土界面处理剂或水泥基渗透结晶型防水涂料，并应及时浇筑混凝土。

（7）防水混凝土终凝后应立即进行养护，养护时间不得少于 14d。

2. 质量要点

（1）防水混凝土采用预拌混凝土时，入泵坍落度宜控制在 120~140mm，坍落度每小时损失不应大于 20mm，坍落度总损失值不应大于 40mm。

（2）大体积防水混凝土的施工应采取材料选择、温度控制、保温保湿等技术措施。在设计许可的情况下，掺粉煤灰混凝土设计强度的龄期宜为 60d 或 90d。

（3）地下防水工程的防水层，严禁在雨天、雪天和五级风及其以上时施工，其施工环境气温条件宜符合表 2-1 的规定。

表 2-1　地下防水工程的防水层材料施工环境气温条件

防水材料	施工环境气温条件
高聚物改性沥青防水卷材	冷粘法、自粘法不低于 5℃，热熔法不低于 -10℃
合成高分子防水卷材	冷粘法、自粘法不低于 5℃，热熔法不低于 -10℃
有机防水涂料	溶剂型 -5℃ ~35℃，反应型、水乳型 5℃ ~35℃
无机防水涂料	5℃ ~35℃
防水混凝土、防水砂浆	5℃ ~35℃
膨润土防水材料	不低于 -20℃

3. 质量验收

（1）主控项目

1）防水混凝土的原材料、配合比及坍落度必须符合设计要求。

2）防水混凝土的抗压强度和抗渗性能必须符合设计要求。防水混凝土抗渗性能，应采用标准条件下养护混凝土抗渗试件的试验结果评定，试件应在浇筑地点制作。连续浇筑混凝土时，每 500m² 应留置一组抗渗试件（一组为 6 个抗渗试件），且每项工程不得少于两组。采用预拌混凝土的抗渗试件，留置组数应视结构的规模和要求而定。

3）防水混凝土结构的施工缝、变形缝、后浇带、穿墙管道、埋设件等设置和构造必须符合设计要求。

（2）一般项目

1）防水混凝土结构表面应坚实、平整，不得有露筋、蜂窝等缺陷，埋设件位置应准确。

2）防水混凝土结构表面的裂缝宽度不应大于 0.2mm，且不得贯通。

3）防水混凝土结构厚度不应小于 250mm，其允许偏差应为 +8mm、-5mm；主体结构迎水面钢筋保护层厚度不应小于 50mm，其允许偏差为 ± 5mm。

4. 安全与环保措施

（1）混凝土及砂浆搅拌机械应符合现行行业标准《建筑机械使用安全技术规程》（JGJ33-86）及《施工现场临时用电安全技术规范》（JGJ46-88）的有关规定，施工中应定期对其进行检查、维修，保证机械使用安全。施工现场宜充分利用太阳能。

（2）施工现场生产、生活用水应使用节水型生活用水器具，在水源处应设置明显的节约用水标志。施工现场应充分利用雨水资源，设置沉淀池、废水回收设施。

（3）对施工现场场界噪声进行检测和记录，噪声排放不得超过国家标准。施工场地的强噪声设备宜设置在远离居民区的一侧，可采取对强噪声设备进行封闭等降低噪声措施。

（4）施工现场大门口应设置冲洗车辆设备，出场时必须将车辆清理干净，不得将泥沙带出现场。对施工现场及运输的易飞扬、细颗粒散体材料进行密闭、存放。

二、水泥砂浆防水层

1. 施工要点

（1）基层表面应平整、坚实、清洁，并应充分湿润、无明水。

（2）基层表面的孔洞、缝隙，应采用与防水层相同的水泥砂浆堵塞并抹平。

（3）施工前应将埋设件、穿墙管预留凹槽内嵌填密封材料后，再进行水泥砂浆防水层施工。

（4）聚合物水泥防水砂浆拌和后应在规定时间内用完，施工中不得任意加水。

2. 质量要点

（1）防水砂浆的配制，应按所掺材料的技术要求准确计量。

（2）水泥砂浆防水层应分层铺抹或喷涂，铺抹时应压实、抹平，最后一层表面应提浆压光。

（3）水泥砂浆防水层各层应紧密黏合，每层宜连续施工；必须留设施工缝时，应采用阶梯坡形槎，但与阴阳角处的距离不得小于 200mm。

（4）水泥砂浆终凝后应及时进行养护，养护温度不宜低于5℃，并应保持砂浆表面湿润，养护时间不得少于14d；聚合物水泥防水砂浆未达到硬化状态时，不得浇水养护或直接受雨水冲刷，硬化后应采用干湿交替的养护方法。潮湿环境中，可在自然条件下养护。

3. 质量验收

（1）主控项目

1）防水砂浆的原材料及配合比必须符合设计要求。

2）防水砂浆的黏结强度和抗渗性能必须符合设计要求。

3）水泥砂浆防水层与基层之间应结合牢固，无空鼓现象。

（2）一般项目

1）水泥砂浆防水层表面应密实、平整，不得有裂纹、起砂、麻面等缺陷。

2）水泥砂浆防水层施工缝留槎位置应正确，接槎应按层次顺序操作，层层搭接紧密。

3）水泥砂浆防水层的平均厚度应符合设计要求，最小厚度不得小于设计值的85%。

4）水泥砂浆防水层表面平整度的允许偏差应为5mm。

4. 安全与环保措施

同防水混凝土的安全环保措施要求相同。

三、卷材防水层

1. 施工要点

（1）铺贴防水卷材前，基面应干净、干燥，并应涂刷基层处理剂。当基面潮湿时，应涂刷潮湿固化型胶粘剂或潮湿界面隔离剂。

（2）基层阴阳角应做成圆弧形或45° 坡角，其尺寸应根据卷材品种确定。在转角处、变形缝、施工缝、穿墙管等部位应铺贴卷材加强层，加强层宽度不应小于500mm。

（3）冷粘法铺贴卷材应符合下列规定：

1）胶粘剂应涂刷均匀，不得露底、堆积。

2）根据胶粘剂的性能，应控制胶粘剂涂刷与卷材铺贴的间隔时间。

3）铺贴时不得用力拉伸卷材，排除卷材下面的空气，辊压粘贴牢固。

4）铺贴卷材应平整、顺直，搭接尺寸准确，不得扭曲、皱折。

5）卷材接缝部位应采用专用胶粘剂或胶粘带满粘，接缝口应用密封材料封严，其宽度不应小于10mm。

（4）热熔法铺贴卷材应符合下列规定：

1）火焰加热器加热卷材应均匀，不得加热不足或烧穿卷材。

2）卷材表面热熔后应立即滚铺，排除卷材下面的空气，并粘贴牢固。

3）铺贴卷材应平整、顺直，搭接尺寸准确，不得扭曲、皱折。

4）卷材接缝部位应溢出热熔的改性沥青胶料，并粘贴牢固，封闭严密。

（5）自粘法铺贴卷材应符合下列规定：

1）铺贴卷材时，应将有黏性的一面朝向主体结构。

2）外墙、顶板铺贴时，排除卷材下面的空气，辊压粘贴牢固。

3）铺贴卷材应平整、顺直，搭接尺寸准确，不得扭曲、皱折和起泡。

4）立面卷材铺贴完成后，应将卷材端头固定，并应用密封材料封严。

（5）低温施工时，宜对卷材和基面采用热风适当加热，然后铺贴卷材。

2. 质量要点

卷材防水层应采用高聚物改性沥青类防水卷材和合成高分子类防水卷材。所选用的基层处理剂、胶粘剂、密封材料等均应与铺贴的卷材相匹配。

3. 质量验收

（1）主控项目

1）卷材防水层所用卷材及其配套材料必须符合设计要求。

2）卷材防水层在转角处、变形缝、施工缝、穿墙管等部位做法必须符合设计要求。

（2）一般项目

1）卷材防水层的搭接缝应粘贴或焊接牢固，密封严密，不得有扭曲、折皱、翘边和起泡等缺陷。

2）采用外防外贴法铺贴卷材防水层时，立面卷材接槎的搭接宽度：高聚物改性沥青类卷材应为150mm，合成高分子类卷材应为100mm，且上层卷材应盖过下层卷材。

4. 安全与环保措施

（1）当配制和使用有毒材料时，现场必须采取通风措施，操作人员必须穿防护服，戴口罩、手套和防护眼镜，严禁毒性材料与皮肤直接接触和入口。

（2）有毒材料和挥发性材料应密封贮存，妥善保管和处理，不得随意倾倒。

（3）使用易燃材料时，应严禁烟火。

（4）使用有毒材料时，作业人员应按规定享受劳保福利和营养补助，并应定期检查身体。

四、涂料防水层

1. 施工要点

（1）涂料防水层的施工应符合下列规定：

1）多组分涂料应按配合比准确计量，搅拌均匀，并应根据有效时间确定每次配制的用量。

2）涂料应分层涂刷或喷涂，涂层应均匀，涂刷应待前遍涂层干燥成膜后进行。每遍涂刷时应交替改变涂层的涂刷方向，同层涂膜的先后搭压宽度宜为30~50mm。

3）涂料防水层的甩槎处接槎宽度不应小于100mm，接涂前应将其甩槎表面处理干净。

4）采用有机防水涂料时，基层阴阳角处应做成圆弧形；在转角处、变形缝、施工缝、穿墙管等部位应增加胎体增强材料和增涂防水涂料，宽度不应小于 500mm。

5）胎体增强材料的搭接宽度不应小于 100mm。上下两层和相邻两幅胎体的接缝应错开 1/3 幅宽，且上下两层胎体不得相互垂直铺贴。

（2）涂料防水层完工并经验收合格后应及时做保护层。

2. 质量要点

卷材防水层应采用高聚物改性沥青类防水卷材和合成高分子类防水卷材。所选用的基层处理剂、胶粘剂、密封材料等均应与铺贴的卷材相匹配。

3. 质量验收

（1）主控项目

1）涂料防水层所用的材料及配合比必须符合设计要求。

2）涂料防水层的平均厚度应符合设计要求，最小厚度不得小于设计厚度的 90%。

3）涂料防水层在转角处、变形缝、施工缝、穿墙管等部位的做法必须符合设计要求。

（2）一般项目

1）涂料防水层应与基层黏结牢固，涂刷均匀，不得流淌、鼓泡、露槎。

2）涂层间夹铺胎体增强材料时，应使防水涂料浸透胎体覆盖完全，不得有胎体外露现象。

3）侧墙涂料防水层的保护层与防水层应结合紧密，保护层厚度应符合设计要求。

4. 安全与环保措施

同卷材防水层的安全环保措施要求相同。

第三章　混凝土结构工程

混凝土结构广泛应用于建筑工程中。1849 年，法国人 J.L. 朗姆波和 1867 年法国人 J. 莫尼埃先后在铁丝网两面涂抹水泥砂浆制作小船和花盆。1884 年德国建筑公司购买了莫尼尔的专利，进行了第一批钢筋混凝土的科学实验，研究了钢筋混凝土的强度、耐火性能，以及钢筋与混凝土的黏结力。1886 年，德国工程师 M. 科伦提出钢筋混凝土板的计算方法。与此同时，英国人 W.D. 威尔金森申请了钢筋混凝土楼板专利，美国人 T. 海厄特对混凝土梁进行了试验，法国人 F. 克瓦涅出版了一本应用钢筋混凝土的专著。

混凝土主要是由水泥、砂、石和外加剂按照一定的配合比搅拌均匀的拌和物。混凝土浇筑成型后是一种具有高抗压强度的人造石材，但其抗拉性能极差。钢筋具有很高的抗拉强度。为了充分发挥这两种材料各自的优势，现将两种材料结合起来使用，即在构件的受压部分用混凝土，而在构件受拉部分布置钢筋，让其承担构件工作时所承受的拉力。钢筋和混凝土这两种物理、力学性能很不相同的材料之所以能有效地结合在一起共同工作，主要靠两者之间的黏结力，受荷后协调变形，以及这两种材料温度线膨胀系数接近。此外，钢筋至混凝土边缘之间的混凝土作为钢筋的保护层，可以使钢筋不受锈蚀并提高构件的防火性能。由于钢筋混凝土结构合理地利用了钢筋和混凝土两者的性能特点，可形成强度较高、刚度较大的结构，具有耐久性和防火性能好，可模性好，结构造型灵活，以及整体性、延性好，减少自重，适用于抗震结构等特点，故其在建筑结构及其他土木工程中得到了广泛应用。

混凝土结构可以分为素混凝土结构、钢筋混凝土结构和预应力混凝土结构。其中，钢筋混凝土结构的应用占 70% 以上，素混凝土结构在建筑结构中只应用于垫层、刚性基础等极少数情况。

混凝土结构按施工方法分为现浇混凝土结构和装配式混凝土结构。现浇混凝土结构工程在施工中又可分为模板工程、钢筋工程和混凝土工程等多个分项工程。

第一节　模板工程

模板是使混凝土结构或构件按所要求的几何尺寸成型的模型板。浇筑混凝土时，混凝土拌和物是具有流动性的混合物，经过凝结硬化以后才能成为所需的具有规定形状和尺寸的结构或构件。所以，模板不仅需要与混凝土结构或构件的形状和尺寸相同，还应具有足够的承载力、刚度，以承受新浇混凝土的荷载及施工荷载。模板系统包括模板和支架系统两部分，此外还需适量的紧固连接件。

模板工程是钢筋混凝土工程的重要组成部分，它决定了施工方法和施工机械的选择，直接影响工期和造价。一般情况下，模板工程占结构工程费用的1/3，劳动量占1/2，工期约为1/4。

一、模板的设计与安装

（一）模板工程的基本要求和分类

1. 模板工程的基本要求

在现浇混凝土结构施工中，模板及其支撑系统必须符合下列基本要求。

（1）具有足够的强度、刚度和稳定性，能可靠地承受新浇混凝土的质量、侧压力和施工过程中所产生的荷载。

（2）保证工程结构和构件各部分形状、尺寸和相互位置的正确性。

（3）构造简单、装拆方便，便于满足钢筋的绑扎与安装、混凝土的浇筑及养护等工艺要求。

（4）接缝严密，不漏浆。

（5）能多次周转使用。

2. 模板工程的分类

（1）按其所用的材料不同，模板可分为木模板、钢模板、钢木模板、钢竹模板、胶合板模板、塑料模板、玻璃钢模板、铝合金模板等。

（2）按其结构构件的类型不同，模板可分为基础模板、柱模板、梁和楼板模板、墙模板、楼梯模板、壳模板和烟囱模板等。

（3）按其受力条件不同，模板可分为承重模板和侧面模板。承重模板主要承受钢筋与混凝土质量和施工中的垂直荷载，侧面模板主要承受新浇混凝土的侧压力。

（4）按其形式不同，模板可分为整体式模板、定型模板、工具式模板、滑升模板、胎模等。

（5）按其施工方法不同，模板可分为固定式、移动式和装拆式。固定式模板多用于制作预制构件；移动式模板是指模板和支撑安装完毕后，随混凝土浇筑而移动，直到混凝土结构全部浇筑结束才一次拆除的模板，如滑升模板和隧道模板；装拆式模板是指按设计要求的构件形状、尺寸及空间位置在现场组装，当混凝土强度达到拆模强度后将其拆除的模板，如定型模板和工具式模板。

（二）常用模板构造

1. 木模板

木模板的基本组件是拼板。它由板条和拼条钉成，板条厚度一般为25~50mm，宽度不宜超过 200mm(工具式模板不超过 150mm)，以保证在干缩时缝隙均匀，浇水后易于密缝，受潮后不易翘曲。但梁底板的板条宽度不受限制，以免漏浆。梁底的拼板由于承受较大的荷载，故要加厚至 40~50mm。拼板的拼条截面尺寸为 25mm × 35mm~50mm × 50mm，拼条间距取决于施工荷载大小和板条厚度，一般为 400~500mm。

2. 定型组合钢模板

定型组合钢模板是一种工具式定型模板。它通过各种连接件和支承件可组合成多种尺寸和几何形状，以适应各种类型建筑物的基础、柱、梁、板、墙和楼梯等施工的需要。它还可以拼成大模板、滑模、筒模和胎模等。施工时其可在现场直接组装，也可预拼装成大块模板或构件模板用起重机吊装安装。定型组合钢模板的安装工效高，组装灵活，通用性强；拆装方便，周转次数多，可重复使用 50~100 次；加工精度高，浇筑的混凝土质量好。定型组合钢模板由模板、连接件和支承件组成。

（1）模板采用 Q235 钢材制作。钢板厚度为 2.5mm，对于不小于 400mm 的宽面钢模板应采用 2.75mm 或 3.0mm 厚的钢板。它包括平面模板（P）、阴角模板（E）、阳角模板（Y）连接角模板（J）等，钢模板的规格见表 3-1。

表 3-1 钢模板规格　（单位：mm）

名称	宽度	长度	肋高
平面模板	600、550、450、400、350、300、250、200、150、100	1800、1500、1200、900、750、600、450	55
阴角模板	150 × 150、100 × 150		
阳角模板	100 × 100、50 × 50		
连接角模板	50 × 50		

单块钢模板由面板、边框和加劲肋焊接而成。其边框和加劲肋上面按一定距离（150mm）钻孔，可利用 U 形卡、山形插销等拼成大块模板。

（2）连接件包括 U 形卡、山形插销、钩头螺栓、紧固螺栓、对拉螺栓和扣件等。连接件应符合配套使用、装拆方便、操作安全的要求。

（3）支承件包括柱箍、梁托架、钢楞、桁架、钢管顶撑及钢管支架等。柱箍可用角钢、槽钢制作，也可采用钢管及扣件组成。梁托架用来支托梁底模和夹模，用钢管或角钢制作。支托桁架有整体式和拼接式两种，拼接式桁架可由两个半榀桁架拼接而成，以适应不同跨度的需要。钢管顶撑由套管及插管组成，其高度可用插销粗调和螺旋微调。钢管支架由钢管及扣件组成，支架柱可用钢管对接（用对接扣件连接）或搭接（用回转扣件连接）接长。支架横杆步距为 1000~1800mm。

3. 胶合板模板

胶合板模板是一种人造板。它用涂胶后的单板按木纹方向纵横交错配成的板坯，在加热或不加热的条件下压制而成。

浇筑混凝土用的胶合板模板可分为木胶合板模板和竹胶合板模板。木胶合板的特点是质量轻，面积大，加工容易，周转次数多，模板强度高；刚度好，表面平整度高，在板面涂覆热压一层酚醛树脂或其他耐磨防水材料后，可以提高其使用寿命和表面平整度。竹胶合板在强度、刚度、硬度和耐冲击性能方面比木材好，且受潮后不变形，模板拼缝严密，加工方便，可锯刨、打钉，适应性强，应用日益广泛。

模板用的胶合板通常由 5 层、7 层、9 层、11 层等奇数层单板经热压固化面胶合成型。相邻层的纹理方向相互垂直，通常最外层表面的纹理方向和胶合板面板的长向平行。因此，整张胶合板的长向为强方向，短向为弱方向。

一般模板用木胶合板宽度为 1200mm 左右、长度为 2400mm 左右、厚 12~18mm。

4. 大模板

大模板在建筑、桥梁及地下工程中被广泛应用，是一种大尺寸的工具式模板，如建筑工程中一块墙面用一块大模板。因为其质量大，装拆皆需起重机械，所以可提高施工机械化程度，减少用工量，缩短工期。大模板是目前我国剪力墙和简体体系的高层建筑、桥墩、简仓等施工中用得较多的一种模板。

（1）大模板结构体系

目前，我国采用大模板施工的结构体系如下。

1）全现浇的大模板建筑。这种建筑的内外墙全部采用大模板浇筑，结构的整体性好、抗震性强，但施工时外墙模板支设复杂，高空作业工序较多，工期较长。

2）现浇与预制相结合的大模板建筑。其是指建筑的内墙采用大模板浇筑，外墙采用预制装配式大型墙板，即“内浇外挂”施工工艺。这种结构简化了施工工序，减少了高空作业和外墙板的装饰工程量，缩短了工期。

3）现浇与砌筑相结合的大模板建筑。其是指建筑的内墙采用大模板浇筑，外墙采用普通黏土砖墙。这种结构适用于建造 6 层以下的民用建筑，较砖混结构的整体性好。内装饰工程量小，工期较短。

（2）大模板的基本要求

大模板的基本要求有：足够的强度和刚度，周转次数多，维护费用少；板面光滑平整，每平方米板面质量较轻，每块模板的质量不得超过起重机能力；支模、拆模、运输、堆放能做到安装方便；尺寸构造尽可能做到标准化、通用化；一次投资较省，摊销费用较少。

（3）大模板的组成

一块大模板由面板、加劲肋、主楞、支撑桁架、稳定机构及附件组成。

5. 爬升模板

爬升模板是指在混凝土墙体浇筑完毕后，利用提升装置将模板自行提升至上一楼层。浇筑上一层墙体的垂直移动式模板。爬升模板采用整片式大平模，模板由面板及肋组成，不需要支撑系统。提升设备采用电动螺杆提升机、液压千斤顶或导链。爬升模板将大模板工艺和提升模板工艺相结合，既保持了大模板施工墙面平整的优点，又具有利用自身设备使模板向上提升的优点，墙体模板能自行爬升而不依赖起重装置。爬升模板适用于高层建筑墙体、电梯井壁、管道间混凝土施工。

（三）模板的设计

模板系统的设计包括模板结构形式、模板材料的选择、模板及支撑系统各部件规格尺寸的确定及节点设计等。模板系统是一种特殊的工程结构，模板设计应根据工程结构形式荷载大小、地基土类别、施工设备和材料供应等条件进行。

1. 模板设计的主要原则和内容

（1）设计的主要原则

1）安全性：保证模板在施工过程中不变形、不破坏、不倒塌。

2）实用性：应保证混凝土结构的质量，即接缝严密、不漏浆；保证结构或构件形状尺寸和相互位置的正确性；模板的构造简单、装拆方便。

3）经济性：针对工程结构的具体情况，因地制宜，就地取材，在确保工期、质量的前提下减少一次性投入，增加模板周转次数，减少装拆用工量，实现文明施工。

（2）设计的内容。

模板设计的内容主要包括选型、选材、配板、力学计算、结构设计和绘制模板及支架施工图等。各项设计的内容和详尽程度可根据工程的具体情况和施工条件确定。

2. 模板设计的荷载和技术规定

（1）荷载。

计算模板及其支架时，应考虑下列荷载。

1）模板及其支架自重标准值。其可按图纸或实物计算确定，肋形楼板及无梁楼板的荷载可参考表 3-2 取值。

表 3–2　楼板模板荷载表（单位：kN/m^2）

项次	模板构件名称	木模板	组合钢模板
1	平板的模板及小楞的自重	0.3	0.5
2	楼板模板的自重（其中包括梁板的模板）	0.5	0.75
3	楼板模板及其支架的自重（楼层高度为 4m 以下）	0.75	1.10

2）新浇筑混凝土的自重标准值。普通混凝土的自重标准值取 $24kN/m^2$，其他混凝土根据实际表观密度确定。

3）钢筋自重标准值。其应根据设计图纸确定，一般梁板混凝土结构的钢筋自重标准值可按下列数值采用：楼板取 $1.1kN/m^2$，梁取 $1.5\ kN/m^2$。

4）施工人员及设备荷载标准值。

计算模板及直接支承模板的小楞时，均布活荷载取 $2.5kN/m^2$，另应以集中荷载 $2.5kN/m^2$ 再进行验算，比较两者所得的弯矩值，按其中较大者采用；

计算直接支承小楞结构构件时，均布活荷载取 1.5 kN/m²；

计算支架立柱及其他支撑结构构件时，均布活荷载取 1kN/m²。

对于大型浇筑设备，如上料平台、混凝土输送泵等。按实际情况计算荷载。混凝土堆集料高度超过 100mm 者，按实际高度计算荷载。模板单块宽度小于 150mm 时，集中荷载可分布在相邻的两块板上。

5）振捣混凝土时产生的荷载标准值。其对水平面模板可采用 2kN/m² 对垂直面模板可采用 4kN/m²（作用范围在新浇筑混凝土侧压力的有效压头高度以内）。

6）新浇筑混凝土对模板侧面的压力标准值。影响新浇筑混凝土对模板侧压力的因素有很多，如与混凝土组成有关的水泥品种与用量、骨料种类、水灰比、外加剂、坍落度等，，同时有外界因素如混凝土的浇筑速度、混凝土的温度、振捣方式、模板情况、构件厚度、钢筋用量及排放位置等。其中，混凝土的容积密度、浇筑时混凝土的温度、坍落度、外加剂浇筑速度及振捣方法等对其影响较大，是计算混凝土侧压力的控制因素。

$$F = 0.2\ \gamma_e t_0 \beta_1 \beta_2 V^{\frac{1}{2}}$$

$$F = \gamma_e H$$

式中 F ——新浇混凝土对模板的最大侧压力，kN/m²。

γ_e ——混凝土的表观密度，kN/m³。

t_0 ——新浇混凝土的初凝时间，h 可按实测确定。当缺乏试验资料时，可采用 $t_0 = 200/(T+15)$ 计算（T 为混凝土的温度，单位为℃）。

V ——混凝土的浇筑速度，m/h。

H ——混凝土的侧压力计算位置处至新浇混凝土顶面的总高度，m。

β_1 ——外加剂影响修正系数，不掺外加剂时取 1.0，掺具有缓凝作用的外加剂时取 1.2。

β_2 ——混凝土坍落度影响修正系数，当坍落度小于 30mm 时，取 0.85；当坍落度为 50~90mm 时，取 1.0；当坍落度为 110~150mm 时，取 1.15。

7）倾倒混凝土时产生的荷载标准值。倾倒混凝土时对垂直面模板产生的水平荷载标准值可按表 3-3 采用。

表 3–3　倾倒混凝土时产生的水平荷载标准值

项次	向模板内供料方法	水平荷载标准值 /（kN/m）
1	溜槽、串筒或导管	2
2	容量小于 0.2m³ 的运输器具	2
3	容量为 0.2~0.8m³ 的运输器具	4
4	容量大于 0.8m³ 的运输器具	6

注：作用范围在有效压头高度以内。

8）风荷载标准值。风荷载标准值按《建筑结构荷载规范》（GB50009-2012）的有关规定计算。

（2）荷载组合

计算模板及支架结构或构件的强度、稳定性和连接强度时，应采用荷载设计值（荷载标准值乘以荷载分项系数）。上述 8 项标准荷载值乘以表 3-4 中的相应荷载分项系数即可计算得出模板及其支架的荷载设计值。然后根据结构形式按表 3-5 进行荷载效应的组合。

表 3–4　荷载分项系数

项次	荷载类型	分项系数
1	模板及支架自重	
2	新浇混凝土自重	1.2
3	钢筋自重	
4	施工人员及施工设备荷载	1.4
5	振捣混凝土产生的荷载	
6	新浇混凝土对模板侧面的压力	1.2
7	倾倒混凝土时产生的荷载、风荷载	1.4

表 3–5　计算模板及支架的荷载组合

项目	参与组合的荷载类型	
	计算承载能力	验算挠度
平板和薄壳的模板及支架	1+2+3+4	1+2+3
梁和拱模板的底板及支架	1+2+3+5	1+2+3
梁、拱、柱（边长不大于 300mm）、墙（厚度不大于 100mm）的侧面模板	5+6	6
大体积结构、柱（边长大于 300mm）、墙（厚度大于 100mm）的侧面模板	6+7	6

注：表中 1~7 指表 3-4 中项次对应荷载类别。

模板工程属于临时性工程，由于我国目前还没有临时性工程的设计规范，因此荷载效应组合（荷载折减系数）只能按正式工程结构设计规范执行。

1）钢模板及其支架的设计应符合《钢结构设计规范》（GB50017-2017）的规定，其荷载设计值可乘以 0.85 系数予以折减，但其截面塑性发展系数取 1.0；

2）采用冷弯薄壁型钢时应符合《冷弯薄壁型钢结构技术规范》（GB50018-2002）的规定，其荷载设计值不予折减，荷载折减系数为 1.0；

3）木模板及其支架的设计应符合《木结构设计规范》（GB50005-2003）的规定，当木材含水率小于 25% 时，其荷载设计值可乘以系数 0.9 予以折减；

4）其他材料的模板及其支架的设计应符合有关规定；

5）风荷载作用下，验算模板及其支架的稳定性时，其基本风压值可乘以系数 0.8 予以折减。

计算模板及其支架的强度时，由于是一种临时性结构，钢材的允许应力可适当提高，木材的允许应力可提高 30%。

（3）模板及其支架的刚度

模板及其支架除必须保证足够的承载能力外，还应保证有足够的刚度，因此应验算模板及其支架的挠度。其最大变形值不得超过下列允许值：

1）对结构表面外露的模板，为模板构件跨度的 1/400；

2）对结构表面隐蔽的模板，为模板构件跨度的 1/250；

3）支架压缩变形值或弹性挠度，为相应结构自由跨度的 1/1000。组合钢模板及构配件的最大变形值不得超过表 3-6 的规定。

表 3-6 组合钢模板及构配件的容许变形值

部件名称	容许变形值 /mm
钢模板的面板	≤ 1.5
单块钢模板	≤ 1.5
钢楞	L/500 或 ≤ 1.5
柱箍	B/500 或 ≤ 1.5
桁架、钢模板结构体系	L/1000
支撑系统累计	≤ 4.0

注：L 为计算跨度 B 为柱宽。

（4）模板设计的步骤。

模板系统的设计计算，原则上与永久结构相似，计算时要参照相应的设计规范。确定计算简图时，不同构造的模板及支架在设计时所考虑的重点也有所不同，如定型模板、梁模板、楞木等主要考虑抗弯强度及挠度；支柱、井架等系统主要考虑受压稳定性；对于桁架，则应考虑上弦杆的抗弯、抗压能力；对于木构件，则应考虑支座处抗剪及承压等问题。

模板设计步骤如下。

1）根据施工组织设计，先应明确每个施工区段需要配置模板的数量。

2）根据工程情况和现场施工条件确定模板及支架的组装方法。

3）按照施工图，进行模板配板设计。

4）进行夹箍和支撑的设计计算及选配。

5）明确支撑系统的布置、连接和固定方法。

6）确定预埋件的固定方法、管线埋设方法及特殊部位（如预留孔洞）的处理方法。

7）根据所需钢模板、连接件、支撑及架设工具等列出备料表。

（5）组合钢模板配板设计

组合钢模板有许多不同的规格，同一构件的模板可做多种组合排列，因而能形成许多配板方案。合理的配板方案应满足钢模板块数少、木模板嵌补量少的要求，并能使支架布置简单，受力合理。

1）优先采用通用规格及大规格的模板。

2）组合钢模板的长边宜沿梁、板、墙的长度方向或柱的方向排列。如构件的宽度恰好是组合钢模板长度的整数倍，也可将组合钢模板的长边沿构件的短边排列。模板端头接缝宜错开布置。以提高模板的整体性，并使模板在长度方向易保持平直。

3）合理使用角模。对无特殊要求的阳角，可不用阳角模，而用连接角模代替。阴角模宜用长度大的阴角，柱头、梁口及其他短边转角（阴角）处可用方木嵌补。

（四）模板安装

模板安装之前，应首先熟悉施工图样，掌握建筑物结构的形状尺寸，并根据现场条件，初步考虑立模及支撑的程序，以及与钢筋绑扎、混凝土浇捣等工序的配合，尽量避免工种之间的相互干扰。模板的安装包括放样、立模、支撑加固、吊正找平、尺寸校核、堵设缝隙及清仓去污等工序。

1. 基础模板的安装

基础的特点是高度较小而水平面积较大，基础模板一般利用地基或基槽（坑）进行支撑。安装阶梯形基础模板时要保证上、下模板不发生相对位移。如为杯形基础，则还要在其中放入杯口模板。如土质良好，则基础的最下一级可进行原槽浇筑。基础模板可采用木模板或定型组合钢模板支设。

2. 柱模板的安装

柱子的特点是水平断面尺寸不大但比较高。因此，柱模板的构造和安装主要考虑应保证垂直度及抵抗新浇混凝土对模板产生的侧压力，也要便于混凝土浇筑、垃圾清理与钢筋绑扎等。

柱模板顶部开有与梁模板连接的梁缺口，底部开有清理孔，沿高度方向每隔 2m 左右开设混凝土浇筑孔，以防止混凝土产生分层离析。为承受混凝土的侧压力和保持模板形状，拼板外面要设柱箍。柱箍间距与混凝土侧压力、拼板厚度有关。由于柱子底部混凝土侧压力较大，因此柱模板越靠近下部柱箍越密。柱底一般有一钉在混凝土上的木框，用以固定柱模板的位置。安装时应校正其相邻两个侧面的垂直度，检查无误后即用斜撑支牢固定。

3. 梁模板的安装

梁的特点是跨度较大而宽度不大。梁模板可采用木模板、定型组合钢模板等。木制梁模板主要由底模板、侧模板、夹木及其支架系统组成。为承受垂直荷载，梁底模板一般较厚，下面每隔一定间距（800~1200mm）用顶撑顶住。为使顶撑传下来的集中荷载均匀地传给地面，顶撑底加铺垫板。多层建筑施工中，上、下层的顶撑应在同一条竖向直线上。梁模板的侧模板用长板条加拼条制成，为承受混凝土的侧压力，底部用夹木固定，上部由斜撑和水平拉条固定。

单梁的侧模板一般拆除得较早，因此侧模板应包在底模板的外面。柱的模板与梁的侧模板一样，一般较早拆除，故梁的模板不应伸到柱模板的开口内。

组合钢模板的梁模板也由底模与侧模组成，底模板及两侧模板用连接角模连接，侧模板顶部则用阴角模板与楼板模板相接。两侧模板之间应根据需要设置对拉螺栓。整个模板用支架支撑，支架应支设在垫板上，垫板厚 5mm，长度至少要能支承 3 个支架，垫板下的地基必须平整坚实。安装底模板前，应先立好支架，调整支架顶部标高，再将梁底模板安装在支架顶上，最后安装梁侧模板。梁跨度大于或等于 4m 时，底模板应起拱，如设计无要求时，起拱高度为全跨长度的 1/1000。

4. 楼板模板的安装

楼板的特点是面积大而厚度不大，故其侧压力较小。楼板模板及支撑系统主要承受混凝土的垂直荷载和施工荷载，保证混凝土不变形、下垂。楼板模板可采用木模板、组合钢模板等。

木楼板模板由底模和楞木组成，楞木下面由立柱承担上部荷载。

梁与楼板支模时，一般先支梁模板，后支楼板的楞木，再依次支设下面的横杠和支柱，楼板底模板铺在楞木上。

木胶合板用作楼板模板时，常规的支模方法为：用 ϕ48mm×3.5mm 的脚手钢管搭设排架，排架上铺放间距为 400mm 左右的 50mm×100mm 或者 60mm×80mm 的木方（俗称 68 方木）作为面板下的楞木：木胶合板常用厚度为 12mm、8mm，木方的间距根据胶合板厚度进行调整。这种支模方法简单易行，现已在施工现场大面积被采用。

组合钢模板的楼板模板由平面钢模板拼装而成，其周边用阴角模板与梁或墙模板相连接。楼板模板用钢楞及支架支撑，也可用桁架支撑。

组合钢模板的楼板模板安装时，先安装梁模板支架、钢楞或桁架，再安装楼板模板。楼板模板的安装可以散拼，也可以整体安装。

5. 墙体模板的安装

墙体具有高度大而厚度小的特点，其模板主要承受混凝土的侧压力。因此，墙体模板必须加强面板刚度并设置足够的支撑，以确保模板不变形和不位移。墙体模板由两片模板组成，外面用竖横钢楞（木模板可用楞木）加固并用斜撑保持稳定，用对拉螺栓抵抗混凝土的侧压力和保持两片模板之间的间距（墙厚）。

墙体模板安装时，首先沿边线抹水泥砂浆做好安装墙模板的基底处理，然后按配板图由一端向另一端，由下向上逐层拼装。钢模板还可先拼装成整块再安装。墙的钢筋可以在模板安装前绑扎，也可以在安装好一边的模板后再绑扎钢筋，最后安装另一边模板。

胶合板用作墙体模板时，常规的支模方法为：胶合板面板外侧的内楞用50mm×100mm或者60mm× 80mm的木方，外楞用48mm×3.5mm的脚手钢管，内外模用“3”形卡及穿墙螺栓拉结。

6. 楼梯模板的安装

楼梯模板通常由平台梁、平台板和梯段板的模板组成。梯段板的模板由底模板、踏步侧板、边板、横挡板和反三角板等组成，在斜楞木上面铺钉楼梯底模板。安装楼梯模板时，在楼梯间的墙上按设计标高画出楼梯段、楼梯踏步及平台板、平台梁的位置，先立平台梁、平台板的模板，然后在楼梯基础侧板上钉托木。楼梯模板的斜楞钉在基础梁和平台梁侧模板外的托木上，在斜楞上铺钉楼梯底模板。楼梯底模板下面设杠木和斜向顶撑，间距为1~1.2m，用拉杆拉结。沿楼梯边立外帮板，用外帮板上的横档木、斜撑和固定夹木将外帮板钉固在夹木上。再在靠墙的一面把反三角板立起，反三角板的两端可钉在平台梁和梯基的侧模板上，然后在反三角板与外帮板之间逐块钉上踏步侧板。踏步侧板的一头钉在外帮板的木挡上，另一头钉在反三角板的三角木块（或小木条）的侧面上。

楼梯段模板放线时，要注意每层楼梯第一步与最后一个踏步的高度，否则会因疏忽了楼地面面层厚度的不同，造成高低不同的现象而影响使用。

（五）模板安装工程施工质量检查验收

浇筑混凝土之前，应对模板工程进行质量检查验收。模板及其支架应具有足够的承载能力、刚度和稳定性，能可靠地承受施工浇筑混凝土的重力、侧压力及施工荷载。模板安装和浇筑混凝土时，应对模板及其支架进行观察和维护。

现浇结构模板安装的允许偏差及检验方法见表3-7。

表 3–7　现浇结构模板安装的允许偏差及检验方法

项目		允许偏差 /mm	检验方法
轴线位置		5	钢尺检查
底模上表面标高		± 5	水准仪或拉线、钢尺检查
截面内部尺寸	基础	± 10	钢尺检查
	柱、墙、梁	+4，-5	钢尺检查
层高垂直度	≤ 5m	6	经纬仪或吊线、钢尺检查
	＞ 5m	8	经纬仪或吊线、钢尺检查
相邻两板表面高低差		2	钢尺检查
表面平整度		5	2m 靠尺和塞尺检查

注：检查轴位置时，应沿纵、横两个方向测量，并取其中的较大值。

二、模板的拆除与维护

混凝土凝结硬化后，经过一段时间的养护，当强度达到一定要求时即可拆除模板。

模板的拆除日期取决于混凝土的强度、模板的用途、结构的性质及混凝土硬化时的气温。及时拆模可提高模板的周转率，加快工程进度。但过早拆模，混凝土会因强度不足而难以承担本身自重，或因受到外力作用而变形甚至断裂，造成重大的质量事故。因此，模板的拆除必须满足一定的要求和顺序。

（一）模板拆除的要求

1. 非承重的侧模板应在混凝土强度能保证其表面及棱角不因拆除模板而受损坏时，方可拆除。

2. 承重的底模板应在与结构的同条件养护的混凝土试块达到表 3-8 规定的强度后，方可拆除。

表 3–8　现浇结构拆模时所需的混凝土强度

构件类型	构件跨度 /m	按设计的混凝土强度标准值的百分率 /%
板	≤ 2	≥ 50
	＞ 2 且 ≤ 8	≥ 75
	＞ 8	≥ 100
梁、拱、壳	≤ 8	≥ 75
	＞ 8	≥ 100
悬壁构件	—	≥ 100

3. 拆除模板过程中，如发现混凝土有影响结构安全的质量问题，则应暂停拆除。经过

处理后，方可继续拆除。

4. 已拆除模板及其支架的结构，应在混凝土强度达到设计强度后才允许承受全部计算荷载。当承受的施工荷载大于计算荷载时，模板必须经过核算，加设临时支撑。

（二）模板拆除的顺序

1. 模板及其支架拆除的顺序及安全措施应按施工技术方案执行。拆模程序一般是先支的后拆，后支的先拆；先拆除非承重部分，后拆除承重部分；谁安谁拆；重大、复杂模板的拆除应事先制订拆模方案。对于肋形楼板的拆模，首先拆除柱模板，然后拆除楼板底模板、梁侧模板，最后拆除梁底模板。

2. 对于框架结构模板的拆除，首先拆除柱模板，然后拆除楼板底模板、梁侧模板，最后拆除梁底模板。拆除跨度较大的梁下支柱时，应先从跨中开始，分别向两端拆除。

3. 多层楼板模板支架的拆除时，如上层楼板正在浇筑混凝土，则下一层楼板的模板支架不得拆除，再下一层楼板的模板支架仅可拆除一部分。跨度在 4m 及 4m 以上的梁下均应保留支架，其间距不得大于 3m。

（三）模板的维护

1. 拆模时不要用力过猛，拆下来的模板要及时运走、整理、堆放，以便再用。

2. 拆模时应注意防止整块模板落下伤人。

3. 吊装模板应轻起轻放，不准碰撞已完成的结构，并注意防止模板变形。

4. 拆模后发现不平或缺陷处应及时修理。

5. 使用过程中加强管理，分规格堆放，及时刷防锈漆及脱模剂。

第二节　钢筋工程

钢筋混凝土及预应力混凝土结构常用的钢材有热轧钢筋、余热处理钢筋、钢绞线和消除应力钢丝四类。

钢筋混凝土结构常用热轧钢筋。热轧钢筋分为光圆钢筋和带肋钢筋。光圆钢筋的牌号由 HPB 和屈服点最小值构成。钢筋混凝土结构常用的热轧光圆钢筋牌号为 HPB300。热轧带肋钢筋（牌号为 HRB）分为 HRB335、HRB400、HRB500 三个牌号。细晶粒热轧带肋钢筋（牌号为 HRBF）专用于有抗震设防要求的结构，分为 HRBF335、HRBF400、HRBF500 三个牌号。

余热处理钢筋（牌号为 RRB）常用的是 RRB400，其允许用于对延性和加工性能要求不高的基础底板，大体积混凝土或受荷载不大的楼板和墙体中。余热处理钢筋不宜采用焊接连接。

为便于运输，直径为 6~9mm 的钢筋常卷成圆盘，直径大于 12mm 的钢筋则轧成

6~12m 长的直条。

钢丝有冷拔钢丝、碳素钢丝及刻痕钢丝。预应力混凝土结构常用的钢绞线一般由多根高强度圆钢丝捻成，有 1×3 和 1×7 两种。消除应力钢丝有光面、螺旋肋钢丝两类，直径为 5~9mm。

一、原材料进场质量验收与存放

钢筋是否符合质量标准直接影响结构的使用安全，故在施工中必须加强对钢筋进场验收和质量检查工作。

钢筋进场应有出厂质量合格证明书或实验报告单，每捆（盘）钢筋均应有标牌。钢筋进场后应按品种、批号与直径分批验收，并分别堆放，不得混杂。其验收的内容包括查对标牌、外观检查，并按规定抽取试样进行机械性能试验，检查合格后方可使用。

钢筋外观检查内容包括：应对钢筋进行全数外观检查，钢筋应平直，无损伤，表面不得有裂痕、油污、颗粒状或片状老锈，钢筋表面的凸块不得超过螺纹的高度，钢筋的外形尺寸应符合相关规定。

钢筋性能包括化学成分及力学性能（屈服点、抗拉强度、伸长率及冷弯指标）。对于钢筋，应按《钢筋混凝土用钢第 2 部分：热轧带肋钢筋》（GB 1499.2-2007）、《钢筋混凝土用钢第 1 部分：热轧光圆钢筋》（GB1499.1-2008）、《钢筋混凝土用余热处理钢筋》（GB13014-2013）等标准的规定抽取试件做力学性能检验，即进场复验。

钢筋抽样检验时，热轧带肋钢筋检验以 60t 为一批，不足 60t 的也按批计，每批应由同一牌号、同一炉罐号、同一规格、同一品种、同一交货状态的钢筋组成。每批钢筋中任意抽取两根，每根取两个试件分别进行拉伸试验（测定其屈服点、抗拉强度和伸长率）和冷弯试验。如有一项结果不符合规定，则从同一批钢筋中另取双倍试件重做试验。若仍有一个试件不合格，则判定该批钢筋为不合格品，应降级使用。

在钢筋加工过程中，如发现脆断、焊接性能不良或力学性能显著不正常现象，则应对该批钢筋进行化学成分检验或其他专项检验。

当钢筋运进施工现场后，必须严格按批分等级、牌号、直径、长度挂牌分别存放，并注明数量，不得混淆。钢筋应尽量堆放在仓库或料棚内，条件不具备时，应选择地势较高、土质坚实、较为平坦的露天场地存放。在仓库或场地周围挖排水沟，以利于泄水。堆放时钢筋下面要加垫木，离地不宜少于 200mm，以防止钢筋锈蚀和被污染。钢筋成品要分工程名称和构件名称、部位、钢筋类型、尺寸、钢号、直径和根数分别堆放，不能将几项工程的钢筋混放在一起，同时注意避开造成钢筋污染和腐蚀的环境。

二、钢筋配料

钢筋配料是根据结构施工图，计算所有钢筋的直线下料长度、总根数及钢筋的总质量，并编制钢筋配料单，绘出钢筋加工形状、尺寸，作为钢筋备料、加工和结算依据的一项工作。

（一）钢筋下料长度的计算

钢筋切断时的直线长度称为下料长度。

结构施工图中注明的钢筋尺寸是指加工后的钢筋外轮廓尺寸，即从钢筋外皮到外皮量得的尺寸称为钢筋的外包尺寸。钢筋加工时也按外包尺寸进行验收。钢筋的外包尺寸由构件的外形尺寸减去混凝土的保护层厚度求得。混凝土保护层厚度是指最外层钢筋外边缘至构件表面的距离，其作用是保护钢筋在混凝土结构中不受锈蚀。

钢筋弯曲后的特点是钢筋弯曲处外皮伸长、内皮缩短，而轴线尺寸不变，故钢筋的下料长度即为其轴线尺寸。由于钢筋弯曲时量得的外包尺寸总和要大于钢筋轴线长度，故将弯曲钢筋的外包尺寸和轴线长之间存在的差值称为量度差值。量度差值在计算下料长度时必须加以扣除，否则加工后的钢筋尺寸将大于设计要求的外包尺寸，从而可能无法放入模板内，造成质量问题并浪费钢材。

为了增加钢筋与混凝土锚固的能力，钢筋末端一般需加工成弯钩形式。一般 HPB300 级钢筋两端做成 180° 的弯钩；而 HRB335、HRB400 变形钢筋虽与混凝土黏接性能较好，但有时要求有一定的锚固长度，故该钢筋末端需做 90° 或 135° 弯折，如柱钢筋的下部、箍筋及附加钢筋。直径较小的钢筋有时需做成 135° 的弯钩。钢筋外包尺寸不包括弯钩的增加长度，所以钢筋的下料长度应考虑弯钩增加长度。

由以上分析可知，钢筋的下料长度根据形状不同由以下公式确定：

直线钢筋下料长度 = 构件长度 - 混凝土保护层厚度 + 弯钩增加长度

弯起钢筋下料长度 = 直段长度 + 斜段长度 - 量度差值 + 弯钩增加长度

箍筋下料长度 = 直段长度 + 弯钩增加长度 - 量度差值

以上钢筋若需搭接，还应增加钢筋搭接长度，钢筋的搭接长度应符合相关规定。

（二）钢筋中间部位弯曲量度差

1. 钢筋弯折处的量度差值

钢筋弯折处的量度差值与钢筋弯弧内直径及弯曲角度有关。

根据《混凝土结构工程施工规范》（GB50666-2019）规定，光圆钢筋弯折的弯弧内直径不应小于钢筋直径的 2.5 倍；335MPa 级、400MPa 级带肋钢筋的弯弧内直径不应小于钢筋直径的 4 倍；500MPa 级带肋钢筋弯折的弯弧内直径，当直径为 28mm 以下时不应小于钢筋直径的 6 倍，当直径为 28mm 及 28mm 以上时不应小于钢筋直径的 7 倍。通过理论推算并结合工程实践经验，常用钢筋弯折后的量度差值如表 3-9 所示。

表 3-9　钢筋弯折后的量度差值

钢筋弯曲角度	30°	45°	60°	90°	135°
钢筋弯折量度差值	0.35d	0.5d	0.85d	2d	2.5d

注：d 为钢筋直径。

2. 钢筋末端弯钩增长值

对于直条纵向受力的 HPB300 级钢筋，其末端应做成 180° 弯钩。其圆弧弯曲直径不应小于钢筋直径的 2.5 倍，平直部分长度不宜小于钢筋直径的 3 倍，每个弯钩端部增加长度近似地取为 6.25d。

3. 箍筋弯钩增长值

箍筋下料长度可用外包尺寸和内包尺寸两种计算方法。为了简化箍筋下料长度的计算，可根据施工经验采用箍筋调整值计算方法，即弯钩增加长度和弯曲量度差值两项相加或相减（采用外包尺寸时相减，采用内包尺寸时相加），见表 3-10。

表 3–10 箍筋调整值

箍筋周长量度方法	箍筋直径 /mm			
	4~5	6	8	10~12
量外包尺寸 /mm	40	50	60	70
量内包尺寸 /mm	80	100	120	150~170

对于一般结构，箍筋下料长度的计算公式如下：

箍筋下料长度 = 箍筋外包尺寸（外周长）或内皮尺寸（内周长）+ 箍筋调整值

对于有抗震设防要求的结构，其箍筋的下料长度可用下式计算：

下料长度 = 外包尺寸 + 箍筋调整值 +7d × 2

第三节 混凝土工程

一、原材料进场质量验收与存放

混凝土是以水泥为主要胶凝材料，并配以砂、石等细、粗骨料和水按设计比例配合，经过均匀拌制、密实成型及养护硬化而形成的人造石材。有时为加强和改善混凝土的某项性能，如膨胀性、抗渗性等，可适量掺入外加剂和矿物掺和料。

在混凝土中，砂、石起骨架作用，称为骨料，砂为细骨料，石为粗骨料；水泥与水形成水泥浆，水泥浆包裹在骨料表面并填充其空隙。在硬化前，水泥浆能起到润滑作用，故拌和物具有一定的和易性，便于施工；水泥浆硬化后，则将骨料胶结成一个坚实的整体。混凝土的形成过程可分为两个阶段或状态：凝结硬化前的塑形状态，即新拌混凝土或混凝土拌和物；硬化之后的坚硬状态，即硬化混凝土或混凝土。混凝土强度等级以边长为 150mm 的立方体抗压强度标准值划分为 C10、C15、C20、C25、C30、C35、C40、C45、C50、C55，C60、C65、C70、C75、C80、C85、C90、C95 和 C100。

（一）水泥的进场质量验收与存放

1. 进场质量验收

由于水泥是混凝土的重要组成部分，故水泥进场时应进行质量验收，对水泥的品种、级别、包装或散装仓号、出厂日期等进行检查，并应对其强度、安定性及其他必要的性能指标进行复验。其质量必须符合现行国家标准《通用硅酸盐水泥》（GB 175-2007）的相关规定。

检查数量：同一生产厂家、同一等级、同一品牌、同一批号且连续进场的水泥，袋装不超过 200t 为一批，散装不超过 500t 为一批，每批抽样不少于一次。

检验方法：检查产品合格证、出厂检验报告和进场复验报告。

水泥质量主要控制项目应包括凝结时间、安定性、胶砂强度、氧化镁和氯离子含量。碱含量低于 0.6% 的水泥主要控制项目还应包括碱含量，中、低热硅酸盐水泥或低热矿渣硅酸盐水泥主要控制项目还应包括水化热。

2. 存放

水泥应按不同厂家、不同品种和强度等级分批存放，并应采取防潮措施；出现结块的水泥不得用于混凝土工程；水泥出厂超过 3 个月（硫铝酸盐水泥超过 45d）时，应进行复检，并按复验结果使用。

入库的水泥按照“先入库的先用，后入库的后用”的原则进行使用，并防止混掺使用。包装水泥存放时，应垫起离地约 30mm，离墙也应在 30mm 以上；堆放高度一般不超过 10 包。临时露天暂存的水泥应用防雨篷布盖严，底板要垫高并采取防潮措施。

（二）粗骨料、细骨料的进场质量验收与存放

1. 进场质量验收

混凝土原材料中的粗骨料、细骨料质量应符合现行行业标准《普通混凝土用砂、石质量及检验方法标准》（JGJ 52-2006）的规定。

检查数量：按现行行业标准《普通混凝土用砂、石质量及检验方法标准》（JG52-2017 的规定确定。

检验方法：检查抽样检验报告。

配制混凝土的细骨料要求清洁，不含杂质，以保证混凝土的质量。细骨料中的杂质有云母、黏土、淤泥、粉砂等，除此以外还有一些有机杂质，它们会妨碍水泥与细骨料的黏结，降低混凝土的强度、抗冻性和抗渗性。

根据《混凝土结构工程施工规范》（GB 50666—2011）的规定，细骨料宜选用级配良好、质地坚硬、颗粒洁净的天然砂或机制砂，并应符合下列规定。

（1）细骨料宜选用Ⅱ区中沙。当选用Ⅰ区沙时，应提高沙率，并应保持足够的胶凝材料用量，同时应满足混凝土的工作性要求；当采用Ⅲ区砂时，宜适当降低沙率。

（2）混凝土细骨料中氯离子含量，对于钢筋混凝土，按干砂的质量百分率计算不得大

于 0.06%；对于预应力混凝土，按干沙的质量百分率计算不得大于 0.02%。

（3）其含泥量、含泥块量指标应符合相应规定的要求。

（4）海砂应符合现行行业标准《海砂混凝土应用技术规范》（JG206—2010）的有关规定。

粗骨料中针、片状颗粒的含量必须加以控制。当混凝土强度等级大于或等于 C30 时，按质量控制在 15% 以下；当混凝土强度等级小于 C30 时，控制在 25% 以下。

粗骨料中的含泥量严重影响骨料与水泥石的黏结，降低混凝土的和易性，并增加用水量，影响混凝土的干缩和抗冻性，因此需要加以限制。当混凝土强度等级大于或等于 C30 时，粗骨料中含泥量、含泥块量应分别限制在 1% 和 0.5% 以下；当混凝土强度等级小于 C30 时，分别限制在 2% 和 0.7% 以下。

粗骨料的强度影响着混凝土的强度，且碎石的强度是以岩石的抗压强度和压碎指标值表示的，建筑工程中一般采用压碎指标值进行控制；卵石的强度只能用压碎指标值表示。

2. 根据《混凝土结构工程施工规范》（GB 50666—2011）的规定，粗骨料宜选用粒形良好、质地坚硬的洁净碎石或卵石，并应符合下列规定：

（1）粗骨料最大粒径不应超过构件截面最小尺寸的 1/4，且不超过钢筋最小间距的 3/4；对于实心混凝土板，粗骨料的最大粒径不宜超过板厚的 1/3，且不应超过 40mm。

（2）粗骨料宜用连续级配，也可采用单粒级组合满足要求的连续粒级。

（3）其含泥量、泥块含量指标应符合相应规定的要求。

3. 存放

粗、细骨料堆场应有遮雨设施，并应符合有关环境保护的规定；粗、细骨料应按不同品种、规格分别堆放，不得混入杂物。

（三）水的进场质量验收

混凝土拌制及养护用水应符合现行行业标准《混凝土用水标准》（JGJ63—2006）的规定。采用饮用水作为混凝土用水时，可不检验；采用中水、搅拌站清洗水、施工现场循环水等其他水源时，应对其成分进行检验。

检查数量：同一水源检查应不少一次。

检验方法：检查水质检验报告。

未经处理的海水严禁用于钢筋混凝土结构和预应力混凝土结构中混凝土的拌制。

（四）矿物掺和料的进场质量验收与存放

1. 进场质量验收

矿物掺和料是混凝土的主要组成材料，在混凝土中可以代替部分水泥，改善混凝土性能。不同的矿物掺和料对改善混凝土的物理、力学性能与耐久性具有不同的效果，应根据混凝土的设计要求与结构的工作环境加以选择。

混凝土用矿物掺和料进场时，应对其品种、性能、出厂日期等进行检查，并对矿物掺和料的相关性能指标进行检验，检验结果应符合国家现行有关标准的规定。

检查数量：同一厂家、同一品种、同一批号且连续进场的矿物掺和料，粉煤灰、磷渣粉、钢铁渣粉和复合矿物掺和料不超过 200t 为一批，沸石粉不超过 120t 为一批，硅灰不超过 30t 为一批，每批抽样数量应不少于一次。

检验方法：检查质量证明文件和抽样检验报告。

2. 存放

矿物掺和料存放时应有明显标记，不同矿物掺和料及水泥不得混杂堆放，应防潮防雨，并应符合有关环境保护的规定；矿物掺和料存储期超过 3 个月时应进行复检，合格者方可使用。

二、混凝土浇筑与养护

混凝土浇筑就是将混凝土拌和物浇筑在符合设计要求的模板内，加以捣实并使其具有良好的密实性，达到设计强度的要求。混凝土浇筑施工包括浇筑与捣实，其是混凝土工程施工的关键，将直接影响构件的质量和结构的整体性。

混凝土浇筑后，为保证水泥水化作用能正常进行，应及时进行养护。这是为了获得优质混凝土所采取的必不可少的措施。

（一）混凝土浇筑前的准备工作

1. 对模板及其支架进行检查，应确保标高、位置、尺寸正确，强度、刚度、稳定性及严密性满足要求。模板中的垃圾、泥土和钢筋上的油污应加以清除。木模板应浇水润湿，但不允许留有积水。

2. 对于钢筋及预埋件，应请工程监理人员共同检查钢筋的级别、直径、摆放位置及保护层厚度是否符合设计和规范要求，并认真做好隐蔽工程记录。

3. 准备和检查材料、机具等。注意天气预报，不宜在雨雪天气浇筑混凝土。

4. 做好施工组织工作和技术、安全交底工作。

（二）混凝土浇筑的一般规定

1. 混凝土应在初凝前浇筑，若混凝土在浇筑前有离析现象，则必须重新拌和后才能浇筑。

2. 浇筑柱、墙模板内的混凝土时，混凝土的倾落高度应符合表 3-11 的规定。

表 3-11　柱、墙模板内混凝土浇筑倾落高度限值（单位：m）

条件	浇筑倾落高度限值
粗骨料粒径大于 25mm	≤ 3
粗骨料粒径小于或等于 25mm	≤ 6

3. 浇筑竖向结构混凝土前，底部应先浇入 50~100mm 厚与混凝土成分相同的水泥砂浆，以免构件下部产生蜂窝、麻面、露石等缺陷。

4. 混凝土运至现场后，其浇筑时的坍落度应满足表 3-12 的经验值。

表 3–12 混凝土浇筑时的坍落度（单位：mm）

结构种类	坍落度
基础或地面等的垫层、无配筋的大体积结构（挡土墙、基础等）或配筋稀疏的结构	10~30
板、梁和大型及中型截面的柱子等	30~50
配筋密列的结构（薄壁、斗仓、筒仓、细柱等）	50~70
配筋特密的结构	70~90

注：(1) 本表是采用机械振捣混泥土时的坍落度，当采用人工振捣时，其值可适当增大。

(2) 当需要配制大坍落度混凝土时，应控制外加剂。

为了使混凝土振捣密实，混凝土必须分层浇筑，混凝土浇筑层厚度应符合表 3-13 的规定。

表 3–13 混凝土浇筑层厚度

振碎方法	混凝土分层浇筑的最大厚度
振动棒	振动棒作用部分长度的 1.25 倍
平板振动器	200mm
附着振动器	根据设置方式，通过试验确定

5. 为保证混凝土的整体性，浇筑工作应连续进行。当由于技术或施工组织上的原因必须间歇时，其间歇时间应尽可能缩短，并应在前层混凝土凝结前将下层混凝土浇筑完毕，否则应设置施工缝。

6. 正确留置施工缝。施工缝位置应在混凝土浇筑之前确定，并宜留置在剪力较小且施工方便的部位。柱、墙应留水平缝，梁、板应留垂直缝。

（1）柱子施工缝宜留在基础的顶面、梁或吊车梁牛腿的下面、吊车梁的上面、无梁楼板柱帽的下面。

（2）与板连成整体的大截面梁的施工缝应留置在板底面以下 20~30mm 处；当板下有梁托时，留在梁托下部。

（3）单向平板的施工缝，可留在平行于短边的任何位置处。对于有主次梁的楼板结构，宜顺着次梁方向浇筑混凝土，施工缝应留在次梁跨度中间的 1/3 范围内。

（4）双向受力的楼板、大体积混凝土结构、拱、薄壳、多层框架及其他复杂的结构，应按设计要求留置施工缝。

（5）楼梯的施工缝应留在楼梯长度中间 1/3 长度范围内。

（6）墙体的施工缝留置在门洞口过梁跨中 1/3 范围内，也可留置在纵、横墙的交接处。

（7）承受动力作用的设备基础不应留置施工缝，当必须留置时，应征得设计单位的同意。

（8）在设备基础的地脚螺栓范围内，水平施工缝必须留在低于地脚螺栓底端处，其距离应大于 150mm；当地脚螺栓直径小于 30mm 时，水平施工缝可以留在不小于地脚螺栓埋入混凝土部分总长度的 3/4 处，垂直施工缝应留在距地脚螺栓中心线大于 250mm 处，并不小于 5 倍螺栓直径。

7. 施工缝的处理。在施工缝处开始继续浇筑混凝土时，必须待已浇筑混凝土的抗压强度不小于 1.2MPa 时才可进行。在施工缝处继续浇筑前，应清除表层的水泥薄膜和松动石子及软弱混凝土层，必要时还要加以凿毛，钢筋上的油污、水泥砂浆及浮锈等杂物也应清除，然后用水冲洗干净，并充分保持湿润，但不得有积水。在浇筑前，宜先在施工缝处抹 10~15mm 厚的水泥浆或与混凝土成分相同的水泥砂浆。施工缝处的混凝土应仔细捣实，使新旧混凝土紧密结合。

8. 后浇带的留置与处理。后浇带是在现浇混凝土结构施工过程中，克服由于温度、收缩、沉降而可能产生有害裂缝而设置的临时施工缝。后浇带的宽度一般为 800~1000mm。后浇带的留置位置应按设计要求和施工技术方案确定。在正常的施工条件下，置于室内和土中的混凝土后浇带的设置距离为 30m，露天时为 20m。《混凝土结构工程施工规范》（GB50666—2011）规定，超长结构混凝土后浇带封闭时间不得少于 14d，后浇带的封闭时间还应经设计单位确认。

后浇带填充混凝土可采用微膨胀或无收缩水泥，也可采用普通水泥加入相应的外加剂拌制，并要求填筑混凝土的强度等级比原结构混凝土强度提高一级，并保持不少于 15d 的湿润养护。

第四节　现浇结构工程质量检查验收与缺陷处理

一、缺陷处理

常见的现浇结构外观质量缺陷有露筋、孔洞、蜂窝、错台、漏浆、外形缺陷（缺棱掉角、表面不平整、翘曲不平、飞边凸肋等）、外表缺陷（麻面、掉皮、起砂、沾污）。

（一）蜂窝

1. 现象

混凝土结构局部出现疏松，砂浆少、石子多，石子之间形成类似蜂窝状的窟窿。

2. 产生的原因

（1）混凝土配合比不当或砂、石子、水泥材料加水量计量不准，造成砂浆少、石子多。

（2）混凝土搅拌时间不够，未拌和均匀，和易性差，振捣不密实。

（3）下料不当或下料过高，未设串筒使石子集中，造成混凝土离析。

（4）混凝土未分层下料，漏振或振捣时间不够。

（5）模板缝隙未堵严，水泥浆流失（漏浆）。

（6）钢筋较密，使用的石子粒径过大或混凝土坍落度过小。

（7）基础、柱、墙根部末梢加间歇就继续灌注上层混凝土。

3. 防治措施

（1）认真设计、严格控制混凝土配合比，经常检查，做到计量准确，混凝土拌和均匀，坍落度适合。

（2）混凝土下料高度超过 2m 时应设串筒或溜槽。

（3）浇灌应分层下料，分层振捣，防止漏振。

（4）模板缝隙应堵塞严密，浇灌中随时检查模板支撑情况，防止漏浆。

（5）基础、柱、墙根部应在下部浇完 1~1.5h 且沉实后再浇上部混凝土，避免出现“烂脖子”现象。

4. 处理措施

（1）对于数量不多的小蜂窝混凝土表面，主要应保证钢筋不受侵蚀，采用表面抹浆修补，可用 1 ：2.5~1 ：2 水泥砂浆抹面修整。抹砂浆前，须用钢丝刷和加压力的水清洗湿润，抹浆初凝后要加强养护工作。

（2）当蜂窝比较严重或露筋较深时，应除掉附近不密实的混凝土和凸出的骨料颗粒，用清水洗刷干净并充分润湿后，再用比原来强度等级高一级的细石混凝土填补并仔细捣实。

（二）麻面

1. 现象

混凝土局部表面出现缺浆和许多小凹坑、麻点，形成粗糙面，但无钢筋外露现象。

2. 产生的原因

（1）模板表面粗糙或黏附水泥浆渣等杂物未清理干净，拆模时混凝土表面被黏坏。

（2）模板未浇水湿润或湿润不够，构件表面混凝土的水分被吸去，使混凝土失水过多而出现麻面。

（3）模板拼缝不严，局部漏浆。

（4）模板隔离剂涂刷不匀或局部漏刷，使混凝土表面与模板黏结造成麻面。

（5）混凝土振捣不实，气泡未排出，停在模板表面形成麻点。

3. 防治措施

（1）模板表面清理干净，不得粘有干硬水泥砂浆等杂物。浇灌混凝土前，模板应浇水充分湿润。模板缝隙应用油毡纸、腻子等堵严。模板隔离剂应选用长效产品，涂刷均匀，不得漏刷。

（2）混凝土应分层均匀振捣密实，至排除气泡为止。

4. 处理措施

表面需做粉刷或防水层的，可不处理；表面无粉刷的，应在麻面部位浇水充分湿润后，用原混凝土配合比水泥砂浆，将麻面抹平压光。

（三）孔洞

1. 现象

混凝土结构内部有尺寸较大的空隙，局部没有混凝土或蜂窝特别大，钢筋局部或全部裸露。

2. 产生的原因

（1）在钢筋较密的部位或预留孔洞和埋件处，混凝土下料被搁住，未振捣就继续浇筑上层混凝土。

（2）混凝土离析，砂浆分离，石子成堆，严重跑浆，又未进行振捣。

（3）混凝土一次下料过多、过厚，下料过高，振捣器振动不到，形成松散孔洞。

（4）混凝土内掉入工具、木块、泥块等杂物，混凝土粗骨料被卡住。

3. 防治措施

（1）在钢筋密集处及复杂部位，采用细石混凝土浇灌，将模板充满，认真分层振捣密实。

（2）预留孔洞处应两侧同时下料，侧面加开浇灌门，严防漏振。砂石中混有黏土块、模板工具等杂物掉入混凝土内时，应及时清除干净。

4. 处理措施

将孔洞周围的松散混凝土和软弱浆膜凿除，用压力水冲洗，湿润后用高强度等级细石混凝土仔细浇灌、捣实。

（四）露筋

1. 现象

混凝土内部主筋、副筋或箍筋局部裸露在结构构件表面。

2. 产生的原因

（1）灌注混凝土时，钢筋保护层垫块太少或漏放，致使钢筋紧贴模板外露。

（2）结构构件截面尺寸小，钢筋过密，石子卡在钢筋上，使水泥砂浆不能充满钢筋周围，造成露筋。

（3）混凝土配合比不当，产生离析，靠近模板部位缺浆或模板漏浆。

（4）混凝土保护层太薄或保护层处混凝土振捣不实，或浇筑混凝土时工人踩踏钢筋使钢筋位移，造成露筋。

（5）模板未洒水湿润，混凝土吸水黏结或脱模过早，拆模时缺棱、掉角，导致漏筋。

3. 防治措施

（1）浇筑混凝土时应保证钢筋位置和保护层厚度正确，并加强检查。钢筋密集时，应选用适当粒径的石子，保证混凝土配合比准确并具有良好的和易性。

（2）浇筑高度超过 2m 的结构时，应用串筒或溜槽进行下料，以防止混凝土发生离析。

（3）模板应充分湿润并认真堵好缝隙，模板内杂物清理干净。

（4）混凝土振捣严禁撞击钢筋，操作时避免踩踏钢筋，如有踩弯或脱扣等情况则应及时调整。

（5）正确掌握脱模时间，防止过早拆模而碰坏棱角。

4. 处理措施

表面漏筋刷洗干净后，在表面抹 1 ：2 或 1 ：2.5 水泥砂浆，将漏筋部位抹平；漏筋较深的凿去薄弱混凝土和凸出颗粒，洗刷干净后用比原混凝土强度等级高一级的细石混凝土填塞压实。

（五）外形缺陷（表面不平整、错台、翘曲不平）

1. 现象

混凝土表面凹凸不平或板厚薄不一表面不平。

2. 产生的原因

（1）混凝土浇筑后，表面仅用铁锹拍打，未用抹子找平压光，造成表面粗糙不平。

（2）模板未支承在坚硬土层上，或支承面强度不足，或支撑松动、泡水，致使新浇灌的混凝土早期养护时发生不均匀下沉现象。

（3）混凝土未达到一定强度便上人操作或运料，使表面出现凹陷不平或印痕。

3. 防治措施

（1）严格按施工规范操作，灌注混凝土后应根据水平控制标志或弹线用抹子找平、压光，终凝后浇水养护。

（2）模板应有足够的强度、刚度和稳定性，应支在坚实地基上，有足够的支承面积，以保证不发生下沉。

（3）在浇筑混凝土时应加强检查，凝土强度达到 1.2N/mm² 以上，方可在已浇结构上走动。

（4）要求模板与模板之间及模板下部与老混凝土之间加固紧密，保证模板接合处不留缝隙。

（5）保证模板与模板之间拼接紧密，模板加固支撑刚度足够，以免浇筑时出现漏浆、跑模或模板变形过大的现象。

（6）加强混凝土浇筑的过程控制，随时进行模板变形监测，发现模板变形后应及时调整。

（7）根据普通大模板浇筑层厚 3m 的使用经验，浇筑至 0.5~1.5m 时，分别紧固一次模板支撑系统，收仓时再紧固一次模板支撑系统，每次紧固量可根据大模板的使用经验确定。这样能有效地防止错台、“鼓肚”等缺陷的发生。

4. 处理措施

（1）对错台大于 2cm 的部分，用扁平凿按 1 ∶ 30（垂直水流向错台）和 1 ∶ 20（顺水流向错台）坡度凿除，并预留 0.5~1.0cm 的保护层，再用电动砂轮打磨平整，使其与周边混凝土保持平顺连接。

（2）对错台小于 2cm 的部位，直接用电动砂轮按 1 ∶ 30（垂直水流向错台）和 1 ∶ 20（顺水流向错台）坡度打磨平整。根据现场施工经验，对错台的处理一般在混凝土强度达到 70% 后进行修补效果最佳。

（3）混凝土表面不平整现象较严重，而且将来上面没有覆盖层的，必须凿除凸出的混凝土，冲刷干净后用 1 ∶ 2 水泥浆或减石混凝土抹平压光。

（六）缺棱掉角

1. 现象

结构或构件边角处混凝土局部掉落，边角不规则，棱角有缺陷。

2. 产生的原因

（1）木模板未充分浇水湿润或湿润不够，混凝土浇筑后养护得不好，造成脱水，且强度降低，或模板吸水膨胀将边角拉裂，拆模时棱角被粘掉。

（2）低温施工时过早拆除侧面非承重模板。

（3）拆模时边角受外力或重物撞击或保护不好，棱角被碰掉。

（4）模板未涂刷隔离剂，或涂刷不均。

3. 防治措施

（1）木模板在浇筑混凝土前应充分湿润，混凝土浇筑后应认真浇水养护。拆除侧面非承重模板时，混凝土应具有 1.2N/mm² 以上的强度。

（2）拆模时注意保护棱角，避免用力过猛、过急。

（3）吊运模板时，防止撞击棱角；运输时，将成品阳角用草袋等保护好，以免碰损。

4. 处理措施

缺棱掉角时，可将该处松散颗粒凿除，冲洗干净并充分湿润后，对破损部分用 1 ∶ 2 或 1 ∶ 2.5 水泥砂浆抹补齐整，或支模，再用比原混凝土强度等级高一级的细石混凝土捣实补好，认真养护。

二、外加剂的进场质量验收与存放

钢筋混凝土结构中，常常要求混凝土本身除满足工程结构要求外，还应具有一定的功能。此外，根据混凝土使用的部位、输送的方式，也要求改善混凝土的某些性能，为了满足这些实际要求，需要在混凝土搅拌过程中掺入混凝土外加剂。

（一）进场质量验收

混凝土外加剂进场时，应对其品种、性能、出厂日期等进行检查，并应对外加剂的相关性能指标进行检验，检验结果应符合现行国家标准《混凝土外加剂》（GB8076-2008）和《混凝土外加剂应用技术规范》（GB50119-2013）的规定。

检查数量：按同一厂家、同一品种、同一性能、同一批号且连续进场的混凝土外加剂，不超过 50t 为一批，每批抽样数量不应少于一次。

检验方法：检查质量证明文件和抽样检验报告。

水泥、外加剂进场检验若满足下列条件之一，则其检验批容量可扩大一倍：

1. 获得认证的产品；

2. 同一厂家、同一品种、同一规格的产品，连续三次进场检验均一次检验合格。

（二）存放

外加剂应存放在专用仓库或固定场所并要善保管，以易于识别、便于检查和提货为原则。外加剂搬运时应轻拿轻放，防止破损，运输时避免受潮。

外加剂的送检样品应与工程大批量进货一致，并按不同的供货单位、品种和牌号进行标识与单独存放；粉状外加剂应防止受潮结块，如有结块，应进行检验，合格者应经粉碎至全部通过 600μm 筛孔后方可使用；液态外加剂应储存在密闭容器内放置于阴凉干燥处，并应防晒、防冻、防污染和防浸水，如有离析、沉淀、变色等异常现象，经检验合格后方可使用。

第四章　屋面工程

第一节　构造与排气

一、屋面构造及其做法

（一）屋面构造

屋面一般由保温层、隔离层、防水层、找坡层（找平层）、结构基层等组成。设有保温层的屋面，内檐部位应铺设保温层；檐沟、檐口与屋面交接处，保温层的铺设应延伸到不小于墙厚的 1/2 处。根据建筑节能的要求，应避免墙体与屋面的交接处产生冷桥，降低热工效能。保温隔热屋面的类型和构造设计，应根据建筑物的使用要求、屋面的结构形式、环境气候条件、防水处理方法和施工条件等因素，经技术经济比较确定。

保温层的构造应符合下列规定：（1）保温层设置在防水层上部时，保温层的上面应做保护层；（2）保温层设置在防水层下部时，保温层的上面应做找平层；（3）屋面坡度较大时，保温层应采取防滑措施；（4）吸湿性保温材料不宜用于封闭式保温层，当需要采用时应符合相应规范的规定。

在屋面构造设计中，隔离层的作用是找平、隔离，消除防水层与基层之间的黏结力及机械咬合力。由于温差、干缩、荷载作用等因素，结构层会发生变形、开裂，而导致刚性防水层产生裂缝。根据资料和各地施工单位的经验，在刚性防水层和基层之间设置隔离层，可以使防水层自由伸缩，减少了结构变形对防水层的不利影响。补偿收缩混凝土防水层虽有一定的抗裂性，但仍以设置隔离层为佳，因此，细石混凝土防水层与结构层间宜设置隔离层。卷材、涂膜防水层上设置水泥砂浆、块体材料、细石混凝土等刚性保护层也应设置隔离层，从施工的角度要求做到平整，起到完全隔离的作用，保证刚性保护层胀缩变形而不致损坏防水层。

在防水层中，变形缝是容易发生渗漏的部位，覆盖卷材防水层时应采用高延伸卷材，并预留较大的变形余地；将卷材凹在缝中或往上凸起，可避免因建筑物沉降、胀缩拉断卷材。变形缝处在排水坡上方（檐口排水）时，不一定要对变形缝进行密封，只要能挡雨就行；如变形缝处在排水坡低处（变形缝一方的天沟做内排水），则要将缝两侧的卷材粘牢并进行严密封闭，避免大雨时屋面及天沟积水，发生倒灌水现象。

由于找平层收缩和温差的影响，水泥砂浆或细石混凝土找平层应留设分格缝，使裂缝集中于分格缝中，减少找平层大面积开裂的可能。预制屋面板找平层的分格缝，宜设在预制板支承边的拼缝处，分格缝内宜填塞聚乙烯泡沫塑料（卷材防水层）或密封材料（涂膜防水层）。

（二）屋面工程的构造做法

屋面工程的构造做法通常有正置式和倒置式、架空、蓄水、种植屋面等几种。正置式屋面和倒置式屋面，一般由保护层或上屋面面层（保护层，通常兼作刚性防水层）、隔气层、保温层、防水层、找坡（找平）层、结构层组成。倒置式屋面保温层上的保护层施工时如损坏了保温层和防水层，不但会降低使用功能，而且在出现渗漏后，很难找到渗漏部位，也不便于修理。因此，在采用混凝土板或地砖等材料时，可用水泥砂浆铺砌；采用卵石做保护层时，加铺的纤维织物应选用耐穿刺、耐久性、防腐性能好的材料，铺设时应满铺不露底，上面的卵石分布均匀，保证工程质量。如果卵石铺设过量，会加大屋面荷载，致使结构开裂或变形过大，甚至造成结构破坏，因此应严加注意卵石铺设量。进行蓄水或淋水试验是为了检验防水层的质量，合格后方能进行倒置式屋面施工。

倒置式屋面的设计应符合下列规定：（1）倒置式屋面坡度不宜大于3%；（2）倒置式屋面的保温层应采用吸水率低且长期浸水不腐烂的保温材料；（3）保温层可采用干铺或粘贴板状保温材料，也可采用现喷硬质聚氨酯泡沫塑料；（4）保温层的上面采用卵石保护层时，保护层与保温层之间应铺设隔离层；（5）现喷硬质聚氨酯泡沫塑料与涂料保护层间应具有相容性；（6）倒置式屋面的檐沟、水落口等部位，应采用现浇混凝土或砖砌堵头，并做好排水处理。

架空屋面支座底面不采取加强措施，否则容易造成支座下的防水层破损，导致屋面渗漏，但在支座底面的卷材、涂膜防水层上应采取加强措施。架空隔热层施工时，应将屋面清扫干净，并根据架空板的尺寸弹出支座中线。铺设架空板时应将灰浆刮平，随时扫净屋面防水层上的落灰、杂物等，保证架空隔热层气流畅通，但操作时不得损伤已完工的防水层。架空板的铺设应平整、稳固；缝隙宜采用水泥砂浆或混合砂浆嵌填，并应按设计要求留变形缝。架空隔热层的高度根据调研各地情况确定，太低了隔热效果不明显，太高了通风效果提高不多且稳定性差，一般高度为180~300mm。架空板与女儿墙间的距离宜为250mm，主要是考虑在保证屋面收缩变形的同时防止堵塞和便于清理，当然间距也不应过大，否则将降低隔热效果。

架空屋面在设计时应注意以下几点：（1）其坡度不宜大于5%；（2）架空隔热层的高度应按屋面宽度或坡度大小的变化确定；（3）当屋面宽度大于10m时，架空屋面应设置通风屋脊；（4）架空隔热层的进风口宜设置在当地炎热季节最大频率风向的正压区，出风口宜设置在负压区。蓄水屋面上的所有孔洞应预留，不得后凿，所设置的给水管、排水管和溢水管等应在防水层施工前安装完毕。为了保证每个蓄水区混凝土的整体防水性，防水混凝土应一次浇筑完毕，不得留施工缝，避免因接头处理不好而导致裂缝。屋面立面与平面的防水层应同时施工。蓄水屋面防水层施工的气候条件应符合相关规范的规定。蓄水屋面的刚性防水层完工后，应在混凝土终凝时进行养护，养护时间不得少于14d，养护好后方可蓄水，并不可断水，防止混凝土干涸、开裂，且蓄水后不得断水。溢水管标高应设计在最大蓄水高度处，为防止暴雨溢流而设定的，其数量、口径应根据当地的降雨量确定。蓄水屋面宜采用整体现浇防水混凝土，分仓隔墙可根据屋面工程情况采用混凝土或砖砌体。

蓄水屋面的设计应符合下列规定：（1）蓄水屋面的坡度不宜大于0.5%；（2）蓄水屋面应划分为若干蓄水区，每区的边长不宜大于10m，在变形缝的两侧应分成两个互不连通的蓄水区；（3）长度超过40m的蓄水屋面应设分仓缝，分仓隔墙可采用混凝土或砖砌体；（4）蓄水屋面应设排水管、溢水口和给水管，排水管应与水落管或其他排水出口连通；（5）蓄水屋面的蓄水深度宜为150~200mm；（6）蓄水屋面泛水的防水层应高出溢水口100mm；（7）蓄水屋面应设置人行通道。

种植屋面一般由植被层、种植土、过滤层、排水层、耐根穿刺防水层、普通防水层、找坡层（找平层）、保温层、结构基层组成。近几年来，种植屋面发展较快，种植屋面的构造可根据不同的种植介质确定，也有草坪式、园林式、园艺式及混合式等。种植屋面挡墙（板）施工时，留设的泄水孔位置应准确，并不得堵塞。施工完的防水层应按相关材料特性进行养护，并进行蓄水或淋水试验。平屋面宜进行蓄水试验，其蓄水时间不应少于24h，坡屋面宜进行淋水试验。经蓄水或淋水试验合格后，应尽快进行介质铺设及种植工作。介质层材料和种植植物的质量应符合设计要求，介质材料、植物等应均匀堆放，并不得损坏防水层。植物的种植时间应根据植物对气候条件的要求确定。种植屋面可用于平屋面或坡屋面。屋面坡度较大时，其排水层、种植介质应采取防滑措施。

二、屋面排气

虽然屋面种类很多，但各种屋面都需要排气、通风，因此要在找坡层或保温层中设置排气孔、排气道。

（一）屋面排气孔的作用

屋面排气孔道主要用来排放保温屋面下水汽。若保温层和找平层不够干燥或干燥有困难，铺贴卷材时应留置排气孔道，使卷材层下的潮气排出，这种屋面做法称为排气屋面。若不留置排气孔道，卷树层的潮气密闭在卷材防水层下，一旦气温较高（尤其在炎热的夏季），潮气蒸发，体积膨胀，卷材就会出现起鼓现象，引起卷材防水层开裂、破损，造成屋面渗漏水。

（二）屋面排气孔设置及做法

1. 屋面排气孔设置

（1）先确定排气孔位置，使其纵横交错、相互贯通。

（2）铺设找坡层前，先支设模板将排气道位置留出，再铺设炉渣、找坡层或保温层。

（3）待炉渣找坡层有强度后，将模板拆除。

（4）根据找坡层厚度确定排气孔立管打孔高度。

（5）排气管打孔孔径控制在8~16mm，排气管底部四个方向用堵头封闭。

（6）排气管与屋面板采用管卡固定，固定后再排气道内填入清理干净的大粒径碎石，填至与找坡层高度一致。

（7）回填后在排气道碎石上方采用油毛毡将碎石覆盖，每边伸出碎石100mm，再铺砂浆找平层。

2. 屋面排气孔做法

（1）对需要铺设排气管道的屋面，排气管道设置在保温层中，在穿过保温层的管道上打排气孔，排气孔呈梅花状分布。

（2）排气管道外壁包裹一层玻璃布，防止保温层中颗粒将管道上的排气孔堵死。

（3）根据屋面的情况布置排气管道，排气管道要纵横贯通，在保温层内形成有效的排气网。

在排气管道上设置排气出口，排气出口与大气相通，每36㎡的屋面面积范围内设置1个出气口。排气管出口处要做防水处理，防水层高度不低于300mm，排气孔根部进行装饰。

第二节　保温与隔热

一、施工要点

1. 板状材料保温层采用干铺法施工时，板状保温材料应紧靠在基层表面上，应铺平垫稳；分层铺设的板块上下层接缝应相互错开，板间缝隙应采用同类材料的碎屑嵌填密实。

2. 板状材料保温层采用粘贴法施工时，胶黏剂应与保温材料的材性相容，并应贴严、粘牢；板状材料保温层的平面接缝应挤紧拼严，不得在板块侧面涂抹胶黏剂，超过2mm的缝隙应采用相同材料板条或板片填塞严实。

3. 板材保温材料采用机械固定法施工时，应选择专用螺钉和垫片，固定件与结构层之间应连接牢固。

4. 纤维材料保温层施工应符合下列规定：

（1）纤维保温材料应紧靠在基层表面上，平面接缝应挤紧拼严，上下层接缝应相互错开。

（2）屋面坡度较大时，宜采用金属或塑料专用固定件将纤维保温材料与基层固定。

（3）纤维材料填充后，不得上人踩踏。

5. 喷涂硬泡聚氨酯保护层施工前应对喷涂设备进行调试，并应制备试样进行硬泡聚氨酯的性能检测。一个作业面应分遍喷涂完成，每遍厚度不宜大于 15mm，当日的作业面应当连续地喷涂施工完毕。

6. 现浇泡沫混凝土保温层施工前，应将基层上的杂物和油污清理干净；基层应浇水湿润，但不得有积水。保温层施工前应对设备进行调试，并应制备试样进行泡沫混凝土的性能检测。浇筑过程中，应随时检查泡沫混凝土的湿密度。

7. 种植隔热层与防水层之间宜设细石混凝土保护层。

种植隔热层的屋面坡度大于 20% 时，其排水层、种植土层应采取防滑措施。种植土的厚度及自重应符合设计要求。种植土表面应低于挡墙高度 100mm。

8. 架空隔热层的高度应按屋面宽度或坡度大小确定。

设计无要求时，架空隔热层的高度宜为 180~300mm。当屋面宽度大于 10m 时，应在屋面中部设置通风屋脊，通风口处设置通风箅子。架空隔热制品支座底面的卷材、涂膜防水层，应采取加强措施。

9. 每个蓄水池的防水混凝土应一次浇筑完毕，不得留施工缝。防水混凝土应用机械振捣密实，表面应抹平和压光，初凝后应覆盖养护，终凝后覆盖养护，浇水养护不得少于 14d，蓄水后不得断水。蓄水池的所有孔洞应预留，不得后凿；所设置的给水管、排水管和溢水管等，均应在蓄水池混凝土施工前安装完毕。

二、质量要点

1. 板状保温材料的质量应符合设计要求。保温层的厚度应符合设计要求，其正偏差应不限，负偏差应为 5%，且不得大于 4mm。屋面热桥部位处理应符合设计要求。

2. 板状保温材料铺设应紧贴基层，应铺填垫稳，拼缝应严密，粘贴应牢固。固定件的规格、数量和位置均应符合设计要求，垫片应与保温层表面齐平。

3. 纤维保温材料铺设应紧贴基层，拼缝应严密，表面应平整。固定件的规格、数量和位置均应符合设计要求，垫片应与保温层表面齐平。装配式骨架和水泥纤维板应铺钉牢固，表面应平整；龙骨间距和板材厚度应符合设计要求。具有抗水蒸气渗透外覆面的玻璃棉制品，其外覆面应朝向室内，拼缝应用防水密封胶带封严。

4. 硬泡聚氨酯所用原材料的质量及配合比应符合设计要求。硬泡聚氨酯保温层的厚度应符合设计要求，其正偏差应不限，不得有负偏差。硬泡聚氨酯喷涂后 20min 内严禁上人；硬泡聚氨酯保温层完成后，应及时做保护层。

5. 现浇泡沫混凝土所用原材料的质量及配合比应符合设计要求。现浇泡沫混凝土保温层的厚度应符合设计要求，其正偏差应不限，负偏差应为 5%，且不得大于 5mm。屋面热桥部位处理应符合设计要求。

6. 现浇泡沫混凝土应分层施工，黏结应牢固，表面应平整，找坡应正确。现浇泡沫混凝土不得有贯通性裂缝，以及疏松、起砂、起皮现象。

7. 种植隔热层所用的材料的质量应符合设计要求。排水层应与排水系统连通。挡墙或挡板泄水孔的留设应符合设计要求，并不得堵塞。

8. 防水混凝土所用原材料的质量及配合比应符合设计要求，防水混凝土的抗压强度和抗渗性能应符合设计要求，蓄水池不得有渗漏现象。

三、质量验收

1. 保温与隔热工程各分项工程每个检验批的抽检数量，应按屋面面积每 100m² 抽查 1 处，每处应为 10m²，且不得少于 3 处。

2. 板状材料保温层表面平整度的允许偏差为 5mm，接缝高低差的允许偏差为 2mm。

3. 纤维材料保温层的厚度应符合设计要求，其正偏差应不限，毡不得有负偏差，板负偏差应为 4%，且不得大于 3mm。

4. 喷涂硬泡聚氨酯保温层表面平整度的允许偏差为 5mm。

5. 现浇泡沫混凝土保温层表面平整度的允许偏差为 5mm。

6. 种植土应铺设平整、均匀，其厚度的允许偏差为 ± 5%，且不得大于 30mm。

7. 架空隔热制品的质量应符合下列要求：

（1）非上人屋面的砌块强度等级不应低于 MU7.5，上人屋面的砌块强度等级不应低于 MU10。

（2）混凝土板的强度等级不应低于 C20，板厚及配筋应符合设计要求。

（3）架空隔热制品距山墙或女儿墙不得小于 250mm，架空隔热层的高度及通风屋脊、变形缝做法应符合设计要求。

（4）架空隔热制品接缝高低差的允许偏差为 3mm。

8. 防水混凝土的表面裂缝宽度不应大于 0.2mm，并不得贯通。蓄水池上所留设的溢水口、过水口、排水管、溢水管等，其位置、标高和尺寸应符合设计要求。

四、安全与环保措施

1. 项目部进行屋面施工时，屋面周围应设置符合要求的防护栏杆。屋面上的孔洞应加盖封严，短边尺寸大于 1.5m 时，孔洞周边也应设置符合要求的防护栏杆，底部加设安全平网。在坡度较大的屋面施工时，采取专门的安全措施。

2. 施工现场生产、生活用水应使用节水型生活用水器具，在水源处应设置明显的节约用水标志。施工现场应充分利用雨水资源，设置沉淀池、废水回收设施。

3. 对施工现场场界噪声进行检测和记录，噪声排放不得超过国家标准。施工场地的强噪声设备宜设置在远离居民区的一侧，可采取对强噪声设备进行封闭等降低噪声措施。

4. 施工现场大门口应设置冲洗车辆设备，出场时必须将车辆清理干净，不得将泥沙带出现场。对施工现场及运输的易飞扬、细颗粒散体材料进行密闭、存放。

第三节　防水与密封

一、施工要点

1. 屋面坡度大于 25% 时，卷材应采取满粘和钉压固定措施。

2. 卷材铺贴方向应符合下列规定：

（1）卷材宜平行屋脊铺贴。

（2）上下层卷材不得相互垂直铺贴。

3. 防水涂料应多遍涂布，并应待前一遍涂布的涂料干燥成膜后，再涂布一遍涂料，且前后两遍涂料的涂布方向应相互垂直。

4. 采用复合防水层，卷材和涂料复合使用时，涂膜防水层宜设置在卷材防水层的下面。

5. 密封防水部位的基层应符合下列要求：

（1）基层应牢固，表面应平整、密实，不得有裂缝、蜂窝、麻面、起皮和起砂现象。

（2）基层应清洁、干燥，并应无油污、无灰尘。

（3）嵌入的背衬材料与接缝壁间不得留有空隙。

（4）密封防水部位的基层宜涂刷基层处理剂，涂刷应均匀，不得漏涂。

二、质量要点

1. 卷材搭接缝应符合下列规定：

（1）平行屋脊的卷材搭接缝应顺流水方向，卷材搭接宽度应符合表 4-1 的规定。

（2）相邻两幅卷材短边搭接缝应错开，且不得小于 500mm。

（3）上下层卷材长边搭接缝应错开，且不得小于幅宽的 1/3。

表 4-1　卷材搭接宽度

卷材类别		搭接宽度
合成高分子防水卷材	胶粘剂	80
	胶粘带	50
	单缝焊	60，有效焊接宽度不小于 25
	双缝焊	80，有效焊接宽度 10×2+ 空腔宽
高聚物改性沥青防水卷材	胶粘剂	100
	自粘剂	80

2. 卷材的搭接缝应黏结或焊接牢固，密封应严密，不得扭曲、皱褶和翘边。卷材防水

层的收头应与基层黏结，钉压应牢固，密封应严密。卷材防水层的铺贴方向应正确，搭接宽度的允许偏差为 -10mm。

3. 涂膜防水层与基层应黏结牢固，表面应平整，涂布应均匀，不得有流淌、皱褶、起泡和露胎体等缺陷。涂膜防水层的收头应用防水涂料多遍涂刷。铺贴胎体增强材料应平整顺直，搭接尺寸应准确，应排出气泡，并应与涂料黏结牢固；胎体增加材料搭接宽度的允许偏差为 -10mm。

4. 卷材与涂膜应粘贴牢固，不得有空鼓和分层现象，复合防水层的总厚度应符合设计要求。

5. 密封材料嵌填应密实、连续、饱满，黏结牢固，不得有气泡、开裂、脱落等缺陷。嵌填的密封材料表面应平滑，缝边应顺直，无明显不平和周边污染现象。

三、质量验收

1. 防水与密封工程各分项工程每个检验批的抽检数量：防水层应按屋面面积每 $100m^2$ 抽查 1 处，每处应为 $10m^2$，且不得少于 3 处；接缝密封防水应按每 $50m^2$ 抽查 1 处，每处应为 $5m^2$，且不得少于 3 处。

2. 防水卷材及其配套材料的质量应符合设计要求，卷材防水层不得有渗漏和积水现象。卷材防水层在檐口、檐沟、天沟、落水口、泛水、变形缝和伸出屋面管道的防水构造应符合设计要求。

3. 涂膜防水层防水涂料和胎体增强材料的质量应符合设计要求。涂膜防水层不得有渗漏和积水现象。涂膜防水层在檐口、檐沟、天沟、落水口、泛水、变形缝和伸出屋面管道的防水构造应符合设计要求。涂膜防水层的平均厚度应符合设计要求，且最小厚度不得小于设计厚度的 80%。

4. 复合防水层所用的防水材料及其配套材料的质量应符合设计要求。复合防水层不得有渗漏和积水现象。复合防水层在檐口、檐沟、天沟、落水口、泛水、变形缝和伸出屋面管道的防水构造应符合设计要求；复合防水层卷材与涂膜应黏结牢固，不得有空鼓和分层现象。复合防水层的总厚度应符合设计要求。

5. 密封材料及其配套材料的质量应符合设计要求；接缝宽度和密封材料的嵌填深度应符合设计要求，接缝宽度的允许偏差为 ± 10%。

第四节 细部结构

一、施工要点

1. 檐口 800mm 范围内的卷材应满粘；卷材收头在找平层的凹槽内用金属压条钉压固定，并用密封材料封严。檐口端部应抹聚合物水泥砂浆，其下端应做成鹰嘴或滴水槽。

2. 女儿墙和山墙的压顶向内排水坡度不应小于 5%，压顶内侧下端应做成鹰嘴或滴水槽。

3. 落水口杯上口应设在沟底的最低处，落水口杯应安装牢固。

4. 等高变形缝顶部宜加扣混凝土或金属盖板。混凝土盖板的接缝应用密封材料封严；金属盖板应铺钉牢固，搭接缝应顺流水方向，并应做好防锈处理。高低跨变形缝在高跨墙面上的防水卷材封盖和金属盖板，应用金属压条钉压固定，并用密封材料封严。

5. 伸出屋面管道周围的找平层应抹出高度不小于 30mm 的排水坡。卷材防水层收头应用金属箍固定，并用密封材料封严；涂膜防水层收头应用防水涂料多遍涂刷。

6. 屋面垂直出入口防水层收头应压在压顶圈下，附加层铺设应符合设计要求，屋面水平出入口防水层收头应压在混凝土踏步下，附加层铺设和护墙应符合设计要求。屋面出入口的泛水高度不小于 250mm。

7. 反梁过水孔的孔洞四周应涂刷防水涂料，预埋管道两端周围与混凝土接触处应留凹槽，并应用密封材料封严。

8. 设施基座与结构层相连时，防水层应包裹设施基座的上部，并应在地脚螺栓周围做密封处理；设施基座直接放置在防水层上时，设施基座下部增设附加层，必要时应在其上浇筑细石混凝土，其厚度不应小于 50mm。

9. 平脊和斜脊铺设应顺直，无起伏现象；屋脊应搭盖正确，间距应均匀，封固应严密。

10. 屋顶窗用金属排水板、窗框固定铁脚应与屋面连接牢固，屋顶窗用窗口防水卷材应铺贴平整，黏结应牢固。

二、质量要点

1. 檐口的防水构造应符合设计要求，檐口的排水坡度应符合设计要求，檐口部位不得有渗漏和积水现象。

2. 檐沟、天沟的防水构造应符合设计要求，檐沟、天沟的排水坡度应符合设计要求，沟内不得有渗漏和积水现象。

3. 女儿墙和山墙的防水构造应符合设计要求，女儿墙和山墙的根部不得有渗漏和积水现象。

4. 落水口的防水构造应符合设计要求，落水口的数量和位置应符合设计要求。

5. 变形缝的防水构造应符合设计要求，变形缝处不得有渗漏和积水现象。

6. 伸出屋面管道的防水构造应符合设计要求，伸出屋面管道部位不得有渗漏和积水现象，伸出屋面管道的泛水高度及附加层铺设应符合设计要求。

7. 屋面出入口的防水构造应符合设计要求，屋面出入口处不得有渗漏和积水现象。

8. 反梁过水孔的防水构造应符合设计要求，反梁过水孔的孔底标高、孔洞尺寸或预埋管管径，均应符合设计要求。

9. 设施基座的防水构造应符合设计要求，设施基座处不得有渗漏和积水现象。

10. 屋脊的防水构造应符合设计要求，屋脊处不得有渗漏和积水现象。

11. 屋顶窗的防水构造应符合设计要求，屋顶窗及其周围不得有渗漏现象。

三、质量验收

1. 细部构造工程的分项工程每个检验批应全数进行检验。

2. 细部构造所用的卷材、涂料和密封材料的质量应符合设计要求，两种材料之间应具有相容性。

第五章　建筑工程项目的组织与管理

第一节　建筑工程项目管理的目标和任务

一、建筑工程项目管理的类型

每个建设项目都需要投入巨大的人力、物力和财力等社会资源进行建设，并经历着项目的策划、决策立项、场址选择、勘察设计、建设准备和施工安装活动等环节，最后才能提供生产或使用，也就是说它有自身的产生、形成和发展过程。这个构成的各个环节相互联系、相互制约，受建设条件的影响。

建设工程项目管理的内涵是：自项目开始至实施期；“项目策划”指的是目标控制前的一系列筹划和准备工作；“费用目标”对于业主而言是投资目标，对于施工方而言是成本目标。项目决策期管理工作的主要任务是确定项目的定义，而项目实施期管理的主要任务是通过管理使往日的目标得以实现。

按建设工程生产组织的特点，一个项目往往由许多参与单位承担不同的建设任务，而各参与单位的工作性质、工作任务和利益不同，因此就形成了不同类型的项目管理。由于业主方是建设工程项目生产过程的总集成者——人力资源、物质资源和知识的集成，业主方也是建设工程项目生产过程的总组织者，因此对于一个建设工程项目而言，虽然有代表不同利益方的项目管理，但是业主方的项目管理是管理的核心。

（一）按管理层次划分

按项目管理层次可分为宏观项目管理和微观项目管理。

宏观项目管理是指政府（中央政府和地方政府）作为主体对项目活动进行的管理。这种管理一般不是以某一具体的项目为对象，而是以某一类开发或某一地区的项目为对象；其目标也不是项目的微观效益，而是国家或地区的整体综合效益。项目宏观管理的手段是行政、法律、经济手段并存，主要包括项目相关产业法规政策的制定，项目的财、税、金融法规政策，项目资源要素市场的调控，项目程序及规范的制定与实施，项目过程的监督检查等。微观项目管理是指项目业主或其他参与主体对项目活动的管理。项目的参与主体，一般主要包括业主，作为项目的发起人、投资人和风险责任人；项目任务的承接主体，指通过承包或其他责任形式承接项目全部或部分任务的主体；项目物资供应主体，指为项目提供各种资源（如资金、材料设备、劳务等）的主体。

微观项目管理，是项目参与者为了各自的利益而以某一具体项目为对象进行的管理，其手段主要是各种微观的法律机制和项目管理技术。一般意义上的项目管理，即指微观项目管理。

（二）按管理范围和内涵的不同划分

按工程项目管理范围和内涵的不同可分为广义项目管理和狭义项目管理。

广义项目管理包括从项目投资意向到项目建议书、可行性研究、建设准备、设计、施工、竣工验收、项目后评估全过程的管理。

狭义项目管理指从项目正式立项开始，即从项目可行性研究报告批准后到项目竣工验收、项目后评估全过程的管理。

（三）按管理主体的不同划分

一项工程的建设，涉及不同管理主体，如项目业主、项目使用者、科研单位、设计单位、施工单位、生产厂商、监理单位等。从管理立体看，各实施单位在各阶段的任务、目的、内容不同，也就构成了项目管理的不同类型，概括起来大致有以下几种项目管理。

1. 业主方项目管理。业主方项目管理是指由项目业主或委托人对项目建设全过程的监督与管理。按项目法人责任制的规定，新上项目的项目建议书被批准后，由投资方派代表，组建项目法人筹备组，具体负责项目法人的筹建工作，待项目可行性研究报告批准后，正式成立项目法人，由项目法人对项目的策划、资金筹措、建设实施生产经营、债务偿还、资产的增值保值，实行全过程负责，依照国家有关规定对建设项目的建设资金、建设工期、工程质量、生产安全等进行严格管理。

项目法人可聘任项目总经理或其他高级管理人员，由项目总经理组织编制项目初步设计文件，组织设计、施工、材料设备采购的招标工作，组织工程建设实施，负责控制工程投资、工期和质量，对项目建设各参与单位的业务进行监督和管理。项目总经理可由项目董事会成员兼任或由董事会聘任。

项目总经理及其管理班子具有丰富的项目管理经验，具备承担所任职工作的条件。

从性质上讲是代替项目法人，履行项目管理职权。因此，项目法人和项目经理对项目建设活动组织管理构成了建设单位的项目管理，这是一种习惯称谓。其实项目投资也可能是合资。

项目业主是由投资方派代表组成的，从项目筹建到生产经营并承担投资风险的项目管理班子。

项目法人的提出是国家经过几年改革实践的总结，1996 年国家计划委员会从国有企业转换经营机制，建立现代企业制度的需要，根据《公司法》精神，将原来的项目业主责任制改为法人责任制。法人责任制是依据《公司法》制定的，在投资责任约束机制方面比项目业主责任制更进一步加强，项目法人的责、权、利也更加明确，更重要的是项目管理制度全面纳入法制化、规范化的轨道。

值得一提的是，目前习惯将建设单位的项目管理简称建设项目管理。这里的建设项目既包括传统意义上的建设项目（即在一个主体设计范围内，经济上独立核算、行政上具有独立组织形式的建设单位），也包括原有建设单位新建的单项工程。

2. 监理方的项目管理。较长时间以来，我国工程建设项目组织方式一直采用工程指挥部制或建设单位自营自管制。由于工程项目的一次性特征，这种管理组织方式往往有很大的局限性，首先在技术和管理方面缺乏配套的力量和项目管理经验，即使配套了项目管理班子，在无连续建设任务时，也是不经济的。因此，结合我国国情并参照国外工程项目管理方式，在全国范围内提出工程项目建设监理制。从 1988 年 7 月开始进行建设监理试点，现已全面纳入法治化轨道。社会监理单位是依法成立的、独立的、智力密集型的经济实体，接受业主的委托，采取经济、技术，组织、合同等措施，对项目建设过程及参与各方的行为进行监督、协调的控制，以保证项目按规定的工期、投资、质量目标顺利建成。社会监理是对工程项目建设过程实施的监督管理，类似于国外 CM 项目管理模式，属于咨询监理方的项目管理。

3. 承包方项目管理。作为承包方，采用的承包方式不同，项目管理的含义也不同。施工总承包方和分包方的项目管理都属于施工方的项目管理。建设项目总承包有多种形式，如设计和施工任务综合的承包，设计、采购和施工任务综合的承包（简称 EPC 承包）等，它们的项目管理都属于建设项目总承包方的项目管理。

二、业主方项目管理的目标和任务

业主方项目管理是站在投资主体的立场上对工程建设项目进行综合性管理，以实现投资者的目标。项目管理的主体是业主，管理的客体是项目从提出设想到项目竣工、交付使用全过程所涉及的全部工作，管理的目标是采用一定的组织形式，采取各种措施和方法，对工程建设项目所涉及的所有工作进行计划、组织、协调、控制，以达到工程建设项目的质量要求，以及工期和费用要求，尽量提高投资效益。

业主方的项目管理工作涉及项目实施阶段的全过程，即在设计前的准备阶段、设计阶段、施工阶段、动用前准备阶段和保修期，各阶段的工作任务包括安全管理、投资控制、进度控制、质量控制、合同管理、信息管理、组织和协调。

业主方项目管理服务于业主的利益，其项目管理的目标包括项目的投资目标、进度目标和质量目标。其中投资目标指的是项目的总投资目标。进度目标指的是项目动用的时间目标，也即项目交付使用的时间目标，如工厂建成可以投入生产、道路建成可以通车、旅馆可以开业的时间目标等。项目的质量目标不仅涉及施工的质量，还包括设计质量、材料质量、设备质量和影响项目运行或运营的环境质量等。质量目标包括满足相应的技术规范和技术标准的规定，以及满足业主方相应的质量要求。

业主要与不同的参与方分别签订相应的经济合同，要负责从可行性研究开始，直到工程竣工交付使用的全过程管理，是整个工程建设项目管理的中心。因此，必须运用系统工程的观念、理论和方法进行管理。业主在实施阶段的主要任务是组织协调、合同管理、投资控制、质量控制、进度控制、信息管理。为了保证管理目标的实现，业主对工程建设项目的管理应包括以下职能：

1. 决策职能。由于工程建设项目的建设过程是一个系统工程，因此每一建设阶段的启动都要依靠决策。

2. 计划职能。围绕工程建设项目建设的全过程和总目标，将实施过程的全部活动都纳入计划轨道，用动态的计划系统协调和控制整个工程建设项目，保证建设活动协调有序地实现预期目标。只有执行计划职能，才能使各项工作可以预见和能够控制。

3. 组织职能。业主的组织职能既包括在内部建立工程建设项目管理的组织机构，又包括在外部选择可靠的设计单位与承包单位，实施工程建设项目不同阶段、不同内容的建设任务。

4. 协调职能。由于工程建设项目实施的各个阶段在相关的层次、相关的部门之间，存在大量的结合部，构成了复杂的关系和矛盾，应通过协调职能进行沟通，排除干扰，确保系统的正常运行。

5. 控制职能。工程建设项目主要目标的实现是以控制职能为主要手段，不断通过决策、计划、协调、信息反馈等手段，采用科学的管理方法确保目标的实现。目标有总体目标，也有分项目标，各分项目标组成一个体系。因此，对目标的控制也必须是系统的、连续的。

业主对工程建设项目管理的主要任务就是要对投资、进度和质量进行控制。

项目的投资目标、进度目标和质量目标之间既有矛盾的一面，也有统一的一面，它们之间的关系是对立统一的关系。要加快进度往往需要增加投资，要提高质量往往也需要增加投资，过度缩短进度会影响质量目标的实现，这都表现了目标之间关系矛盾的一面。但通过有效的管理，在不增加投资的前提下，也可缩短工期和提高工程质量，这反映了关系统一的一面。

建设工程项目的全寿命周期包括项目的决策阶段、实施阶段和使用阶段。项目的实施阶段包括设计前的准备阶段、设计阶段、施工阶段、动用前准备阶段和保修阶段。招投标工作分散在设计前的准备阶段、设计阶段和施工阶段中进行，因此可以不单独列为招投标阶段。

业主方项目管理服务于业主的利益，其项目管理的目标包括项目的投资目标和进度。

三、设计方项目管理的目标和任务

设计单位受业主委托承担工程项目的设计任务，以设计合同所界定的工作目标及其责任义务作为该项工程设计管理的对象、内容和条件，通常简称为设计项目管理。设计项目管理的工作内容是履行工程设计合同和实现设计单位经营方针目标。

设计方项目管理是由设计单位对自身参与的工程项目设计阶段的工作进行管理。因此，项目管理的主体是设计单位，管理的客体是工程设计项目的范围。大多数情况下是在项目的设计阶段。但业主根据自身的需要可以将工程设计项目的范围往前、后延伸，如延伸到前期的可行性研究阶段或后期的施工阶段，甚至竣工、交付使用阶段。一般来说，工程设计项目管理包括以下工作：设计投标、签订设计合同、开展设计工作、施工阶段的设计协调工作等。工程设计项目的管理职能同样是进行质量控制、进度控制和费用控制，按合同的要求完成设计任务，并获得相应报酬。

设计方作为项目建设的一个参与方，其项目管理主要服务于项目的整体利益和设计方本身的利益。其项目管理的目标包括设计的成本目标、设计的进度目标和设计的质量目标，以及项目的投资目标。项目的投资目标能否实现与设计工作密切相关。设计方的项目管理工作主要在设计阶段进行，但它也涉及设计前的准备阶段、施工阶段、动用前准备阶段和保修期。

设计方项目管理的任务包括以下几个方面：

1. 与设计工作有关的安全管理。

2. 设计成本控制以及与设计工作有关的工程造价控制。

3. 设计进度控制。

4. 设计质量控制。

5. 设计合同管理。

6. 设计信息管理。

7. 与设计工作有关的组织和协调。

第二节　建筑工程的组织和综合管理

一、建筑工程项目的组织

（一）传统的项目组织机构的基本形式（20 世纪 50 年代以前）

1. 直线式项目组织机构

特点：没有职能部门，企业最高领导层的决策和指令通过中层、基层领导纵向一根直线式地传达给第一线的职工，每个人只接受其上级的指令，并对其上级负责。缺点：所有业务集于各级主管人员，领导者负担过重，同时其权力也过大，易产生官僚主义。

2. 职能式项目组织机构

职能式项目组织机构是专业分工发展的结果，最早由泰勒提出。

特点：强调职能专业化的作用，经理与现场没有直接关系，而是由各职能部门的负责人或专家去指挥现场与职工。

缺点：过于分散权力，有碍于命令的统一，容易形成多头领导，也易产生职能的重复或遗漏。

3. 直线职能式项目组织机构

直线职能式项目组织机构力图取以上二者的优点，避开以上二者的缺点。既能保持直线式命令系统的统一性和一贯性，又能采纳职能式专业分工的优点。

特点：各职能部门与施工现场均受公司领导的直接领导。各职能部门对各施工现场起指导、监督、参谋作用。

（二）建设项目组织管理体制

1. 传统的组织管理体制

（1）建设单位自管方式

即基建部门负责制（基建科）——中、小项目。

建设单位自管方式是我国多年来常用的建设方式，它是由建设单位自己设置基建机构，负责支配建设资金、办理规划手续及准备场地、委托设计、采购器材、招标施工、验收工程等全部工作，有的还自己组织设计、施工队伍，直接进行设计施工。

（2）工程指挥部管理方式即企业指挥部负责制——各方人员组成，适合大、中型项目。

在计划经济体制下，我国过去一些大型工程项目和重点工程项目多采用这种方式。指挥部通政府主管部门指令各有关方面派代表组成。近几年在社会主义市场经济的条件下，这种方式已不多见。

2. 改革的必然性及趋势

（1）改革的必然性

1）工程项目建设社会化、大生产化和专业化的客观要求。

2）市场经济发展的必然产物。

3）适应经济管理体制改革的需要。

（2）改革的趋势

1）在工程项目管理机构上，要求其必须形成一个相对独立的经济实体，并且有法人资格。

2）在管理机制上，要以经济手段为主、行政手段为辅，以竞争机制和法律机制为工程项目各方提供充分的动力和法律保证。

3）使工程项目有责、权、利相统一的主管责任制。

4）甲、乙双方项目经理实施沟通。

5）人员素质的知识结构合理，专业知识和管理知识并存。

（3）科学地建立项目组织管理体系

1）总承包管理方式

总承包管理方式，是业主将建设项目的全部设计和施工任务发包给一家具有总承包资质的承包商。这类承包商可能是具备很强的设计、采购、施工、科研等综合服务能力的综合建筑企业，也可能是由设计单位、施工企业组成的工程承包联合体。我国把这种管理组织形式叫作“全过程承包”或“工程项目总承包”。

2）工程项目管理承包方式

建设单位将整个工程项目的全部工作，包括可行性研究、场地准备、规划、勘察设计、材料供应、设备采购、施工监理及工程验收等全部任务，都委托给工程项目管理专业公司去做。工程项目管理专业公司派出项目经理，再进行招标或组织有关专业公司共同完成整个建设项目。

3）三角管理方式

这是常用的一种建设管理方式，是把业主、承包商和工程师三者相互制约、互相依赖的关系形象地用三角形关系来表述。其中，由建设单位分别与承包单位和咨询公司签订合同，由咨询公司代表建设单位对承包单位进行管理。

4)BOT 方式

BOT 方式是 Build-Operate-Transfer 的缩写，可直接称“建设—经营—转让方式”，或称为投资方式，有时也被称为“公共工程特许权”。BOT 方式是 20 世纪 80 年代中期由已故土耳其总理奥扎尔提出的，其初衷是通过公共工程项目私有化解决政府资金不足问题，取得了成功，随之形成以投资方式特殊为特征的 BOT 方式。通常所说的 BOT 至少包括以下三种方式：

标准 BOT，即建设—经营—转让方式。私人财团或国外财团愿意自己融资，建设某项基础设施，并在东道国政府授予的特许经营期内经营该公共设施，以经营收入抵偿建设投资，并取得一定收益，经营期满后将该设施转让给东道国政府。

BOOT，即建设—拥有—经营—转让方式。BOT 与 BOOT 的区别在于：BOOT 在特许期内既拥有经营权也拥有所有权，此外，BOOT 的特许期比 BOT 长一些。

BOO，即建设—拥有—经营方式。该方式特许承建商根据政府的特许权，建设并拥有某项公共基础设施，但不将该设施移交给东道国政府。以上三种方式可统称为 BOT 方式，也可称为广义的 BOT 方式。BOT 方式对政府、承包商、财团均有好处，近年来在发展中国家得到广泛应用，我国已在 1993 年决定采用，以引进外资用于能源、交通运输基础设施建设。BOT 方式说明，投资方式的改变，带动了项目管理方式的改变。BOT 方式是一种从开发管理到物业管理的全过程的项目管理。

（三）施工项目管理组织形式

组织结构的类型，是指一个组织以什么样的结构方式去处理管理层次、管理跨度、部门设置和上下级关系。项目组织机构形式是管理层次、管理跨度、管理部门和管理职责的不同结合。项目组织的形式应根据工程项目的特点、工程项目承包模式、业主委托的任务以及单位自身情况而定。常用的组织形式一般有以下四种：工作队制、部门控制式、矩阵制、事业部制。

1. 我国推行的施工项目管理与国际惯例通称的项目管理一致

（1）项目的责任人履行合同。

（2）实行两层优化的结合方式。

（3）项目进行独立的经济核算。

但必须进行企业管理体制和配套改革。

2. 对施工项目组织形式的选择要求做到以下几个方面：

（1）适应施工项目的一次性特点，使项目的资源配置需求可以进行动态的优化组合，能够连续、均衡地施工。

（2）有利于施工项目管理依据企业的正确战略决策及决策的实施能力，适应环境，提高综合效益。

（3）有利于强化对内、对外的合同管理。

（4）组织形式要为项目经理的指挥和项目经理部的管理创造条件。

（5）根据项目规模、项目与企业本部距离及项目经理的管理能力确定组织形式，使层次简化、分权明确、指挥灵便。

3. 工作队制

（1）工作队制的特征

1）项目组织成员与原部门脱离。

2）职能人员由项目经理指挥，独立性大。

3）原部门不能随意干预其工作或调回人员。

4）项目管理组织与项目同寿命。

适用范围：大型项目、工期要求紧迫的项目，要求多工种、多部门密切配合的项目。

要求：项目经理素质高、指挥能力强。

（2）工作队制的优点

1）有利于培养一专多能的人才并充分发挥其作用。

2）各专业人员集中在现场办公，办事效率高，解决问题快。

3）项目经理权力集中，决策及时，指挥灵便。

4）项目与企业的结合部关系弱化，易于协调关系。

（3）工作队制的缺点

1）配合不熟悉，难免配合不力。

2）忙闲不均，可能影响积极性的发挥，同时人才浪费现象严重。

4. 部门控制式

部门控制式项目管理组织形式是按照职能原则建立的项目组织。

特征：不打乱企业现行的建制，由被委托的部门（施工队）领导。

适用范围：适用于小型的、专业性较强的不需涉及众多部门的施工项目。

（1）部门控制式项目管理组织形式的优点

1）人才作用发挥较充分，人事关系容易协调。

2）从接受任务到组织运转启动时间短。

3）职责明确，职能专一，关系简单。

4）项目经理无须专门培训便可以进入状态。

（2）部门控制式项目管理组织形式的缺点

1）不能适应大型项目管理需要。

2）不利于精简机构。

5. 矩阵制

矩阵制组织是在传统的直线职能制的基础上加上横向领导系统，两者构成矩阵结构，项目经理对施工全过程负责，矩阵中每个职能人员都受双重领导，即“矩阵组织，动态管理，目标控制，节点考核”，但部门的控制力大于项目的控制力。部门负责人有权根据不同项目的需要和忙闲程度，在项目之间调配部门人员。一个专业人员可能同时为几个项目服务，特殊人才可充分发挥作用，大大提高了人才效率。矩阵制是我国推行项目管理最理想、最典型的组织形式，它适用于大型复杂的项目或多个同时进行的项目。

（1）矩阵制项目管理组织形式的特征

1）专业职能部门是永久性的，项目组织是临时性的。

2）双重领导，一个专业人员可能同时为几个项目服务，提高人才效率，精简人员，组织弹性大。

3）项目经理有权控制、使用职能人员。

4）没有人员包袱。

（2）矩阵制项目管理组织形式的优缺点

1）优点：一个专业人员可以同时为几个项目服务，特殊人才可充分发挥作用，大大提高人才效率。

2）缺点：配合生疏，结合松散；难以优化工作顺序。

（3）矩阵制项目管理组织形式的适用范围

一个企业同时承担多个需要进行项目管理工程的企业；适用于大型、复杂的施工项目。

6. 事业部制

事业部制是直线职能制高度发展的产物，最早为“一战”后的一家美国汽车工厂和“二战”后的日本松下电器公司所采用。目前，已在欧、美、日等国家广泛采用，事业部制可分为按产品划分的事业部制和按地区划分的事业部制。

（1）事业部制项目管理组织形式的特征

1）各事业部具有自己特有的产品或市场。根据企业的经营方针和基本决策进行管理，对企业承担经济责任，而对其他部门是独立的。

2）各事业部有一切必要的权限，是独立的分权组织，实行独立核算。主要思想是集中决策、分散经营，所以事业部制又称为“分权的联邦制”。

（2）事业部制项目管理组织形式的优缺点

1）优点：当企业向大型化、智能化发展并实行作业层和经营管理层分离时，事业部制组织可以提高项目应变能力，积极调动各方的积极性。

2）缺点：事业部组织相对来说比较分散，协调难度较大，应通过制度加以约束。

（3）事业部制项目管理组织形式的适用范围

企业承揽工程类型多或工程任务所在地区分散或经营范围多样化时，有利于提高管理效率。需要注意的是，一个地区只有一个项目，没有后续工程时，不宜设立事业部。事业部与地区市场同寿命，地区没有项目时，该事业部应当撤销。

二、建设工程项目综合管理

（一）文件管理的主要工作内容

1. 项目经理部文件管理工作的责任部门为办公室。

2. 文件包括：本项目管理文件和资料；相关各级、各部门发放的文件；项目经理部内部制定的各项规章制度；发至各作业队的管理文件、工程会议纪要等。

3. 填制文件收发登记、借阅登记等台账，对文件的签收、发放、交办等程序进行控制，及时做好文件与资料的归档管理。

4. 对收到的外来文件按规定进行签收登记后，及时送领导批示并负责送交有关人员、部门办理。

5. 文件如需转发、复印和上报各类资料、文件，必须经领导同意，同时做好文件复印、发放记录并存档，由责任部门确定发放范围。

6. 文件需外借时，应经项目经理书面批准后填写文件借阅登记，方可借阅，并在规定期限内归还。

7. 对涉及经济、技术等方面的机密文件、资料要严格按照建设公司有关保密规定执行。

（二）印鉴管理的主要工作内容

1. 项目经理部行政章管理工作责任部门为办公室，财务章管理责任部门为计财部。

2. 项目经理部印章的刻制、使用及收管必须严格按照建设公司的规定执行，由项目经理负责领取和交回。

3. 必须指定原则性强、认真负责的同志专人管理。

4. 严格用印审批程序，用印时必须先填制《项目经理部用印审批单》，报项目经理批准后方可用印。

5. 作业队对外进行联系如使用项目经理部的介绍信、证明等，需持有作业队介绍信并留底，注明事宜，经项目经理批准后，方可使用项目经理部印章。

6. 需对用印进行登记，建立用印登记台账，台账应包括用印事由、时间、批准人、经办人等内容。

7. 项目经理部解体时，项目经理应同时将项目经理部印章交建设公司办公室封存。

（三）档案资料管理的主要工作内容

1. 项目经理部档案资料管理工作的责任部门为办公室。

2. 工程档案资料收集管理的内容

（1）工程竣工图。

（2）随机技术资料：设备的出厂合格证、装箱单、开箱记录、说明书、设备图纸等。

（3）监理及业主（总包方）资料：监理实施细则；监理所发文件、指令、信函、通知、会议纪要；工程计量单和工程款支付证书；监理月报；索赔文件资料；竣工结算审核意见书；项目施工阶段各类专题报告；业主（总包方）发出的相关文件资料。

（4）工程建设过程中形成的全部技术文字资料

1）一类文字资料：图纸会审纪要；业务联系单及除代替图、新增图以外的附图；变更通知单及除代替图、新增图以外的附图；材料代用单；设备处理委托单；其他形式的变更资料。

2）二类文字材料：交工验收资料清单；交工验收证书、实物交接清单、随机技术资料清单；施工委托书及其补充材料；工程合同（协议书）；技术交底，经审定的施工组织设计或施工方案；开工报告、竣工报告、工程质量评定证书；工程地质资料；水文及气象资料；土、岩试验及基础处理、回填压实、验收、打桩、场地平整等记录；施工、安装记录及施工大事记、质量检查评定资料和质量事故处理方案、报告；各种建筑材料及构件等合格证、配合比、质量鉴定及试验报告；各种功能测试、校核试验地试验记录；工程的预、决算资料。

3）三类文字材料：地形及施工控制测量记录；构筑物测量记录；各种工程的测量试读记录。

3. 项目经理部移交到建设公司档案科的竣工资料内容：中标通知、工程承包合同、开工报告、施工组织设计、施工技术总结、交工竣工验收资料、质量评定等级证书、项目安全评价资料、项目预决算资料、审计报告、工程回访、用户意见。

4. 项目经理部向建设公司档案科移交竣工资料的时间为工程项目结束后、项目绩效考核前。

5. 项目经理部按照建设公司档案科的要求内容装订成册后交一套完整的资料。

6. 项目经理部的会计凭证、账簿、报表专项交建设公司档案科保存。

7. 项目经理部应随时做好资料的收集和归档工作，专人负责，建立登记台账，如需转发、借阅、复印时，应经项目经理同意后方可办理，并做好记录。

（四）人事管理的主要工作内容

1. 项目经理部人事管理工作责任部门为办公室。

2. 项目经理部原则上职能部门设立“三部一室”，即计财部、工程部、物资部、办公室。组织机构设立与各部门人员的情况应上报项目管理处备案。

3. 项目经理部成立后，项目经理根据项目施工管理需要严格按照以下要求定编人员，提出项目经理部管理人员配备意见，填写《项目经理部机构设置和项目管理人员配备申请表》，根据配备表中的人员名单填写《项目经理部调入工作人员资格审定表》，并上报建设公司人力资源部，经审批后按照建设公司有关规定办理相关手续。

按工程项目类别确定项目经理部人员编制，根据工程实际需要实行人员动态管理：

A 类项目经理部定员 25 人以下（含 25 人，下同）；

B 类项目经理部定员 15 人以下；

C 类项目经理部定员 12 人以下；

D 类项目经理部定员 10 人以下；

E 类项目经理部定员 10 人以下；

F 类项目经理部定员 10 人以下。

4. 项目经理部的各类管理人员均实行岗位聘用制，除项目副经理、总工程师、财务负责人由公司聘任之外，其他人员均由项目经理聘用，聘期原则上以工程项目的工期为限，项目结束后解聘。

5. 由项目经理聘用的管理人员，根据工作需要，项目经理有权解聘或退回不能胜任本岗位工作的管理人员。如出现部门负责人或重要岗位上人员变动，应及时将情况向项目管理处上报。

6. 工程中期与工程结束时（或 1 年），由项目经理牵头、项目经理部办公室组织各作业队以及相关人员对项目经理部工作人员的德、能、勤、绩进行考评，根据考评结果填写《项目经理部工作人员能力鉴定表》，并上报建设公司人力资源部和项目管理处备案。

7. 项目经理部管理岗位外聘人员管理

（1）项目经理部根据需要和被聘人条件，填写《项目经理部管理岗位外聘人员聘用审批表》，上报建设公司人力资源部审核批准后，由项目经理部为其办理聘用手续，并签订《项目经理部管理岗位外聘人员聘用协议》。

（2）外聘人员聘用协议书应包括下列内容：聘用的岗位、责任及工作内容；聘用的期限；聘用期间的待遇；双方认为需要规定的其他事项。

（五）办公用品管理

1. 项目经理部办公用品管理工作的责任部门为办公室。

2. 项目经理部购进纳入固定资产管理的办公用品（如计算机、复印机、摄像机、照相机、手机等）时，必须先向建设公司书面请示，经领导签字同意后方可购买。

3. 建立物品使用台账，对办公用品进行专人使用、专人管理，确保办公用品的使用年限，编制《项目经理部办公用品清单表》，对办公用品进行使用登记，对损坏、丢失办公用品的需按比例或全价赔偿。

4. 项目经理部购置办公桌椅等设施时，应严格控制采购价格和标准，禁止购买超标准或非办公用品、器械。

5. 项目经理部解体时应将所购办公用品进行清理、鉴定，填写《项目经理部资产实物交接清单表》，向建设公司有关部门办理交接。

（六）施工现场水电管理的主要工作内容

1. 项目经理部应有专人负责施工用水、用电的线路布置、管理、维护。

2. 各作业队用水、用电需搭接分管和二次线时，必须向项目经理部提出申请，经批准后方可接线，装表计量、损耗分摊、按月结算。

3. 作业队的用电线路、配电设施要符合规范和质量要求。管线的架设和走向要服从现场施工总体规划的要求，杜绝随意性。

4. 作业队和个人不得私接电炉，注意用电安全。

5. 加强现场施工用水的管理，严禁长流水、长明灯，减少浪费。

（七）职工社会保险管理的主要工作内容

1. 项目经理部必须根据建设公司社会保障部的要求按时足额上交由企业缴纳部分的职工社会保险费用，不得滞后或拖欠。

2. 社会保险费用系指建设公司现行缴纳的养老保险金、失业保险金、医疗保险金、工伤保险金。

3. 社会保险费用缴纳的具体办法按建设公司相关文件执行。

第三节　建筑工程项目进度计划的编制方法

一、流水施工原理与横道计划

工业生产实践证明，流水作业是组织生产的有效方法。流水作业是在分工大量出现之后的顺序作业和平行作业的基础上产生的，是一种以分工为基础的协作方式，是成批地生产产品的一种优越的作业方法。

流水作业的原理同样也适用于建筑工程施工，不同的是在工业生产的流水作业中，专业生产者是固定的，而各产品或中间产品在流水线上流动，由前一个工序流向后一个工序；而在建筑工程施工中，各施工段（相当于产品或中间产品）是固定不动的，专业施工队是流动的，是由前一个施工段流向后一个施工段。

（一）流水施工的基本概念

1. 建筑工程施工的组织方式

建筑工程施工的组织方式是受其内部施工顺序、施工场地、空间、时间等因素影响和制约的。根据具体情况不同，组织方式有三种：依次施工、平行施工和流水施工。

2. 组织流水施工的原则、条件及考虑的因素

（1）组织流水施工的基本原则

对建筑工程组织流水施工，必须要按照一定的组织原则进行。

1）将准备施工的工程的结构特点、平面大小、施工工艺等情况大致相同的项目确定下来，以便组织流水施工。

2）进行流水施工的工程项目需分解成若干个施工过程，每一个施工过程由一定的专业班组进行工作。

3）需将工程对象在平面上划分成若干个施工段，要求各个施工段的劳动量大致相等或成倍数，使得施工在组织流水时富有节奏。

4）确定各个流水参数后，应尽可能地使各专业班组连续施工，工作面不停歇，资源消耗均匀，劳动力使用不太集中。

（2）流水施工的条件

组织流水施工，必须具备以下条件：

1）划分施工过程就是把拟建工程的整个建造过程分解为若干个施工过程。划分施工过程是为了对施工对象的建造过程进行分解，以便逐一实现局部对象的施工，从而使施工对象整体得以实现。只有这种合理的分解才能组织专业化施工和进行有效协作。

2）划分施工段。根据组织流水施工的需要，将拟建工程在平面上或空间上尽可能地划分为劳动量大致相同的若干个施工段。

3）将每个施工过程组织独立的施工班组。在一个流水组中，施工过程尽可能组织独立的施工班组，其形式可以是专业班组，也可以是混合班组。这样可以使每个施工班组按施工顺序，连续均衡地从一个施工段转移到另一个施工进行相同的操作。

4）主要施工过程必须连续、均衡地施工。主要施工过程是指工程量较大、作业时间较长的施工过程，对于主要施工过程必须连续、均衡地施工；对于其他次要施工过程，可考虑与相邻的施工过程合并，如不能合并，为缩短工期，可安排间断施工。

5）不同施工过程尽可能组织平行搭接施工。根据施工顺序，不同的施工过程，在有

工作面的条件下，除必要的技术和组织间歇时间外，应尽可能组织平行搭接施工。

（3）组织流水施工必须考虑的因素

在组织流水施工时，必须考虑以下因素：

1）把工作面合理分成若干段（水平段、垂直段）。

2）各专业施工队按工序进入不同施工段。

3）确定每一施工过程的延续时间，工作量要接近。

4）各施工过程连续、均衡施工。

5）各工种之间应为合理的施工关系，相互补充。

3. 流水施工的表达方式

流水施工可以用横道图或网络图表达。横道图的表达形式为左边列出各施工过程名称，右边用水平线段在时间坐标下画出施工进度。网络图的表达形式详见本章后面的内容。

（二）流水施工参数

在组织流水施工时，用以表达流水施工在工艺流程、空间布置和时间排列方面开展状态的参数，称为流水参数，包括工艺参数、空间参数和时间参数三类。

1. 工艺参数

在组织流水施工时，用以表达流水施工在施工工艺流程上开展顺序及其特征的参数，称为工艺参数，包括施工过程和流水强度。

（1）施工过程

组织建设工程流水施工时，根据施工组织及计划安排需要而将计划任务划分成的子项称为施工过程。施工过程的数目通常用 n 表示。施工过程划分的数量多少、粗细程度一般与下列因素有关。

1）施工进度计划的作用

当编制控制性施工进度计划时，其施工过程可以划分得粗一些，施工过程可以是单位工程，也可以是分部工程。当编制实施性施工进度计划时，施工过程可以划分得细一些，施工过程可以是分项工程。月度作业性计划有些施工过程还可分解为工序，如安装模板、绑扎钢筋等。

2）施工方案及工程结构

厂房的柱基础与设备基础挖土，如同时施工，可合并为一个施工过程；如先后施工，可分为两个施工过程。承重墙与非承重墙的砌筑也是如此，砖混结构、装配式框架结构与现浇混凝土框架等不同的结构体系，其施工过程划分及其内容也各不相同。

3）劳动组织及劳动量大小

施工过程的划分与施工班组及施工习惯有关。如安装下玻璃和油漆的施工，可合也可分。因此，有的是混合班组，有的是单一工种的班组。施工过程的划分还与劳动量大小有关。劳动量小的施工过程，当组织流水施工有困难时，可与其他施工过程合并。如垫层劳动量较小时可与挖土合并为一个施工过程。这样，可以使各个施工过程的劳动量大致相等，便于组织流水施工。

4）劳动内容和范围

施工过程的划分与其劳动内容和范围有关。如直接在施工现场与工程对象上进行的劳动过程，可以划入流水施工过程，而场外劳动内容（如预制加工等）可以不划入流水施工过程。

（2）流水强度

某施工过程在单位时间内所完成的工程量，称为该施工过程的流水强度。流水强度一般用 V_i 表示。

1）机械操作流水强度

$$V_i = \sum_{i=1}^{x} R_i \cdot S_i$$

式中，V_i——某施工过程 i 的机械操作流水强度；

R_i——投入某施工过程 i 的某种施工机械台数或工人数；

S_i——投入某施工过程 i 的某种施工机械产量定额；

x——投入某施工过程 i 的施工资源种类数。

2）人工操作流水强度

$$V_i = R_i \cdot S_i$$

式中，V_i——某施工过程 i 的人工操作流水强度；

R_i——投入施工过程 i 的专业工作队工人数；

S_i——投入施工过程 i 的专业工作队平均产量定额。

2. 空间参数

在组织流水施工时，用以表达流水施工在空间布置上开展状态的参数称为空间参数，包括工作面施工段和施工层。

（1）工作面

工作面是指供某专业工种的工人或某施工机械进行施工的活动空间，工作面的大小表明能安排施工人数或机械台数的多少。每个作业的工人或每台施工机械所需工作面的大小，取决于单位时间内完成的工程量和安全施工的要求。工作面确定得合理与否，直接影响着专业工作队的生产效率，因此必须合理确定工作面。

（2）施工段

将施工对象在平面或空间上划分成若干个劳动量大致相等的部分，称为施工段或流水段。施工段的数量通常用 m 表示，是流水施工的基本参数之一。

1）划分施工段的目的

划分施工段的目的就是组织流水施工。由于建筑产品体形庞大，可以将其划分成具有若干个施工段、施工层的“批量产品”，使其满足流水施工的基本要求。在保证工程质量的前提下，为专业工作队确定合理的空间活动范围，使其按流水施工的原理，集中人力和物力，迅速地、依次地、连续地完成各段任务，为相邻专业工作队尽早提供工作面，以达到缩短工期的要求。

2）划分施工段的原则

同一专业工作队在各个施工段上的劳动量应大致相等，其相差幅度不宜超过10%~15%；每个施工段内要有足够的工作面，以保证相应数量的工人主导施工机械的生产效率，满足合理的劳动组织要求；施工段的界限应尽可能与结构界限（如沉降缝、伸缩缝等）相吻合，或投在对建筑结构整体性影响小的部位，以保证建筑结构的整体性；施工段的数目要满足合理组织流水施工的要求，施工段过多会降低施工速度、延长工期；施工段过少，不利于充分利用工作面，可能造成窝工；当组织流水施工对象有层间关系时，为使各专业工作队能够连续工作，每层施工段数量应满足 $m \geqslant n$。当 $m=n$ 时，各专业工作队能连续施工，工作面能充分利用，无停歇现象，也不会产生工人窝工现象，比较理想。当 $m>n$ 时，各专业工作队仍是连续施工，虽然存在停歇的工作面，但不一定是不利的，有时还是必要的，如利用停歇的时间做养护、备料、弹线等工作。当 $m<n$ 时，各个专业工作队不能连续施工，这时组织流水作业不被允许。

（3）施工层

在组织流水施工时，为了满足专业工种对操作高度和施工工艺的要求，将拟建工程项目在竖向上划分为若干个操作层，这些操作层称为施工层。

施工层的划分，要按工程项目的具体情况，根据建筑物的高度、楼层确定。如砌筑工程的施工层高一般为 1.2 m，内抹灰、木装饰、油漆、玻璃和水电安装等可按楼层进行施工层划分。

二、网络计划技术

（一）网络技术概述

1956 年，美国杜邦公司的沃克在兰德公司的凯利协助下研究开发了利用计算机技术安排工程进度计划的新方法，即关键线路法（Critical Path Method），简称 CPM 法。1958 年，美国海军武器规划局在研制“北极星”导弹潜艇计划中采用了 CPM 法，并在此基础上形成了以数理统计学为基础、以网络分析为主要内容、以计算机技术为手段的新的计划管理方法，即计划评审技术（Program Evaluation and Review Technique），简称 PERT 法。

苏联从 1964 年起相继颁布了一系列有关制定、应用网络计划技术的条例和文件，规定在所有大型建设工程中都必须采用网络计划技术。日本在 1961 年正式从美国引进网络计划技术，1968 年日本建筑学会发表《网络施工进度和管理指南》，并在建筑业中推广使用。

1963 年，在我国著名科学家钱学森等人的积极倡导下，网络计划技术在我国开始推广应用。

1965 年，我国已故著名数学家华罗庚将网络计划技术与其他科学管理方法相结合，结合我国当时的国情，根据“统筹兼顾、全面安排”的指导思想，在国民经济各部门中试点采用网络计划技术，并称其为“统筹方法”。

长期以来，安排工程项目的进度计划时，往往采用横道图法，工程项目中每一项活动的开始时间和结束时间都按照一定的时间尺度用横道图表示出来。

横道图的优点在于简便易行，但其也有难以避免的缺点，即不能确切地反映不同活动之间的逻辑关系、时间衔接关系，并且难以在其上进行资源和费用的优化。20 世纪 50 年代晚期发展起来的网络计划技术，就是针对横道图的不足而产生的。具有代表性的方法是关键线路法和计划评审法。这两种方法几乎是同时从不同的方面平行发展起来的。CPM 是在建筑工程项目中发展起来的，PERT 则是适应大型武器系统的研制而产生的。两者都是在活动周期和相互之间逻辑关系的基础上，通过网络分析确定工程进度的方法。前者重点处理确定性活动周期的工程网络，并研究时间与费用、资源之间的关系；后者则侧重于研究非确定性活动周期的工程网络问题。随着网络计划技术的不断改进和发展，两者的差别已渐趋消失，特别是当 PERT 中的时间估计采用最可能性的数值后就没有多少差别了。因此，CPM 和 PERT 可以统称为网络计划技术。

由于网络计划技术背后的运筹学原理在数学上已经很成熟，加上在长期建筑工程项目中的实践和经验积累，实质上网络计划技术已成为工程管理施工组织设计与进度控制领域中的主要定量技术，对工程管理施工组织设计与进度控制的科学化、规范化有着重要意义。

在我国，为使网络计划技术的应用规范化和法治化，住房和城乡建设部于 1992 年颁布了《工程网络计划技术规范》，国家市场监督管理总局也于 1992 年颁布了《网络计划技术常用术语》《网络计划技术在项目计划管理中应用的一般程序》等规范及标准。

本节主要介绍在建筑工程项目中发展起来且更适用于工程项目进度管理的关键线路法。关键线路法的运用内容主要包括：根据工程项目本身的逻辑和实际情况编制初步的网络计划，绘制网络图；根据网络图和相关的资料计算网络图中的各种时间参数；根据网络图及其时间参数进行网络图的优化。

（二）网络计划的原理及表示方法

1. 网络计划技术的基本原理

网络计划技术的基本原理如下：首先绘制工程施工网络图，以网络图来表达一项计划

（或工程）中各项工作开展的先后顺序及其相互间的关系；然后通过计算找出计划中的关键工作及关键线路；继而通过不断改善网络计划，选择最优方案，并付诸实施；最后在执行过程中进行有效的控制和监督，保证以最小的消耗取得最大的经济效益。

2. 网络计划技术的特点

网络计划是由一系列箭线和节点所组成的网状图形来表示的各施工过程之间的逻辑关系。

（1）优点

网络计划能明确反映各施工过程之间的逻辑关系，并可以进行各种时间参数的计算，有助于进行定量分析；能找出计划中影响整个工程进度的关键施工过程，便于集中精力抓施工中的主要矛盾，确保按期竣工；可以利用某些施工过程的机动时间，更好地利用和调配人力、物力，以达到降低成本的目的；可以利用计算机进行电算、调整和优化，实现科学化管理。

（2）缺点

表达计划不直观，不易看懂；不能反映流水施工的特点；不易显示资源平衡情况；对计划人员素质要求较高等。以上不足之处可以采用时间坐标网络来弥补。

3. 网络计划的表达方法

网络计划的表达形式是网络图。所谓网络图，是指由箭线和节点组成的，用来表示工作流程的有向的、有序的网状图形。

网络图根据不同的指标，又划分为各种不同的类型。不同类型的网络图在绘制、计算和优化等方面也各不相同、各有特点。

（1）双代号与单代号网络图

网络图根据绘图符号的不同，分为双代号和单代号两种形式。

双代号网络图是指组成网络图的各项工作由节点表示工作的开始和结束，以箭线表示工作的名称。

单代号网络图是指组成网络图的各项工作是由节点表示，以箭线表示各项工作的相互制约关系。用这种符号从左向右绘制而成的图形就叫单代号网络图。

（2）单目标和多目标网络图

根据网络图最终目标的多少，网络图又可分为单目标与多目标两种形式的网络图。单目标网络图是指只有一个最终目标的网络图。例如，完成一个基础工程或建造一个（构）建筑物的相互有关联的工作组成的网络图。单目标网络图可以是有时间坐标与无时间坐标的，也可以是肯定型和非肯定型的，但在一个网络图上只能有一个起点节点和一个终点节点。

多目标网络图是指由若干个独立的最终目标与其相互有关工作组成的网络图。如工业区的建筑群以及负责许多建筑工程施工的建筑机构等。

（3）有时间坐标和无时间坐标的网络图

网络图根据有无时间坐标刻度，又分为有时间坐标与无时间坐标两种形式，有时间坐标网络图又称为时标网络图。时标网络图还可以按照表示计划工期内各项工作活动的最早与最迟必须开始时间的不同相应区分为早时标网络图和迟时标网络图。

时标网络图是指在网络图上附有时间刻度（工作天数、日历天数及公休日）的网络图。时标网络图的优点是一目了然（时间明确、直观），容易发现工作进度情况；缺点是随着时间的改变，需要重新绘制网络图。

（4）局部网络图、单位工程网络图、综合网络图

根据网络图的应用对象（范围）不同，分为局部网络图、单位工程网络图及综合网络图三种。

（5）搭接网络图和非搭接网络图

按是否在图中表示不同工作活动之间的各种搭接关系，网络图还可以分为搭接网络图和非搭接网络图。

（三）网络计划的基本知识

1. 双代号网络图的基本符号

（1）箭线

箭线有实箭线和虚箭线两种。

1）实箭线。网络图中一端带箭头的实线即为实箭线。在双代号网络图中，它与其两端的节点表示一项工作。

一根箭线表示一项工作所消耗的时间和资源，分别用数字标注在箭线的下方和上方。

一般而言，每项工作的完成都要消耗一定的时间和资源，如砌砖墙浇混凝土等；也存在只消耗时间而不消耗资源的工作，如混凝土养护、砂浆找平层干燥等技术间歇，若单独考虑时，也应作为一项工作对待。

在非时标网络图中，箭线的长度不代表时间的长短，画图时原则上是任意的，但必须满足网络图的绘制规则。在时标网络图中，其箭线的长度必须根据完成该项工作持续时间的长短按比例绘制。

箭线的方向表示工作进行的方向，应保持自左向右的总方向。箭尾表示工作的开始，箭头表示工作的结束。

箭线可以画成直线、折线和斜线。必要时，箭线也可以画成曲线，为使图形整齐，宜画成水平直线或由水平线和垂直线组成的折线。

2）虚箭线。虚箭线仅表示工作之间的逻辑关系，它既不消耗时间，也不消耗资源。虚箭线可以画成水平直线、垂直线或折线。当虚箭线很短，不易表示时，则可用实箭线表示，但其持续时间应用零标注。

（2）节点

在双代号网络图中，箭线端部的圆圈就是节点。双代号网络图中的节点表示工作之间的逻辑关系。

1）节点表示前面工作结束和后面工作开始的瞬间，所以节点不需要消耗时间和资源。

2）箭线的箭尾节点表示该工作的开始，箭线的箭头节点表示该工作的结束。

3）根据在网络图中的位置不同，节点可以分为起点节点、终点节点和中间节点。网络图中的第一个节点就是起点节点，表示一项任务的开始；网络图的最后一个节点就是终点节点，表示一项任务的完成；除起点节点和终点节点以外的节点称为中间节点。中间节点有双重的含义，它既是前面工作的箭头节点，也是后面工作的箭尾节点。

（3）节点编号

网络图中的每个节点都要编号，以便于计算网络图时间参数和检查网络图是否正确。

1）节点编号的基本规则是箭头节点编号要大于箭尾节点编号。

2）节点编号的顺序是从起点节点开始，依次向终点节点进行；箭尾节点编号在前，箭头节点编号在后；凡是箭尾节点都没编号的，箭头节点不能编号。

3）在一个网络图中，所有节点不能出现重复编号，编号的号码可以按自然数顺序进行，也可以非连续编号，以便适应网络计划调整中增加工作的需要。编号要留有余地。

2. 单代号网络计划的基本符号

单代号网络计划的基本符号也是箭线、节点和节点编号。

（1）箭线

单代号网络图中，箭线表示相邻工作之间的逻辑关系。箭线应画成水平直线、折线或斜线。单代号网络图中，只有实箭线，没有虚箭线。箭线的水平投影方向应自左向右，表达工作进行的方向。

（2）节点

单代号网络图中一个节点表示一项工作，节点宜用圆圈或矩形表示。节点所表示的工作名称、持续时间和工作代号等应标注在节点内。当有两个或两个以上工作同时开始或结束时，应在网络图两端分别设置一项虚工作，作为网络图的起始节点和终点节点。

（3）节点编号

单代号网络图的节点编号规则同双代号网络图。

3. 工艺关系和组织关系

工艺关系和组织关系是工作之间先后顺序关系—逻辑关系的组成部分。

（1）工艺关系

生产性工作之间由工艺过程决定的，非生产性工作之间由工作程序决定的先后顺序关系称为工艺关系。

（2）组织关系

工作之间由于组织安排需要或资源（劳动力、原材料、施工机具等）调配需要而规定的先后顺序关系称为组织关系。

4. 紧前工作、紧后工作和平行工作

（1）紧前工作

在网络图中，相对于某工作而言，紧排在该工作之前的工作称为该工作的紧前工作。在双代号网络图中，工作与其紧前工作之间可能有虚工作存在。

（2）紧后工作

在网络图中，相对于某工作而言，紧排在该工作之后的工作称为该工作的紧后工作。在双代号网络图中，工作与其紧后工作之间也可能有虚工作存在。

（3）平行工作

在网络图中，相对于某工作而言，可以与该工作同时进行的工作即为该工作的平行工作。紧前工作、紧后工作及平行工作是工作之间逻辑关系的具体表现，只要能根据工作之间的工艺关系和组织关系明确其紧前或紧后关系，即可据此绘出网络图。它是正确绘制网络图的前提条件。

5. 先行工作和后续工作

（1）先行工作

相对于某工作而言，从网络图的第一个节点（起点节点）开始，顺箭头方向经过一系列箭线到达该工作为止的各条通路上的所有工作，都称为该工作的先行工作。

（2）后续工作

相对于某工作而言，从该工作之后开始，顺箭头方向经过一系列箭线与节点到网络图最后一个节点（终点节点）的各条通路上的所有工作，都称为该工作的后续工作。在建设工程进度控制中，后续工作是一个非常重要的概念。因为在工程网络计划的实施过程中，某项工作进度出现拖延，则受到影响的工作必然是该工作的后续工作。

6. 线路、关键线路和关键工作

（1）线路

网络图中从起点节点开始，沿箭头方向顺序通过一系列箭线与节点，最后到达终点节点的通路称为线路。线路既可依次用该线路上的节点编号来表示，也可依次用该线路上的工作名称来表示。

（2）关键线路和关键工作

在关键线路法中，线路上所有工作的持续时间总和称为该线路的总持续时间。总持续时间最长的线路称为关键线路，关键线路的长度就是网络计划的总工期。在网络计划中，关键线路可能不止一条；而且在网络计划执行过程中，关键线路还会发生转移。关键线路上的工作称为关键工作。在网络计划的实施过程中，关键工作的实际进度提前或拖后，均会对总工期产生影响。因此，关键工作的实际进度是建设工程进度控制工作中的重点。

（四）双代号网络进度计划的编制

1. 双代号网络图的绘制

绘制双代号网络图时，一般应遵循以下基本规则。

1）网络图必须按照已定的逻辑关系绘制。由于网络图是有向的、有序的网状图形，所以其必须严格按照工作之间的逻辑关系绘制，这也是为保证工程质量和资源优化配置及合理使用所必需的。

2）网络图中严禁出现从一个节点出发，顺箭头方向又回到原出发点的循环回路。如果出现循环回路，会造成逻辑关系混乱，使工作无法按顺序进行。

3）网络图中的箭线（包括虚箭线，以下同）应保持自左向右的方向，不应出现箭头指向左方的水平箭线和箭头偏向左方的斜向箭线。若遵循该规则绘制网络图，就不会出现循环回路。

4）网络图中严禁出现双向箭头和无箭头的连线。

5）网络图中严禁出现没有箭尾节点的箭线和没有箭头节点的箭线。

6）严禁在箭线上引入或引出箭线。

但当网络图的起点节点有多条箭线引出（外向箭线）或终点节点有多条箭线引入（内向箭线）时，为使图形简洁，可用母线法绘图。即将多条箭线经一条共用的垂直线段从起点节点引出，或将多条箭线经一条共用的垂直线段引入终点节点。特殊线型的箭线，如粗箭线、双箭线、虚箭线、彩色箭线等，可从母线上引出的支线上标出。

7）应尽量避免网络图中工作箭线的交叉。当交叉不可避免时，可以采用过桥法或指向法处理。

8）网络图中应只有一个起点节点和一个终点节点（任务中部分工作需要分期完成的网络计划除外）。除网络图的起点节点和终点节点外，不允许出现没有外向箭线的节点和没有内向箭线的节点。

2. 绘图方法

当已知每一项工作的紧前工作时，可按下述步骤绘制双代号网络图。

绘制没有紧前工作的工作箭线，使它们具有相同的开始节点，以保证网络图只有一个起点节点。

依次绘制其他工作箭线。这些工作箭线的绘制条件是其所有紧前工作箭线都已经绘制出来。在绘制这些工作箭线时，应按下列原则进行。

（1）当所要绘制的工作只有一项紧前工作时，将该工作箭线直接画在其紧前工作箭线之后即可。

（2）当所要绘制的工作有多项紧前工作时，应按以下四种情况分别予以考虑。

1）对于所要绘制的工作（本工作）而言，如果在其紧前工作之中存在一项只作为本工作紧前工作的工作（在紧前工作栏目中，该紧前工作只出现一次），则应将本工作箭线直接画在该紧前工作箭线之后，然后用虚箭线将其他紧前工作箭线的箭头节点与本工作箭线的箭尾节点分别相连，以表达它们之间的逻辑关系。

2）对于所要绘制的工作（本工作）而言，如果在其紧前工作之中存在多项只作为本工作紧前工作的工作，应先将这些紧前工作箭线的箭头节点合并，再从合并后的节点开始，画出本工作箭线，最后用虚箭线将其他紧前工作箭线的箭头节点与本工作箭线的箭尾节点分别相连，以表达它们之间的逻辑关系。

3）对于所要绘制的工作（本工作）而言，如果不存在情况 1）和情况 2）时，应判断本工作的所有紧前工作是否都同时作为其他工作的紧前工作（在紧前工作栏目中，这几项紧前工作是否均同时出现若干次）。如果上述条件成立，应先将这些紧前工作箭线的箭头节点合并后，再从合并后的节点开始画出本工作箭线。

4）对于所要绘制的工作（本工作）而言如果既不存在情况 1）和情况 2），也不存在情况 3）时，应将本工作箭线单独画在其紧前工作箭线之后的中部，然后用虚箭线将其各紧前工作箭线的箭头节点与本工作箭线的箭尾节点分别相连，以表达它们之间的逻辑关系。

（3）当各项工作箭线都绘制出来之后，应合并那些没有紧后工作之工作箭线的箭头节点，以保证网络图只有一个终点节点（多目标网络计划除外）。

（4）当确认所绘制的网络图正确后，即可进行节点编号。网络图的节点编号在满足前述要求的前提下，既可采用连续的编号方法，也可采用不连续的编号方法，以避免以后增加工作时而改动整个网络图的节点编号。

以上所述是已知每一项工作的紧前工作时的绘图方法，当已知每一项工作的紧后工作时，也可按类似的方法绘制网络图，只是其绘图顺序由前述的从左向右改为从右向左。

第四节　风险管理

一、建设工程风险评价

系统而全面地识别建设工程风险只是风险管理的第一步，对认识到的工程风险还要做进一步的分析，也就是风险评价。风险评价可以采用定性和定量两大类方法。

定性风险评价方法有专家打分法、层次分析法等，其作用在于区分出不同风险的相对严重程度以及根据预先确定的可接受的风险水平（风险度）做出相应的决策。从广义上讲，定量风险评价方法也有许多种，如敏感性分析、盈亏平衡分析、决策树、随机网络等。但是，这些方法大多有较为确定的适用范围，如敏感性分析用于项目财务评价、随机网络用于进度计划。

（一）风险评价的作用

1. 更准确地认识风险

风险识别的作用仅仅在于找出建设工程可能面临的风险因素和风险事件，其对风险的认识还是相当肤浅的。通过定量方法进行风险评价，可以定量地确定建设工程各种风险因素和风险事件发生的概率大小或概率分布，及其发生后对建设工程目标影响的严重度或损失严重程度。其中，损失严重程度又可以从两个不同的方面来反映：一方面是不同风险的相对严重程度，据此可以区分主要风险和次要风险；另一方面是各种风险的绝对严重程度，据此可以了解各种风险所造成的损失后果。

2. 保证目标规划的合理性和计划的可行性

建设工程数据库中的数据都是历史数据，是包含了各种风险作用于建设工程实施全过程的实际结果。但是，建设工程数据库中通常没有具体反映工程风险的信息，充其量只有关于重大工程风险的简单说明。也就是说，建设工程数据库只能反映各种风险综合作用的后果，而不能反映各种风险各自作用的后果。由于建设工程风险的个别性，只有对特定建设工程的风险进行定量评价，才能正确反映各种风险对建设工程目标的不同影响，才能使目标规划的结果更合理、更可靠，使在此基础上制订的计划具有现实可行性。

3. 合理选择风险对策，形成最佳风险对策组合

如前所述，不同风险对策的适用对象各不相同。风险对策的适用性需从效果和代价两个方面考虑。风险对策的效果表现在降低风险发生概率和降低损失严重程度的幅度，有些风险对策（如损失控制）在这一点上较难准确量度。风险对策一般都要付出一定的代价，如采取损失控制时的措施费、投保工程险时的保险费等，这些代价一般都可以准确量度。而定量风险评价的结果是各种风险的发生概率及其损失严重程度。

因此，在选择风险对策时，应将不同风险对策的适用性与不同风险的后果结合起来考虑，对不同的风险选择最适宜的风险对策，从而形成最佳的风险对策组合。

（二）风险损失的衡量

风险损失的衡量就是定量确定风险损失值的大小。建设工程风险损失包括以下方面：

1. 投资风险

投资风险导致的损失可以直接用货币形式来表现，即法规、价格、汇率和利率等的变化或资金使用安排不当等风险事件引起的实际投资超出计划投资的数额。

2. 进度风险

进度风险导致的损失由以下部分组成：

（1）货币的时间价值。进度风险的发生可能会对现金流动造成影响，引起经济损失。

（2）为赶进度所需的额外费用。包括加班的人工费、机械使用费和管理费等一切因追赶进度所发生的非计划费用。

（3）延期投入使用的收入损失。这方面损失的计算相当复杂，不仅仅是延误期间内的收入损失，还可能由于产品投入市场过迟而失去商机，从而大大降低市场份额，因而这方面的损失有时是相当大的。

3. 质量风险

质量风险导致的损失包括事故引起的直接经济损失，以及修复和补救等措施发生的费用以及第三者责任损失等，可分为以下几个方面：

（1）建筑物、构筑物或其他结构倒塌所造成的直接经济损失。

（2）复位纠偏、加固补强等补救措施和返工的费用。

（3）造成的工期延误的损失。

（4）永久性缺陷对于建设工程使用造成的损失。

（5）第三者责任的损失。

4. 安全风险

安全风险导致的损失如下：

（1）受伤人员的医疗费用和补偿费。

（2）财产损失包括材料、设备等财产的损毁或被盗。

（3）因引起工期延误带来的损失。

（4）为恢复建设工程正常实施所发生的费用。

（5）第三者责任损失。在此，第三者责任损失为建设工程实施期间，因意外事故可能导致的第三者的人身伤亡和财产损失所做的经济赔偿以及必须承担的法律责任。由以上四方面风险的内容可知，投资增加可以直接用货币来衡量；进度的拖延则属于时间范畴，同时也会导致经济损失；而质量事故和安全事故既会产生经济影响，又可能导致工期延误和第三者责任，显得更加复杂。而第三者责任除了法律责任之外，一般都是以经济赔偿的形式来实现的。因此，这四个方面的风险最终都可以归纳为经济损失。

（三）风险概率的衡量

衡量建设工程风险概率有两种方法：相对比较法和概率分布法。一般而言，相对比较法主要是依据主观概率，而概率分布法的结果则接近于客观概率。

1. 相对比较法

采用四级评判：

（1）“几乎是 0”：这种风险事件可认为不会发生。

（2）“很小的”：这种风险事件虽有可能发生，但现在没有发生并且将来发生的可能性也不大。

（3）“中等的”：这种风险事件偶尔会发生，并且能预期将来有时会发生。

（4）“一定的”：这种风险事件一直在有规律地发生，并且能够预期未来也是有规律地发生。在这种情况下，可以认为风险事件发生的概率较大。

在采用相对比较法时，建设工程风险导致的损失相应划分成重大损失、中等损失和轻度损失，从而在风险坐标上对建设工程风险定位，反映出风险量的大小。也可将风险损失分为三级：重大损失；中等损失；轻度损失。相对比较法是一种以主观概率为主的衡量方法。

2. 概率分布法

这是一种基于历史数据和客观资料统计分析出的概率。利用统计数据，通过（损失值和风险概率）直方图描述和曲线啮合，得到该项目的风险概率曲线。有了概率曲线，就可以方便地知道某种潜在损失出现的概率。

概率分布法是一种以客观概率为主的衡量方法。常见的表现形式是建立概率分布表。为此，需参考外界资料和本企业历史资料。外界资料主要是保险公司、行业协会、统计部门等的资料。但是，这些资料通常反映的是平均数字，且综合了众多企业或众多建设工程的损失经历，因而在许多方面不一定与本企业或本建设工程的情况相吻合，运用时需做客观分析。本企业的历史资料虽然更有针对性，更能反映建设工程风险的个别性，但往往数量不够多，有时还缺乏连续性，不能满足概率分析的基本要求。另外，即使本企业历史资料的数量、连续性均满足要求，但其反映的也只是本企业的平均水平，在运用时还应当充分考虑资料的背景和拟建建设工程的特点。由此可见，概率分布表中的数字是因工程而异的。

（四）风险评价

在风险衡量过程中，建设工程风险被量化为关于风险发生概率和损失严重性的函数，但在选择对策之前，还需要对建设工程风险量做出比较，以确定建设工程风险的相对严重性。

二、建设工程风险对策

（一）风险回避

就是在考虑到某项目的风险及其所致损失都很大时，主动放弃或终止该项目，以避免与该项目相联系的风险及其所致损失的一种处置风险的方式。风险回避是一种最彻底的风险处置技术，在某些情况下，风险回避是最佳对策。

在采用风险回避对策时需要注意以下问题：

1. 回避一种风险可能产生另一种新的风险。在建设工程实施过程中，绝对没有风险的情况几乎不存在。就技术风险而言，即使是相当成熟的技术也存在一定的风险。

2. 回避风险的同时也失去了从风险中获益的可能性。由投机风险的特征可知，它具有损失和获益的两重性。

3. 回避风险可能不实际或不可能。建设工程的每一个活动几乎都存在大小不一的风险，过多地回避风险就等于不采取行动，而这可能是最大的风险所在。

风险回避是一种消极的风险处置方法，因为在回避风险的同时也放弃了实施项目可能带来的收益，如果处处回避、事事回避，其结果只能是停止发展，直至停止生存。

（二）风险控制

风险控制是一种主动、积极的风险对策。就是为了最大限度地降低风险事故发生的概率和减小损失幅度而采取的风险处置技术。

制定风险控制措施必须以风险定量评价的结果为依据，才能确保风险控制措施具有针对性，取得预期的控制效果。要特别注意间接损失和隐蔽损失。同时，还必须考虑其付出的代价，包括费用和时间两方面的代价，而时间方面的代价往往还会引起费用方面的代价。风险控制措施的最终确定，需要综合考虑风险控制措施的效果及其相应的代价。

风险控制一般应由预防计划、灾难计划和应急计划三部分组成。

1. 预防计划

预防计划的目的在于有针对性地预防损失，主要作用是降低损失发生的概率，在许多情况下也能在一定程度上降低损失的严重性。

2. 灾难计划

灾难计划是一组事先编制好的、目的明确的工作程序和具体措施，为现场人员提供明确的行动指南，使其在各种严重的、恶性的紧急事件发生后不至于惊慌失措，也不需要临时讨论研究应对措施，可以做到从容不迫、及时、妥善地处理，从而减少人员伤亡以及财产和经济损失。

3. 应急计划（灾后恢复建设计划）

应急计划是在风险损失基本确定后的处理计划，宗旨是使因严重风险事件而中断的工程实施过程尽快全面恢复，并减少进一步的损失，使其影响程度减至最小。应急计划不仅要制定所要采取的相应措施，而且要规定不同工作部门相应的职责。风险控制不仅能有效地减少项目由于风险事故所造成的损失，而且能使全社会的物质财富少受损失。因此，风险控制的方法是最积极、最有效的一种处置方式。

（三）风险自留

风险自留就是将风险留给自己承担，是从企业内部财务的角度应对风险。风险自留与其他风险对策的根本区别在于它不改变建设工程风险的客观性质，即既不改变工程风险的发生概率，也不改变工程风险潜在损失的严重性。

1. 风险自留的条件

计划性风险自留至少要符合以下条件之一才予以考虑：

（1）别无选择。有些风险既不能回避，又不能预防，且没有转移的可能性，这是一种无奈的选择。

（2）期望损失不严重。风险管理人员对期望损失的估计低于保险公司的估计，风险管理人员确信自己的估计正确。

（3）损失可准确预测。

（4）企业有短期内承受最大潜在损失的能力。

（5）投资机会很好（或机会成本很大）。如果市场投资前景很好，则保险费的机会成本就显得很大，不如采取风险自留，将保险费作为投资，以取得较多的投资回报。即使今后自留风险事件发生，也足以弥补其造成的损失。

2. 风险自留的类型

风险自留可分为计划性风险自留（主动）和非计划性风险（被动）自留两种类型。

（1）计划性风险自留。计划性风险自留是主动的、有意识的、有计划的选择，是风险管理员在经过正确的风险识别和风险评价后做出的风险对策决策，是整个建设工程风险对策计划一个组成部分。主要体现在风险自留水平和损失支付方式两个方面。所谓风险自留水平，是指选择哪些风险事件作为风险自留的对象。确定风险自留水平可以从风险量数值大小的角度考虑，一般应选择风险量小或较小的风险事件作为风险自留的对象。计划性风险自留还应从费用、期望损失、机会成本、服务质量和税收等方面与工程保险比较后才能得出结论。

（2）非计划性风险自留。由于风险管理人员没有意识到建设工程某些风险的存在，或者不曾有意识地采取有效措施，以致风险发生后只好由自己承担。这样的风险自留就是非计划性的和被动的。导致非计划性风险自留的主要原因是缺乏风险意识、风险识别失误、风险评价失误、风险决策延误、风险决策实施延误。

风险管理人员应当尽量减少风险识别和风险评价的失误，要及时做出风险对策决策，并及时实施决策，从而避免被迫承担重大和较大的工程风险。总之，非计划性风险自留不可能不用，风险管理者应该力求避免或少用。

3. 损失支付方式

（1）从现金净收入中支出。采用这种方式时，在财务上并不对风险做特别的安排，在损失发生后从现金净收入中支出，或将损失费用记入当期成本。

（2）建立非基金储备。

（3）自我保险。这种方式是设立一项专项基金（亦称自我基金），专门用于自留风险所造成的损失。该基金的设立不是一次性的，而是每期支出，相当于定期支付保险费，因而称为自我保险。

（4）母公司保险。这种方式只适于存在总公司与子公司关系的集团公司，往往是在难以投保或自保较为有利的情况下运用。

（四）风险转移

风险转移是建设工程风险管理中非常重要的、广泛应用的一项对策，分为非保险转移和保险转移两种形式。对损失大、概率低的风险，可通过保险或合同条款将责任转移，将损失的一部分或全部转移到有相互经济利益关系的另一方。风险转移有两种方式：

1. 非保险转移

非保险转移又称为合同转移，非保险风险转移方式主要有担保合同、租赁合同、委托合同、分包合同、无责任约定、合资经营、实行股份制。建设工程风险最常见的非保险转移有以下三种情况：

（1）业主将合同责任和风险转移给对方当事人。在这种情况下，被转移者多数是承包商。例如，在合同条款中规定，业主对场地条件不承担责任；又如，采用固定总价合同将涨价风险转移给承包商。

（2）承包商进行合同转让或工程分包。承包商中标承接某工程后，可能由于资源安排出现困难而将合同转让给其他承包商，以避免由于自己无力按合同规定时间建成工程而遭受违约罚款；或将该工程中专业技术要求很强而自己缺乏相应技术的工程内容分包给专业分包商，从而更好地保证施工进度和工程质量。

（3）第三方担保。合同当事人的一方要求另一方为其履约行为提供第三方担保，担保方所承担的风险仅限于合同责任，即由于委托方不履行或不适当履行合同以及违约所产生的责任。第三方担保的主要表现是业主要求承包商提供履约保证和预付款保证。从国际承包市场的发展来看，20 世纪末出现了要求业主向承包商提供付款保证的新趋向，但尚未得到广泛应用。我国施工合同（示范文本）也有发包人和承包商互相提供履约担保的规定。

非保险转移的优点主要体现在以下两个方面：一是可以转移某些不能投保的潜在损失，如物价上涨、法规变化、设计变更等引起的投资增加；二是被转移者往往能较好地进行损失控制，如承包商相对于业主能更好地把握施工技术风险，专业分包商相对于总包商能更好地完成专业性强的工程内容。

2. 保险转移

保险转移通常称为工程保险，是一种建设工程风险的转嫁方式，即指通过购买保险的办法将风险转移给保险公司或保险机构。建设工程业主或承包商作为投保人将本应由自己承担的工程风险（包括第三方责任）转移给保险公司，从而使自己免受风险损失。免赔额的数额或比例要由投保人自己确定。工程保险并不能转移建设工程的所有风险，一方面是因为存在不可保风险（如不可抗力），另一方面则是因为有些风险不宜保险。通过转嫁方式处置风险，风险本身并没有减少，只是风险承担者发生了变化。因此，转移风险原则是让最有能力的承受者分担，否则就有可能给项目带来意外的损失。保险和担保是风险转移最有效，也是最常用的方法，在建设工程风险管理中将积极推广。

第六章 地基与地下防水工程施工质量控制

第一节 地基处理

地基处理是为提高地基强度，改善其变形性质或渗透性质而采取的技术措施。地基处理方案是考虑上部结构、基础和地基的共同作用，并经过技术经济比较后确定的。

一、桩基法地基

（一）砂桩地基

砂桩也称为挤密砂桩或砂桩挤密法，其适用于挤密松散砂土、粉土、黏性土、索填土、杂填土等地基。

1. 施工质量控制

（1）施工前应检查砂料的含泥量及有机质含量、样桩的位置等。

（2）振动法施工时，控制好填沙石量、提升速度和高度、挤压次数和时间、电机的工作电流等，拔管速度为 1~1.5m/min，且振动过程不断以振动棒捣实管中砂子，使其更密实。

（3）砂桩施工应从外围或两侧向中间进行。灌砂量应按桩孔的体积和砂在中密状态时的干密度计算（一般取 2 倍桩管入土体积），其实际灌砂量（不包括水量）不得少于计算的 95%。如发现砂量不足或砂桩中断等情况，可在原位进行复打灌砂。

（4）施工中检查每根砂桩的桩位、灌砂量、标高、垂直度等。

（5）施工结束后，应检验被加固地基的强度或承载力。

2. 施工质量验收

砂桩地基的质量验收应符合规定。

3. 质量通病及防治措施

（1）质量通病。成桩灌料拔管时，桩身局部出现缩颈。

（2）防治措施。

1）施工前应分析地质报告，确定适宜的工法。

2）控制拔管速度，要求每拔 0.5~1.0m 停止拔管，原地振动 10~30s（根据不同地区、不同地质选择不同的拔管速度），反复进行，直至拔出地面。

3）控制贯入速度，以增加对土层预振动，提高密度。

4）用反插法来克服缩颈。

局部反插：在发生部位进行反插，并多往下插入 1m。

全部反插：开始从桩端至桩顶全部进行反插，即开始拔管 1m，再反插到底，以后每拔出 1m 反插 0.5m，直至拔出地面。

5）用复打法克服缩颈。

局部复打：在发生部位进行复打，同样超深 1m。

全复打：为二次单打法的重复，应注意同轴沉入原深度，灌入同样的石料。

（二）土和灰土挤密桩复合地基

灰土挤密桩是由素土、熟石灰按一定比例拌和，采取沉管、冲击、爆扩等方法在地基中形成一定直径的桩孔，然后向孔内分层夯填灰土。由于成孔成桩过程中，桩孔径向外扩张，使桩孔周围的土体产生径向压密，桩周一定范围内的桩间土层得到挤密，从而形成桩体和桩周挤密土共同组成的人工复合地基。由灰土桩和挤密土构成的复合地基，其地基特性介于灰土桩和挤密土之间。灰土挤密桩通过在地基中的挤土效应、灰土之间的物理化学反应而提高了地基土的承载力。由于灰土挤密桩复合地基具有施工简单、工期短、质量易控制、工程造价低等优点，故其已成为普遍采用的地基处理技术。

1. 施工质量控制

（1）施工前应对土及灰土的质量、桩孔放样位置等做检查。施工前应在现场进行成孔、夯填工艺和挤密效果试验，以确定填料厚度、最优含水量、夯击次数及干密度等施工参数及质量标准。成孔顺序应先外后内，同排桩应间隔施工。填料含水量如过大，宜预干或预湿处理后再填入。

1）桩间土的挤密效果可通过检测桩间土的平均干密度及压实系数确定，通常宜在施工前或土层有显著变化时由设计单位提出检验要求，并根据检测结果及时调整桩孔间距的设计。

2）桩孔内填料夯实质量的检验可采用触探击数对比法、小孔深层取样或开剖取样试验等方法。对灰土挤密桩采用触探法进行检验时，为避免灰土胶凝强度的影响，宜于施工当天检测完毕。

3）桩孔内的填料，应根据工程要求或处理地基的目的确定压实系数，应不小于 0.95。

4）当用灰土回填夯实时，压实系数应不小于 0.97，灰与土的体积配合比宜为 2 ： 8 或 3 ： 7。

5）桩孔内的填料与土或灰土垫层相同，填料夯实的质量规定用压实系数控制。

（2）施工中应对桩孔直径、桩孔深度、夯击次数、填料的含水量等做检查。

（3）施工结束后，应检验成桩的质量及地基承载力。

2. 施工质量验收

土和灰土挤密桩地基质量验收应符合规定。

3. 质量通病及防治措施

（1）质量通病。土和灰土挤密桩出现疏松及断裂。

（2）防治措施。

1）为保证桩身底部的密实性，在桩孔填料之前应先夯击孔底 3~4 锤；根据试验测定实际要求，随填随夯，严格控制下料速度和夯击次数。

2）回填料的颗粒大小应符合设计要求，在回填时应拌和均匀，并严格控制其含水量，使其接近于最优含水量。

3）为使每个桩孔连续填料和填料充足，每个孔填料用量应与计算用量基本相符，并适当考虑 1.1~1.2 的充盈系数。

4）为保证有足够的夯击力，夯锤重量一般不宜小于 100kg；锤形以梨形或枣核形较为合适，这样有利于夯实边缘土，不宜采用平头夯锤，落距是填料能否密实的重要数据，一般情况下应大于 2m；如地下水水位较高，应降低地下水水位后再回填夯实。

（三）水泥粉、煤灰、碎石桩复合地基

水泥粉、煤灰、碎石桩是在碎石桩的基础上发展起来的，以一定配合比的石屑、粉煤灰和少量的水泥加水拌和后制成的一种具有一定胶结强度的桩体。

1. 施工质量控制

（1）施工前应按设计要求由试验室进行配合比试验，施工时按配合比配制混合料。长螺旋钻孔、管内泵压混合料成桩施工的混合料坍落度宜为 160~200mm。振动沉管溜注成孔所需混合料坍落度宜为 30~50mm。振动沉管灌注成桩后桩顶浮浆厚度不宜超过 200mm。

（2）施工前应进行成桩工艺和成桩质量试验。当成桩质量不能满足设计要求时，应及时与设计部门联系，调整设计与施工有关参数（如配合比、提管速度、夯填度、振动器振动时间、电动机工作电流等），重新进行试验。

（3）长螺旋钻孔、管内泵压混合料成桩施工在钻至设计深度后，应准确掌握提拔钻杆时间，混合料泵送量应与拔管速度相配合，遇到饱和砂土或饱和粉土层，不得停泵待料；沉管灌注成桩施工拔管速度应按匀速控制，拔管速度应控制在 1.2~1.5m/min，如遇淤泥或淤泥质土，拔管速度应适当放慢。

（4）施工桩顶标高宜高出设计桩顶标高不少于 0.5m。

（5）成桩过程中，抽样做混合料试块，每台机械一天应做一组（3 块）试块（边长为 150mm 的立方体），进行标准养护，测定其立方体抗压强度。

（6）桩体经 7d 达到一定强度后，方可开挖基槽；如桩顶离地面在 1.5m 以内，宜用人工开挖；如大于 1.5m，下部 700mm 宜用人工开挖，以免损坏桩头部分。为使桩与桩间土更好地共同工作，在基础下宜铺一层 150~300mm 厚的碎石或灰土垫层。

（7）褥垫层铺设宜采用静力压实法，当基础底面下桩间土的含水量较小时，也可采用动力夯实法，夯填度（夯实后的褥垫层厚度与虚铺厚度的比值）不得大于0.9。

（8）冬期施工时混合料入孔温度不得低于5℃，对桩头和桩间土应采取保温措施。

2. 施工质量验收

水泥粉煤灰碎石桩复合地基的质量验收应符合规定。

3. 质量通病及防治措施

（1）质量通病。成桩偏斜。

（2）防治措施。

1）施工前场地要平整压实（一般要求地面承载力为100~150kN/m），若雨期施工，地面较软，地面可铺垫一定厚度的砂卵石、碎石、灰土或选用路基箱。

2）施工前要选好合格的桩管，稳桩管要双向校正（用垂球吊线或选用经纬仪成90°校正），控制垂直度的偏差不超过规范要求。

3）放桩位点最好用钎探查找地下物（钎长1.0~1.5m），过深的地下物用补桩或移桩位的方法处理。

4）桩位偏差应在规范允许范围之内（10~20mm）。

5）遇到硬夹层造成沉桩困难或穿不过时，可选用射水沉管或用“植桩法”（先钻孔的孔径应小于或等于设计桩径）。

6）沉管下至硬黏土层深度时，可采用注水浸泡24h以上后再沉管的办法。

7）遇到软硬土层交接处，沉降不均或滑移时，应设计研究采用缩短桩长或加密桩的办法等。

8）选择合理的打桩顺序，如连续施打、间隔跳打，视土性和桩距全面考虑；满堂补桩不得从四周向内推进施工，而应采取从中心向外推进或从一边向另一边推进的方案。

（四）夯实水泥土桩复合地基

桩、桩间土和褥垫层一起形成复合地基。夯实水泥土桩是用人工或机械成孔，选用相对单一的土质材料，与水泥按一定配合比，在孔外充分拌和均匀制成水泥土，分层向孔内回填并强力夯实，制成均匀的水泥土桩。

1. 施工质量控制

（1）水泥及夯实用土料的质量应符合设计要求。

（2）施工中应检查孔位、孔深、孔径，以及水泥和土的配合比、混合料含水量等。

（3）采用人工洛阳铲或螺旋钻机成孔时，按梅花形布置进行并及时成桩，以免大面积成孔后再成桩，由于夯机自重和夯锤的冲击，地表水灌入孔内而造成塌孔。

（4）向孔内填料前，先夯实孔底虚土，采用二夯一填的连续成桩工艺。每根桩要求一气呵成，不得中断，防止出现松填或漏填现象。桩身密实度要求成桩1h后，击数不小于30击，用轻便触探检查“检定击数”。

（5）施工结束时应对桩体质量及复合地基承载力进行检验，褥垫层应检查其夯填度。承载力检验一般为单桩的荷载试验，对重要大型工程应进行复合地基荷载试验。

2. 施工质量验收

夯实水泥土桩的质量验收应符合规定。

3. 质量通病及防治措施

（1）质量通病。桩身缩颈或塌孔。

（2）防治措施。

1）在黏性土层成孔，应及时填灌填料并夯实，借自重和填夯侧向挤压力抵消孔原水压力；如土含水量过小，应预先浸湿加固区范围内的土层，使之达到或接近最优含水量。

2）打拔管应遵守孔孔挤密顺序，应先外圈后里圈并间隔进行。对已成的孔，应防止受水浸泡，应当天回填夯实。

3）桩距过小，宜用跳打法，或打一孔、填一孔，以减轻桩的互相挤压影响。

4）拔桩管应采用"慢抽密击"，拔管速度不得高于 0.8~1.0m/min。

5）成孔后如发现桩孔缩颈比较严重，可在孔内填入干散砂土、生石灰块或砖渣，稍停一段时间后再将桩管沉入土中，重新成孔。

（五）水泥土搅拌桩地基

水泥土搅拌桩是用于加固饱和软黏土低地基的一种方法。它利用水泥作为固化剂，通过特制的搅拌机械，在地基深处将软土和固化剂强制搅拌，利用固化剂和软土之间所产生的一系列物理化学反应，使软土硬结成具有整体性、水稳定性和一定强度的优质地基。

1. 施工质量控制

（1）检查水泥外掺剂和土体是否符合要求，调整好搅拌机、灰浆泵、拌浆机等设备。

（2）施工现场事先应予平整，必须清除地上、地下一切障碍物。潮湿和场地低洼时应抽水和清淤，分层夯实回填黏性土料，不得回填杂填土或生活垃圾。

（3）作为承重水泥土搅拌桩施工时，设计停浆（灰）面应高出基础底面标高 300~500mm（基础埋深大取小值；反之取大值）。在开挖基坑时，应将该施工质量较差段手工挖除，以防止发生桩顶与挖土机械碰撞断裂现象。

（4）为保证水泥土搅拌桩的垂直度，要注意起吊搅拌设备的平整度和导向架的垂直度。水泥土搅拌桩的垂直度控制为不得大于 1.5% 范围内，桩位布置偏差不得大于 50mm，桩径偏差不得大于 4D%（D 为桩径）。

（5）预搅下沉时不宜冲水，当遇到较硬土层下沉太慢时，方可适当冲水，但应用缩小浆液水胶比或增加掺入浆液等方法来弥补冲水对桩身强度的影响。

（6）水泥土搅拌桩施工过程中，为确保搅拌充分、桩体质量均匀，搅拌机头提速不宜过快，否则会使搅拌桩体局部水泥量不足或水泥不能均匀地拌和在土中，导致桩体强度不一。

（7）施工时因故停桨，应将搅拌头下沉至停浆点以下 0.5m 处，待恢复供浆时再喷浆提升。若停机 3h 以上，应拆卸输浆管路，清洗干净，防止恢复施工时堵管。

（8）壁状加固时桩与桩的搭接长度宜为200mm，搭接时间不大于24h，如因特殊原因超过24h时，应对最后一根桩先进行空钻留出榫头以待下一个桩搭接；如间隔时间过长，与下一根桩无法搭接，应在设计和业主方认可后采取局部补桩或注浆措施。

（9）拌浆、输浆、搅拌等均应有专人记录。桩深记录误差不得大于100mm，时间记录误差不得大于5s。

（10）施工结束后，应检查桩体强度、桩体直径及地基承载力。

进行强度检验时，对承重水泥土搅拌桩应取90d后的试件；对支护水泥土搅拌桩应取28d后的试件。强度检验取90d后的试样是根据水泥土的特性而定，如工程需要（如作为围护结构用的水泥土搅拌桩），可根据设计要求以28d强度为准。由于水泥土搅拌桩施工的影响因素较多，故检查数量略多于一般桩基。

2. 施工质量验收

水泥土搅拌桩地基质量验收应符合规定。

3. 质量通病及防治措施

（1）质量通病。搅拌质量不均匀，桩顶加固体疏松，强度较低。

（2）防治措施。

1）施工前应对搅拌机械、注浆设备、制浆设备等进行检查维修，使其处于正常状态。

2）选择合理的工艺，灰浆拌和机搅拌时间一般不少于2min，增加拌和次数，保证拌和均匀，不使浆液沉淀；提高搅拌转数，降低钻进速度，边搅拌边提升，提高拌和均匀性，注浆设备要完好，单位时间内注浆量要均匀，不能忽多忽少，更不能中断。

3）重复搅拌下沉及提升各一次，以反复搅拌法解决钻进速度快与搅拌速度慢的矛盾，即采用一次喷浆、二次补浆或重复搅拌的施工工艺。

4）拌制固化剂时不得任意加水，以防改变水胶比（水泥浆），降低拌和强度。

5）将桩顶标高1m内作为加强段，进行一次复拌加注浆，并提高水泥掺量，一般为15%左右。

6）在设计桩顶标高时，应考虑凿除0.5m，以加大桩顶强度。

第二节 桩基础工程

由桩和连接桩顶的桩承台（简称承台）组成的深基础或由柱与桩基连接的单桩基础，简称桩基。

一、静力压桩

静力压桩的方法较多，有锚杆静压、液压千斤顶加压、绳索系统加压等，凡非冲击力沉桩均按静力压桩考虑。

1. 施工质量控制

（1）施工前应对成品桩（锚杆静压成品桩一般均由工厂制造，运至现场堆放）做外观及强度检验；接桩用焊条或半成品硫黄胶泥应有产品合格证书，或送有关部门检验；压桩用压力表、锚杆规格及质量也应进行检查。

半成品硫黄胶泥必须在进场后做检验，应每 100kg 做一组试件（3 件）。压桩用压力表必须标定合格方能使用，压桩时的压力数值是判断承载力的依据，也是指导压桩施工的一项重要参数。

（2）静力压桩在一般情况下是分段预制、分段压入、连段接长。接桩方法有焊接法、硫黄胶泥锚接法。

（3）压桩施工前，应了解施工现场土层土质情况，检查桩机设备，以免压桩时中途中断，造成土层固结，使压桩困难。如果压桩过程原定需要停歇，则应考虑桩尖应停歇在软弱土层中，以使压桩启动阻力不致过大。由于压桩机自重大，故行驶路基必须有足够承载力，必要时应加固处理。

（4）压桩过程中应检查压力、桩垂直度、接桩间歇时间、桩的连接质量及压入深度。重要工程应对电焊接桩的接头做 10% 的探伤检查。对承受反力的结构应加强观测。按桩间敬时间对硫黄胶泥控制，浇筑硫黄胶泥速度必须快，否则硫黄胶泥易在容器内硬结。浇筑入连接孔内不易均匀流淌，质量也不易保证。

（5）压桩时，应始终保持桩输心受压，若有偏移应立即纠正。接桩应保证上下节桩轴线一致，并应尽量减少每根桩的接头个数。一般不宜超过 4 个接头。施工中。桩尖有可能遇到準砂层等而使阻力增大，这时可以用最大压桩力作用于桩顶。采用忽停忽开的办法。使桩有可能缓慢下沉、穿过砂层。

（6）当桩压接近设计标高时，不可过早停压，应使压桩一次成功，以免发生压不下或超压现象。若工程中有少数柱不能压至设计标高，可采取截去桩顶的方法。

（7）施工结束后，应做桩的承载力及桩体质量检验。压桩的承载力试验，在有经验地区将最终压入力作为承载力估算的依据，如果有足够的经验是可行的，但最终应由设计确定。

2. 施工质量验收

静力压桩质量验收应符合规定

3. 质量通病及防治措施

（1）质量通病。接桩处经压桩后出现松脱、开裂、接头脱开等情况。接桩时，上、下两节桩不在同一直线上；压桩时，受力偏心，局部产生应力集中而使接头脱开，导致桩地承载力达不到要求。

（2）防治措施。接桩前，应将连接表面的泥土、油污等杂质清除干净；严格控制硫黄胶泥的配合比及熬制使用温度，按要求操作，使接头胶泥饱满密实，确保连接强度；接桩时，两节桩应在同一轴线上，连接好后应进行检查，如发现开裂、松脱，应采取补救措施，重新胶接。

二、先张法预应力管桩

先张法预应力管桩是指采用先张法预应力工艺和离心成型法制成的一种空心筒体细长混凝土预制构件，主要由圆筒形桩身、端头板和钢套箍等组成。

1. 施工质量控制

（1）先张法预应力管桩均为工厂生产后运到现场施打，工厂生产时的质量检验应由生产的单位负责，但运入工地后，打桩单位有必要对外观及尺寸进行检验并检查产品合格证书。

（2）场地应碾压平整，地基承载力不应小于 0.2~0.3MPa，打桩前应认真检查施工设备，将导杆调直。

（3）按施工方案合理安排打桩路线，避免压桩及挤桩。

（4）桩位放样应采用不同方法二次核样。桩身倾斜率应控制在底桩倾斜率≤ 0.5%，其余桩倾斜率≤0.8%。

（5）桩间距小于 3.5D（D 为桩径）时，宜采用跳打，应控制每天打桩根数，同一区域内不宜超过 12 根桩。避免桩体上浮、桩身倾斜。

（6）施打时应保证桩锤、桩帽、桩身中心线在同一条直线上，保证打桩时不偏心受力。

（7）打底桩时应采用锤重或冷锤（不排挡位）施工，将底桩徐徐打入，调直桩身垂直度，遇地下障碍物及时清理后再重新施工。

（8）接桩时焊缝要连续饱满，焊渣要清除；焊接自然冷却时间应不少于 1min，地下水水位较高的应适当延长冷却时间，避免焊缝遇水如淬火易脆裂；对接后间隙要用不超过 5mm 钢片数填，保证打桩时桩顶不偏心受力；避免接头脱节。

（9）施工过程中应检查灌入情况、桩顶完整状况、电焊接桩质量、桩体垂直度、电焊后的停歇时间。重要工程应对电焊接头做 10% 的焊缝探伤检查，对接头做 X 光拍片检查。

（10）施工结束后，应做承载力检验及桩体质量检验。由于锤击次数多，对桩体质量进行检验是有必要的，可检查桩体是否被打裂、电焊接头是否完整。

2. 施工质量验收

先张法预应力管桩质量验收应符合规定。

3. 质量通病及防治措施

（1）质量通病。沉桩未达到设计标高或最后贯入度及锤击数控制指标要求，导致桩入土深度不够、承载力达不到设计要求。

（2）防治措施。

1）详细探明工程地质情况，必要时应做补勘；合理选择持力层或标高，使之符合地质实际情况；探明地下障碍物和硬夹层，并清除干净或钻透或爆碎。

2）选用合适桩锤，不使其太小。

打第1节桩时必须采用桩锤自重或冷锯（不挂挡位）将桩徐徐打入。直至管桩沉到某一深度不动为止。同时用仪器观察管桩的中心位置和角度。确认无误后再转为正常捶打，必要时宜拔出重插，直至满足设计要求。

正常打桩宜采用重锤低击。

3）打桩顺序应根据桩的密集程度及周围建筑物的关系确定，减少向一侧挤密。

若桩较密集且距周围建（构）筑物较远，施工场地开阔时宜从中间向四周进行。

若桩较密集且场地狭长，两端距建（构）筑物较远时，宜从中间向两端进行。

若桩较密集且一侧靠近建（构）筑物时，宜从毗邻建（构）筑物的一侧开始，由近及远地进行。

根据桩入土深度，宜先长后短。

根据管桩规格，宜先大后小。

根据高层建筑塔楼（高层）与裙房（低层）的关系。宜先高后低。

4）打桩应连续进行，不宜间歇时间过长；必须间歇时，控制不超过24h。

三、混凝土预制桩

混凝土预制桩适用于持力层以上无密实细沙土层或者夹层。

1. 施工质量控制

（1）桩在现场预制时，应对原材料、钢筋骨架、混凝土强度进行检查；采用工厂生产的成品桩时，桩进场后应进行外观及尺寸检查。

（2）施工中应对桩体垂直度、沉桩情况、桩顶完整状况、接桩质量等进行检查。对电焊接桩，重要工程应做10%的焊缝探伤检查。

（3）打桩的控制

1）对于桩尖位于坚硬土层的端承型桩，以贯入度控制为主，桩尖进入持力层深度或桩尖标高可做参考。如贯入度已达到而桩尖标高未达到时，应继续锤击3阵，每阵的平均贯入度不应大于规定的数值。

2）桩尖位于软土层的摩擦型桩，应以桩尖设计标高控制为主，贯入度可做参考。如主要控制指标已符合要求，而其他指标与要求相差较大时，应会同有关单位研究解决。

（4）测量最后贯入度应在下列正常条件下进行：桩顶没有破坏；锤击没有偏心；锤的落距符合规定；桩帽和弹性垫层正常；汽锤的蒸汽压力符合规定。

（5）打桩时，如遇桩顶破碎或桩身严重裂缝，应立即暂停，在采取相应的技术措施后方可继续施打。

（6）打桩时。除注意防止桩顶与桩身由于桩锤冲击破坏外，还应注意防止桩身受锤击拉应力而产生水平裂缝。在软土中打桩。在桩顶以下1/3桩长范围内常会因反射的张力波使桩身受拉而引起水平裂缝。开裂的地方往往出现在吊点和混凝土缺陷处，这些地方容易形成应力集中。采用重锤低速击桩和较软的桩垫可减少锤击拉应力。

（7）打桩时，容易引起桩区及附近地区的土体隆起和水平位移，由于邻桩相互挤压导致桩位偏移，会影响整个工程质量。如在已有建筑群中施工，打桩还会引起邻近已有地下管线、地面交通道路和建筑物的损坏和不安全。为此，在临近建（构）筑物打桩时，应采取适当的措施，如挖防振沟、砂井排水（或塑料排水板排水）、预钻孔取土打桩、采取合理打桩顺序、控制打桩速度等。

（8）对长桃或总锤击数超过 500 击的锤击桩，应符合桩体强度及 28d 龄期两项条件才能锤击。

（9）施工结束后，应对承载力及桩体质量做检验。

2. 施工质量验收

（1）预制桩钢筋骨架质量验收应符合规定。

（2）钢筋混凝土预制桩的质量验收应符合规定。

3. 质量通病及防治措施

（1）桩顶加强钢筋网片互相重叠或距桩顶距离大。

1）质量通病。桩顶钢筋网片重叠在一起或距桩顶距离超过设计要求，易使网片间和桩顶部混凝土击碎，露出钢筋骨架，无法继续打（沉）桩。

2）防治措施。桩顶网片、均匀设置，并用电焊与主筋焊连，防止振捣时位移；网片的四角或中间应用长短不同的连接钢筋与钢筋骨架连接。

（2）接桩处松脱开裂，接长桩脱桩。

1）质量通病。接桩处经过锤击后，出现松脱开裂等现象；长桩打入施工完串检查完整性时，发现有的桩出现脱节现象（拉开或锚位），以致降低和影响桩的承载能力。

2）防治措施。

连接处的表面应清理干净，不得留有杂质、雨水和油污等。

采用焊接或法兰连接时，连接铁件及法兰表面应平整，不能有较大间隙，否则极易造成焊接不牢或螺栓拧不紧。

采用硫黄胶泥接桩时，硫黄胶泥配合比应符合设计规定，严格按操作规程熬制，温度控制要适当等。围上、下节桩双向校正后，其间除用薄钢板填实焊牢，所有焊接要按焊接质量要求操作。

对因接头质量引起的脱桩，若未出现锚位情况，属有修复可能的缺陷桩。当成桩完成、土体扰动现象消除后，采用复打方式，可弥补缺陷、恢复功能。

对遇到复杂地质情况的工程，为避免出现桩基质量问题，可改变接头方式，如用钢套方法，接头部位设置抗剪键，插入后焊死，可有效防止脱开。

四、钢桩

钢桩由钢管、企口榫槽、企口榫销构成，钢管直径的左端管壁上竖向连接企口槽，企口槽的构断面为一边开口的方框形，在企口槽的侧面设有加强筋。钢管直径的右端管壁上且偏半径位置竖向连接有企口销，企口销的植断面为工字形的一种桩基。

1. 施工质量控制

（1）施工前应检查进入施工现场的成品钢桩。钢桩包括钢管桩、型钢桩等。成品桩也是在工厂生产，应有一套质检标准，但也会因运输堆放造成桩的变形，因此，进场后需再做检验。

（2）H 形钢桩断面刚度较小，锤重不宜大于 4.5t 级（柴油锤），且在锤击过程中桩架前应有横向约束装置，防止横向失稳。持力层较硬时，H 形钢桩不宜送桩。

（3）钢管桩，如锤击沉桩有困难，可在管内取土以助沉。

（4）施工过程中应检查钢桩的垂直度、沉入过程、电焊连接质量、电焊后的停歇时间，以及桩顶锤击后的完整状况。

（5）施工结束后应做承载力检验。

2. 施工质量验收

（1）成品钢桩质量验收应符合标准。

（2）钢桩施工质量验收应符合标准。

3. 质量通病及防治措施

（1）质量通病。型钢桩接头焊接时，不修整或割除下节桩上口锤击产生的变形区段，会使上、下节桩垂直对中困难。对口间隙不均匀或间隙过大，焊缝质量难以控制，导致接头强度和刚度下降。

（2）防治措施。

1）端部的浮锈、油污等脏物必须清除，保持干燥，下节桩顶经锤击后的变形部分应割除。

2）焊接采用的焊丝（自动焊）或焊条应符合设计要求，使用前应烘干。

3）气温低于 0℃或雨雪天，无可靠措施确保焊接质量时，不得焊接。

4）当桩需要接长时，其入土桩段的桩头宜高出地面 0.5~1m。

5）接桃时上、下节桃段应校正垂直度使上下节保持顺直，锚位偏差不宜大于 2mm，对口的间隙为 2~3mm。

6）焊接应由 2 个焊工对称进行。焊接层数不得少于 2 层，内层焊渣清理干净后方可施焊外层；钢管桩各层焊缝的接头应锚开，焊渣应清除，焊缝应连续饱满。

7）焊好的桩接头应自然冷却后方可继续沉桩，自然冷却的时间不得小于 2min。

8）每个焊接接头除应按规定进行外观质量检查外，还应按设计要求进行探伤检查，当设计无要求时，探伤检查应按接头总数的5%做超声或2%做X拍片检查。在同一工程内，探伤检查不得少于3个接头。

五、混凝土灌注桩

混凝土灌注桩是直接在所设计的桩位上开孔，其截面为圆形，成孔后在孔内加放钢筋笼，灌注混凝土而成的。

1. 施工质量控制

（1）施工前应对水泥、砂、石子（如现场搅拌）、钢材等原材料进行检查，对施工组织设计中制定的施工顺序、监测手段（包括仪器、方法）也应检查。

（2）成孔深度应符合下列要求：

1）摩擦型桩：摩擦型桩以设计桩长控制成孔深度；端承摩擦桩必须保证设计桩长及桩瑞进入持力层深度；当采用锤击沉管法成孔时，桩管入土深度控制以标高为主、以贯入度控制为辅。

2）端承型桩：当采用冲（钻）、挖掘成孔时，必须保证桩孔进入设计持力层的深度；当用锤击沉管法成孔时，沉管深度控制以贯入度为主、设计持力层为辅。

（3）钢筋笼的制作应符合下列要求：

1）钢筋的种类、钢号及规格尺寸应符合设计要求。

2）钢筋笼的绑扎场地宜选择现场内运输和就位都较方便的地方。

3）钢筋笼的绑扎顺序是先将主筋间距布置好，待固定住架立筋后，再按规定的间距绑扎箍筋。主筋净距必须大于混凝土粗集料粒径3倍以上。主筋与架立筋、箍筋之间的接点固定可用电弧焊接等方法。主筋一般不设弯钩，根据施工工艺要求所设弯钩不得向内网伸露，以免妨碍导管工作。钢筋笼的内径应比导管接头处外径大100mm以上。

4）从加工、控制变形以及搬运、吊装等综合因素考虑，钢筋笼不宜过长，应分段制作。钢筋分段长度一般为8m左右。但对于长桩，在采取一些辅助措施后，也可为12m左右或更长一些。

（4）钢筋笼的堆放与搬运。钢筋笼的堆放、搬运和起吊应严格执行规程，应考虑安放入孔的顺序、钢筋笼变形等因素。堆放时，支垫数量要足够，支垫位置要适当，以堆放两层为好。如果能合理使用架立筋牢固绑扎，可以堆放三层。对在堆放、搬运和起吊过程中已经发生变形的钢筋笼，应进行修理后再使用。

（5）清孔。钢筋笼入孔前，要先进行清孔。清孔时应把泥渣清理干净，保证实际有效孔深满足设计要求，以免钢筋笼放不到设计深度。

（6）钢筋笼的安放与连接。钢筋笼安放入孔要对准孔位，垂直缓慢地放入孔内，避免碰撞孔壁。钢筋笼放入孔内后，要立即采取措施固定好位置。当桩长度较大时，钢筋笼采用逐段接长放入孔内。先将第一段钢筋笼放入孔中，利用其上部架立筋暂时固定在护筒（泥浆护壁钻孔桩）或套管（贝诺托桩）等上部。然后吊起第二段钢筋笼对准位置后，其接头用焊接连接。钢筋笼安放完毕后，一定要检测确认钢筋笼顶端的高度。

（7）施工结束后应检查混凝土强度，并做桩体质量及承载力的检验。

2. 施工质量验收

（1）混凝土灌注桩钢筋笼质量验收应符合规定。

（2）混凝土灌注桩质量验收应符合规定。

3. 质量通病及防治措施

（1）质量通病。挖孔时，孔底下面的土产生流动状态。流泥、流沙随地下水一起涌入孔底，引起孔底周围土沉陷，无法成孔。

（2）防治措施

1）挖孔时遇有局部或厚度大于 1.5m 的流动性淤泥和可能出现涌泥。涌泥时，可将每节护壁高度减小到 300~500mm，并随挖随支换，随浇筑混凝土；或采取有效的降水措施以减轻动水压力。

2）当挖孔遇有流沙时。一般可在井孔内设高度为 1~2m、厚度为 4mm 的钢套护筒。直径略小于混凝土护壁内径，利用混凝土支护做支点，用小型油压千斤顶将钢护筒逐渐压入土中，阻挡流沙，钢套筒可一个接一个下沉，压入一段，开挖一段桩孔，直至穿过流沙层 0.5~1.0m，再转入正常挖土和混凝土支护。浇筑桩混凝土时，至该段，随浇混凝土随将钢护筒（上设吊环）吊出或不吊出。

第三节　土方工程

土方工程是建筑工程施工中的主要工程之一，其包括一切土（石）方的挖梆、填筑、运输以及排水、降水等方面。具体有场地平整、路基开挖、人防工程开挖、地坪填土、路基填筑以及基坑回填。

一、土方开挖工程

土方开挖是工程初期以至施工过程中的关键工序，是指将土和岩石进行松动、破碎、挖掘并运出的工程。

1. 施工质量控制

（1）在土方开挖前应检查定位放线。排水和降低地下水水位系统。合理安排土方运输车的行走路线及弃土场。

（2）施工过程中应检查平面位置、水平标高、边坡坡度、压实度以及排水和降低地下水水位系统，并随时观测周围的环境变化。

（3）临时性挖方的边坡值应符合规定。

（4）当土方工程挖方较深时，施工单位应采取措施。防止基坑底部土的隆起并避免危害周边环境。

（5）在挖方前，应做好地面排水和降低地下水水位工作。

（6）为了使建（构）筑物有一个比较均匀的下沉，对地基应进行严格的检验，与地质勘查报告进行核对，检查地基土与工程地质勘查报告、设计图纸是否相符，以及有无破坏原状土的结构或发生较大的扰动现象。

2. 施工质量验收

土方开挖工程的质量验收应符合规定。

3. 质量通病及防治措施

（1）基土扰动。

1）质量通病。基坑挖好后，地基土表层局部或大部分出现松动、浸泡等现象，原土结构遭到破坏，造成承载力降低、基土下沉。

2）防治措施。

地基坑挖好后，立即浇筑混凝土垫层保护地基，不能立即浇筑垫层时，应预留一层150~200mm 厚土层不挖，待下道工序开始后再挖至设计标高。

基坑挖好后，避免在基土上行驶施工机械和车辆或堆放大量材料。必要时，应铺路基箱或填道术保护。

基坑四周应做好排降水措施。降水工作应持续到基坑回填土完毕。夏季施工时，基坑应挖好一段浇筑一段混凝土垫层。冬季施工时，如基底不能浇筑垫层，应在表面进行适当覆盖保温，或预留一层 200~300mm 厚土层后挖，以防冻胀。

（2）基坑（槽）开挖遇流沙

1）质量通病。当基坑（槽）开挖深于地下水水位 0.5m 以下，采取坑内抽水时，坑（槽）底下面的土产生流动状态，随地下水一起涌进坑内。出现边挖边冒、无法挖深的现象。发生流沙时，土完全失去承载力，不但使施工条件恶化，而且严重时会引起基础边坡塌方。附近建筑物会因地基被掏空而下沉、倾斜，甚至倒塌。

2）防治措施。

防治方法主要是减小或平衡动水压力或使动水压力向下，使坑底土粒稳定，不受水压干扰。

安排在全年最低水位季节施工，使基坑内动水压力减小。

采取水下挖土（不抽水或少抽水），使坑内水压与坑外地下水相平衡或缩小水头差。

采用井点降水，使水位降至距基坑底 0.5m 以上，使动水压力方向朝下，坑底土面保持无水状态。

沿基坑外围四周打板桩，深入坑底面下一定深度，增加地下水从坑外流入坑内的渗流路线和渗水量，减小动水压力；或采用化学压力注浆，固结基坑周围粉砂层，使其形成防渗帷幕。

往坑底抛大石块，增加土的压重和减小动水压力，同时组织快速施工。当基坑面积较小时，也可在四周设钢板护筒，随着挖土不断加深，直至穿过流沙层。

二、土方回填工程

土方回填是指建筑工程的填土，主要有地基填土、基坑（槽）或管沟回填、室内地坪回填、室外场地回填等。

1. 施工质量控制

（1）土方回填前应清除基底的杂物，抽除坑穴积水、淤泥，验收基底标高。

（2）经中间验收合格的填方区域场地应基本平整，并有 0.2% 坡度有利排水，填方区域有陡于 1/5 的坡度时。应控制好阶宽不小于 1m 的阶梯形台阶。台阶面口严禁上抬造成台阶上积水。

（3）回填土的含水量控制。土地最佳含水率和最少压实遍数可通过试验求得。

（4）填方施工过程中应检查排水措施，每层填筑厚度、含水量控制、压实程度、填筑厚度及压实迫数应根据土质、压实系数及所用机具确定。

2. 施工质量验收

填方施工结束后，应检查标高、边坡坡度、压实程度等质量，应符合规定。

3. 质量通病及防治措施

（1）基坑（槽）回填土沉陷。

1）质量通病。基坑（槽）回填土局部或大片出现沉陷，造成撑墙地面、室外散水空鼓下沉。建筑物基础积水，有的甚至引起建筑结构不均匀下沉，出现裂缝。

2）防治措施。

基坑（槽）回填前，应将槽中积水排净，将淤泥、松土、杂物清理干净，如有地下水或地表滞水，应有排水措施。

回填土采取分层回填、夯实。每层虚铺土厚度不得大于 300mm。土料和含水量应符合规定。回填土密实度要按规定抽样检查，使其符合要求。

填土土料中不得含有直径大于 50mm 的土块，不应有较多的干土块。急需进行下道工序时，宜用 218 或 317 灰土回填夯实。

如地基下沉严重并继续发展，应将透水性大的回填土挖除，重新用黏土或粉质黏土等透水性较小的土回填夯实，或用 218 或 317 灰土回填夯实。

如下沉较小并已稳定，可回填灰土或点土、碎石混合物夯实。

（2）基础墙体被挤动变形

1）质量通病。夯填基础墙两侧土方或用推土机送土时，将基础墙体挤动变形，造成基础墙体裂缝、破裂，轴线偏移，严重影响墙体的受力性能。

2）防治措施

基础墙两侧应用细土同时分层回填夯实，使受力平衡。两侧填土高差不得超过 300mm。

如果暖气沟或室内外回填标高相差较大，回填土时可在另一侧临时加木支撑顶牢。

基础墙体施工完毕，达到一定强度后再进行回填土施工。同时，避免在单侧临时大量堆土、材料或设备，以及行驶重型机械设备。

对已造成基础墙体开裂、变形、轴线偏移等严重影响结构受力性能的质量事故，要会同设计部门，根据具体损坏情况采取加固措施（如填塞缝隙、加圈套等），或将基础墙体局部或大部分拆除重砌。

第四节　基坑工程

基坑工程是指为保证基坑施工、主体地下结构的安全和周围环境不受损害而采取的支护结构、降水和土方开挖与回填，包括勘察、设计、施工、监测和检测等。

一、排桩墙支护工程

排桩墙支护工程适用于基坑侧壁安全等级为一、二、三级的工程基坑支护。排桩墙可以根据工程情况做成悬臂式支护结构、拉锚式支护结构、内撑式和锚杆式支护结构。悬臂式结构在软土场地中不宜大于 5m。

1. 施工质量控制

（1）钢板桩排桩墙支护工程质量控制。

1）围檩支架安装。围檩支架由田檩和围檩桩组成。其形式在平面上有单面和双面之分，在高度上有单层、双层和多层之分。第一层围檩的安装高度约在地面上 50cm。双面围檩之间的净距以比两块板桩的组合宽度大 8~10mm 为宜。围檩支架有钢质（H 形钢、工字钢、槽钢等）和木质，但都需十分牢固。围檩支架每次安装的长度视具体情况而定，应考虑周转使用，以提高利用率。

2）转角桩制作。由于板桩墙构造的需要，常要配备改变打桩轴线方向的特殊形状的钢板桩。在矩形墙中为 90° 的转角桩，一般是将工程所使用的钢板桩从背面中线处切断，再根据所选择的截面进行焊接或铆接组合而成，或采用转角桩。

3）钢板桩打设。先用吊车将板桩吊至插桩点进行插桩，插桩时锤口对准，每插入一块即套上桩帽，上端加硬木垫，轻轻锤击。为保证桩的垂直度，应用两台经纬仪加以控制。为防止锁口中心线平面位移，可在打桩行进方向的钢板桩锁口处设卡板。不让板桩位移，同时，在田檩上预先算出每块板桃的位置，以便随时检查纠正。待板桩打至预定深度后，立即用钢筋或钢板与围檩支架焊接固定。

（2）混凝土板桩排桩墙支护工程质量控制。

1）导桩施工。初始打桩可设导桩、引桩，保证打一根桩便定位准确。当板桩墙较长而采取分段施工时，也可以根据具体情况逐一设置导桩。

2）斜截面桩施工。由于挤土等影响，板桩凹凸较难在全桩长范围内紧密咬合。桩墙会产生沿轴线方向的倾侧，倾侧过大时施工将很困难。此时可通过打入斜截面桩即模子桩进行调整。斜截面桩打入数量及位置应根据施工经验及情况而定。

3）转角桩施工。转角处可采取特制钢桩。两根H形钢桩焊接成型，也可采用T字形封口。为保证转角处尺寸准确，也可先打转角处的桩而后打其他桩。

2. 施工质量验收

（1）重复使用的钢板桩质量验收应符合规定。

（2）混凝土板桩制作质量验收应符合规定。

3. 质量通病及防治措施

（1）排桩墙渗水或漏水。

1）质量通病。当排桩墙桩间未设止水桩或止水桩与挡土桩间连接不紧密时，就会出现渗水或漏水，影响基坑边坡的稳定。

2）防治措施。

加强井点降水，将地下水水位降到基坑底以下0.5~1.0m处，使边坡处于无水状态。

在排桩之间应设水泥土桩，使之与混凝土截注挡土桩之间紧密结合挡水；未设止水桩的应将桩间土修成反拱形防止土剥落。在表面铺钢丝网抹水泥砂浆或浇筑混凝土薄墙封闭挡水。

已出现大量渗、调水时，可在挡土面渗漏水部位加设水泥土桩阻水，或在基坑一面建筑混凝土薄墙止水。

（2）排桩墙与围标、支撑存在间隙。

1）质量通病。

排桩墙与围檩、支撑之间存在间隙、未顶紧，受荷后会使排桩墙产生不同程度的位移、变形，影响支护结构的整体稳定性，同时，还会使支撑系统个别杆件超负荷或个别节点破坏，从而导致整个支撑体系和支护结构被破坏。

2）防治措施。

排柱墙与围檩之间应保证紧密接触、传力可靠，支撑应与围檩顶紧，不能存在间隙，为此宜在每根支撑的两端活络接头处各安装一个小型千斤顶，按设计计算轴向压力的50%施加预应力，使支撑与围檩顶紧。

如有缝隙，应加寒槐形钢垫板塞紧电焊锚固；或用带千斤顶的特制钢管支撑，施加预应力后，千斤顶作为一个部件留在支撑上。

如产生应力松弛，可再行加荷，待地下室施工完后，再卸荷拆除。

二、水泥土桩墙支护工程

水泥土桩墙是深基坑支护的一种，是指依靠其本身自重和刚度保护基坑土壁安全。

1. 施工质量控制

（1）水泥土搅拌桩施工质量控制。

1）承重水泥土搅拌桩施工时，设计停聚（灰）面应高出基础底面标高 300~500mm（基础埋深大取小值，反之取大值），在开挖基坑时，应将该施工质量较差段手工挖除，以防止发生桩顶与挖土机械碰撞断裂现象。

2）为保证水泥土搅拌桩的垂直度，要注意起吊搅拌设备的平整度和导向架的垂直度，水泥土搅拌桩的垂直度控制在不大于 1.5% 范围内，桩位布置偏差不得大于 50mm，桩径偏差不得大于 4D%（D 为桩径）。

3）预搅下沉时不宜冲水，当遇到较硬土层下沉太慢时，方可适当冲水，但应用缩小浆液水胶比或增加掺入浆液等方法来减弱冲水对桩身强度的影响。

4）施工时因故停浆，应将搅拌头下沉至停浆点以下 0.5m 处，待恢复供浆时再喷浆提升。

若停机 3h 以上，应拆卸输浆管路，清洗干净，防止恢复施工时堵管。

5）壁状加固时桩与桩的搭接长度宜为 200mm，搭接时间不应大于 24h，如因特殊原因超过 24h 时，应对最后一根桩先进行空钻留出榫头以待下一个桩搭接；如间隔时间过长，与下一根桩无法搭接时，应在设计和业主方认可后，采取局部补桩或注浆措施。

（2）高压喷射注浆桩墙施工质量控制

1）钻孔。钻孔的目的是将喷射注浆管插入预定的地层中。钻孔的位置与设计位置的偏差不得大于 50mm。

2）插管。插管是将喷射注浆管插入地层预定的深度。在插管过程中，为防止泥沙堵塞喷嘴，可边射水边插管，水压力一般不应超过 1MPa，如压力过高，则易将孔射塌。

3）旋喷作业。当旋喷管插入预定深度后，立即按设计配合比搅拌浆液，开始旋喷后即旋转提升旋喷管。旋喷参数中有关喷嘴直径、提升速度、旋转速度、喷射压力、流量等应根据土质情况、加固体直径、施工条件及设计要求由现场试验确定。当浆液初凝时间超过 20h 时，应及时停止使用。

4）冲洗，喷射施工完毕后，应把注浆管等机具设备冲洗干净。管内机具内不得残存本泥浆。通常把浆液换成水，在地面上喷射，以便把泥浆裂、注浆管软管内的浆液全部排除。

2. 施工质量验收

水泥土搅拌桩及高压喷射注浆桩的质量验收应满足前述水泥土搅拌桩地基和高压喷射注浆桩地基的相关规定。加筋水泥土桩质量验收应符合规定。

三、锚杆及土钉墙支护工程

锚杆支护是指在边坡、岩土深基坑等地表工程及隧道、采场等地下室施工中采用的一种加固支护方式。土钉墙是由天然土体通过土钉墙就地加固并与喷射混凝土面板相结合，形成一个类似重力挡墙以抵抗墙后的土压力，从而保持开挖面的稳定。

1. 施工质量控制

（1）锚杆与土钉墙施工必须有一个施工作业面，所以，锚杆与土钉墙实施前应预降水到每层作业面以下 0.5m，并保证降水系统能正常工作。

（2）锚杆或土钉作业面应分层分段开挖、分层分段支护，开挖作业面应在 24h 内完成支护，不宜一次挖两层或全面开挖。

（3）土钉钢管或钢筋打入前，按土钉打入的设计斜度制作一操作平台，紧靠土钉墙墙面安放，钢管或钢筋沿操作平台面打入，保证土钉与墙的夹角与设计相符。

（4）选用套管湿作业钻孔时，钻进后要反复提插孔内钻杆，用水冲洗至出清水，再按下一节钻杆。遇有粗砂、砂卵石土层，钻杆钻到最后一节时，为防止砂石堵塞，孔深应比设计深 100~200mm。

（5）干作业钻孔或用冲击力打入锚杆或土钉时，在拔出钻杆后要立即注浆，水作业钻机拔出钻杆后，外套留在孔内不合坍孔，间隔时间不宜过长，防止砂土涌入管内而发生堵塞。

（6）钢筋、钢绞线、钢管不能沾有油污、锈蚀、缺股断丝；断好钢绞线长度偏差不得大于 50mm，端部要用钢丝绑扎牢固，钢纹线束外留量应从挡土、结构物连线算起，外留 1.5~2.5m。钢绞线与导向架要绑扎牢固。作土钉的钢管底部要打肩，防止跑浆过量；钢管伸出土钉墙面 100mm 左右。

（7）灌浆压力一般不得低于 0.4MPa，不宜大于 2MPa，宜采用封闭式压力灌浆或二次压浆。灌浆材料根据设计强度要求视环境温度、土质情况和使用要求不同适量防冻或减水剂。

（8）锚杆需预张拉时，等灌浆强度连到设计强度等级 70% 时，方可进行张拉工艺。

（9）待土钉灌浆、土钉墙钢筋网与土钉端部连接牢固并通过隐蔽工程验收后，可立即对土钉墙土体进行混凝土喷射施工。喷射厚度大于 100mm 时，可以分层喷锚，第一层与第二层土体细石混凝土喷浆间隔 24h，当土墙浸透时应分层喷锚混凝土墙。

（10）锚杆与肋柱的连接。支点连接可采用螺丝端杆或焊头连接方式，有关端杆的螺纹和螺帽尺寸应进行强度验算，并参照螺纹和螺母的规定标准加工。采用焊头连接时，应对焊缝强度进行验算。

（11）分层每段支护体施工完毕后，应检查坡顶或坡面位移，坡顶沉降及周围环境变化，如有异常情况应采取措施，放慢施工进度，待恢复正常后方可继续施工。

2. 施工质量验收

锚杆及土钉墙支护工程质量验收应符合规定。

3. 质量通病及防治措施

（1）锚杆与地下连续墙预留孔漏水、涌砂。

质量通病。采用地下连续墙及锚杆支护的工程，一般在地下连续墙施工时，在墙上一定位置预留孔洞，以作钻孔和装设锚杆之用，钻孔和装设锚杆时，锚杆外套管与地下连续墙预留孔之间常存在空隙造成水流通道。在地下水压力作用下，水和粉细砂大量涌入基坑内；或拔出钻杆时，导致大量泥沙流入基坑内，造成地面塌陷、邻近建筑物开裂。

（2）防治措施。

1）应根据地质和环境条件，采取土层预应力锚杆与土钉墙结合的支护方案。在第一根土钉处改用预应力土层锚杆，其长度应通过邻近建筑物宽度并达到较好土层；每根土钉长度应按规范规定计算，一般用上部设置较长土钉而下部设置较短土钉，并考虑邻近建筑物荷载的作用。

2）施工过程中要做好排水、降水工作，防止地表水、地下水浸入边坡土体。

3）施工前要做预应力土层锚杆、土钉与土体的极限摩阻力试验，作为设计的依据。施工过程中应做好监控、监测边坡和邻近建筑物的变形情况，发现倾斜、下沉、裂缝情况应及时进行处理。

四、钢或混凝土支撑系统

钢或混凝土支撑系统即钢结构支撑和钢筋混凝土结构支撑，适用于工业与民用建筑中，深基坑内支护结构挡墙的支撑系统。

1. 施工质量控制

（1）确保钢或混凝土支撑安装在同一个水平面上。

（2）一根钢支撑的管段和十字节基本拼装后，复核每个十字节的标高，要特别注意，严禁中间的十字节标高偏差向上（防止钢支撑受力后上拱加剧），钢支撑水平轴线偏差控制在 20~30mm，保证一根钢支撑顺直和水平。

（3）在施工立柱（钻孔端注柱）时定位要准确，偏差控制在 d/4 内，施工立柱时要与围护设计图对照，使立柱在支撑的一个侧边。

（4）钢支撑两端的斜撑（俗称琵琶撑）必须在钢支撑施加顶紧力，并复校顶紧力符合设计要求后才能将钢支撑焊好，再把斜撑与钢支撑焊接顶紧。

（5）挖土前把钢立柱与钢支撑的箍全部焊上，挖土至人能在支撑下站立时，立即全面检查仰焊质量和支撑螺栓拧紧的程度，使所有紧固件都处于受力状态，监测时对钢支撑十字节的标高要认真测量，发现有上升现象要及时处理。

（6）钢筋混凝土支撑底用土模，严禁先做混凝土垫层，避免支撑受力变形时垫层脱落伤人。如土模中有泥、水，可用土工合成纤维、纤维板、夹板隔离。

（7）图护墙体在挖土一铡平整度差，用钢围图时与墙体之间的间隙必须用细石混凝土填实，保证围护墙体与围图的密贴度。

（8）钢支撑与混凝土围图之间的预埋件或钢支撑与钢围图之间有间隙时，必须用楔形钢板塞紧后电焊，保证支撑与围图的密贴度。

2. 施工质量验收

钢或混凝土支撑系统质量验收应符合规定。

3. 质量通病及防治措施

（1）质量通病。钢支撑个别节点超负荷，致使钢支撑上拱或出现“咯吱声”。

（2）防治措施。

1）水平支撑的现场安装节点应尽量设置在纵横向支撑的交叉点附近。相邻横向（或纵向）支撑的安装节点数不宜多于 2 个。

2）纵向和横向支撑的交叉点宜在同一标高上连接。当纵横向支撑采用重叠连接时，其连接构造及连接件的强度应满足支撑在平面内的稳定要求。

3）钢结构支撑构件长度宜采用高强度螺栓连接或焊接，拼接点的强度不应低于构件的截面强度。对于格构式组合构件，不应采用钢筋作为疆条连接。

4）钢支撑与立柱的连接应符合下列要求：

立柱与水平支撑连接可采取铰接构造，但铰接件在竖向和水平方向的连接强度应大于支撑轴向力的 1/50。当采用钢属连接时，钢牛腿的强度和稳定应经计算确定。

立柱穿过主体结构底板以及支撑结构穿越主体结构地下室外墙的部位，应采用止水构造措施。

5）钢结构支撑安装后应施加预压力。预压力控制值应由设计确定，通常不应小于支撑设计轴向力的 50%，也不宜大于 75%；钢支撑预加压力的施工应符合下列要求：

支撑安装完毕后，应及时检查各节点的连接状况，经确认符合要求后方可施加预压力。预压力的施加在支撑的两端同步对称进行。

预压力应分级施加，重复进行，加至设计值时，应再次检查各连接点的情况，必要时应对节点进行加固，待额定压力稳定后锁定。

五、地下连续墙

地下连续墙是基础工程在地面上采用一种挖槽机械，沿着深开挖工程的周边轴线，在泥浆护壁条件下，开挖出一条狭长的深槽，清槽后，在槽内吊放钢筋笼。然后用导管法灌筑水下混凝土筑成一个单元槽段，如此连段进行，在地下筑成一道连续的钢筋混凝土墙壁，作为截水、防渗、承重、挡水结构。

1. 施工质量控制

（1）导墙施工。沿地下连续墙纵面轴线位置设置。导墙净距比成槽机大 3~4cm，要求位置正确、两侧回填密实。

（2）挖槽。多头钻采用钢丝绳悬吊到成槽部位，旋转切削土体成槽。掘削的泥土混在泥浆中以反循环方式排出槽外，一次下钻形成有效长为 1.6~2.0m 的长端圆形掘削深槽，排泥采用附在钻机上的潜水砂石泵或地面的空气压缩机，不断将吸泥管内的泥浆排出。下钻应使吊索处于紧张状态，使其保持适当钻压垂直成槽。钻速应与排渣能力相适应，保持钻速均匀。

（3）护壁。常采用泥浆护壁，泥浆预先在槽外制作，储存在泥浆池内备用：在点土或粉质黏土（塑性指数大于层中也可利用成槽机挖掘）土体旋转切削土体自造泥浆或仅掺少量火碱或膨润土护壁。排出的泥渣过振动筛分离后循环使用，泥浆分离有自然沉淀和机械分离两种，泥浆循环有正循环和反循环两种。多头钻成槽，砂石泵潜入泥浆前用正循环，潜入后用反循环。挖槽宜按顺序连续施钻，成槽垂直度要求小于 H/200（H 为槽深）。

（4）清孔。成槽达到要求深度后，放入导管压入清水，不断将孔底水泥浆稀释，自流或吸入排出，至泥浆密度在 1.1~1.2 以下为止。

（5）钢筋笼加工。钢筋笼一般在地面平卧组装，钢箍与通长主筋点焊定位，要求平整度偏差在 5cm 内，对较宽尺寸的钢筋笼应增加直径 25mm 的水平筋和剪刀拉条组成桁架，同时，在主筋上每隔 150mm 两面对称设置定位耳环，保持主筋保护层厚度不小于 7~8cm。

（6）钢筋笼吊放。对长度小于 15m 的钢筋笼，可用吊车整体吊放，先六点水平吊起，再升起钢筋笼上口的钢自担将钢筋笼吊直；对超过 15m 的钢筋笼，须分两段吊放，在槽口上加帮条焊接，放到设计标高后，用横担搁在导墙上，进行混凝土浇灌。

（7）安接头管。槽段接头使用最多的为半圆形接头。混凝土浇灌前在槽接缝一端安圆形接头管，管外径等于槽段宽，待混凝土浇灌后逐渐拔出接头管。即在端部形成月牙形接头面。

（8）混凝土浇灌。采用导管法在水中灌注混凝土，工艺方法与泥浆护壁灌注桩方法相同，槽段长 5m 以下采用单根导管，槽段长 5m 以上用两根导管，管间距不宜大于 3m，导管距槽端部不宜大于 1.5m。

（9）拔接头管。接头管上拔方法通常采用两台 50（或 75、100）t、冲程 100cm 以上的液压千斤顶顶升装置，或用吊车、卷扬机吊拔。

2. 施工质量验收

地下连续墙质量验收应符合规定。

3. 质量通病及防治措施

（1）槽底沉渣厚度超标。

1）质量通病。槽段清孔后，槽底积存沉渣超过规范允许厚度，导致承载力降低。

2）防治措施。

嘈杂填土及各种软弱土层，成槽后应加强清渣工作。除在成孔后清渣外，在下钢筋笼后、浇筑混凝土前还应再测定一次槽底沉渣和沉淀物，如不合格，应再清一次渣。使沉渣厚度控制在100mm以内，槽底100mm处的泥浆密度不大于1.2t/m²为合格。

保护好槽孔。运输材料、吊钢筋笼、浇筑混凝土等作业，应防止扰动槽口土和碰撞槽壁土掉入槽孔内。

清槽后，尽可能缩短吊放钢筋笼和浇筑混凝土的间隔时间。防止槽壁受各种因素影响而剥落掉泥沉积。

（2）墙体疏松，混凝土强度达不到要求。

1）质量通病。墙体表面疏松，剥落，混凝土强度较低，达不到设计要求。

2）防治措施。

采用导管法水中浇筑混凝土，要精心操作，并采取有效的措施，防止泥浆混入混凝土内。

严格、认真地选用混凝土配合比，做到级配优良、砂率合适，坍落度、流动性符合要求。

应选用活性高、新鲜无结块的水泥，过期受潮水泥应经试验合格后方可使用。对槽壁土质松软有流动水的槽段，应加快浇筑速度，混凝土中掺加絮凝剂，避免混凝土受到冲刷污染，降低强度而造成疏松剥落。

对墙体表面出现疏松利落、强度降低的情况，如一面挖出的墙，应采取加固处理；不能挖出的墙，采用压浆法加固。

六、沉井与沉箱

沉井是一种利用人工或机械方法清除井内土石，并借助自重或填加压重等措施克服井壁摩阻力逐节下沉至设计标高，再浇筑混凝土封底（大多还填塞井孔或加做井盖），并成为建筑物的基础的井筒状构造物。沉箱是深基础的一种，多用于码头、防波堤。它是一种有底的箱型结构，内部设置隔板，可在水中漂浮，可通过调节箱内压载水控制沉箱下沉或漂浮。

1. 施工质量控制

（1）制作沉井时，承垫木成砂垫层的采用，与沉井的结构情况、地质条件、制作高度等有关。无论采用何种形式，均应有沉井制作时的稳定计算及措施。

（2）多次制作和下沉的沉井（箱），在每次制作接高时，应对下卧层做稳定复核计算，并确定确保沉井接高的稳定措施。

（3）沉井采用排水封底，应确保终沉时井内不发生管涌、涌土及沉井下沉稳定。如不能保证时，应采用水下封底。

（4）沉井施工除应符合《建筑地基基础工程施工质量验收规范》（GB50202—2001）的规定外，还应符合现行国家标准《混凝土结构工程施工质量验收规范》（GB50204—2002）及《地下防水工程施工质量验收规范）（GB50208—2002）的规定。

（5）沉井（箱）在施工前应对钢筋、电焊条及焊接成形的钢筋半成品进行检验。如不用商品混凝土，则应对现场的水泥、集料做检验。

（6）混凝土浇筑前应对模板尺寸、预埋件位置、模板的密封性进行检验。拆模后应检查浇筑质量（外观及强度），符合要求后方可下沉。浮运沉井还需做起浮可能性检查。下沉过程中应对下沉偏差做过程控制检查。下沉后的接高应对地基强度、沉井的稳定做检查。封底结束后，应对底板的结构（有无裂缝）及渗漏做检查。有关渗漏验收标准应符合现行国家标准《地下防水工程施工质量验收规范》（GB50208—2002）的规定。

2. 施工质量验收

沉井（箱）的质量验收应符合规定。

3. 质量通病及防治措施

（1）沉井（箱）出现超沉或欠沉。

1）质量通病。沉井下沉完毕后，刃脚平均标高大大超过或低于设计深度，相应沉井预留孔洞及预埋铁件的标高也大大超过规范允许的偏差范围，给施工造成困难。

2）防治措施。

在井壁底梁交接处，设砖砌制动台，在其上面铺方本，使梁底压在方木上，以防过大下沉。

沉井下沉至距设计标高 0.1m 时，停止挖土和井内抽水，使其完全撑自重下沉至设计标高或接近设计标高。

采取减小或平衡动水压力和使动水压力向下的措施，以免发生流沙现象。

沉井下沉趋于稳定（8h 的累计下沉量不大于 10mm 时）后方可进行封底。

（2）水下浇筑沉井（箱）底板时，导管进水。

1）质量通病。导管进水后，混凝土不能顺利排出导管，且混凝土内掺有泥水，水下浇筑混凝土条件被破坏。

2）防治措施。

初灌漏斗的容量要经过计算，保证第一斗混凝土灌入后导管底端能埋入混凝土中 0.8~1.3m。

导管内的阻水装置用橡胶球、混凝土塞、木球等，宜设于第一节法兰以下 5m 处，初灌后球排出管外，保证在导管下筑成小堆，把导管埋入混凝土内，创造水下混凝土浇筑条件。

浇筑过程导管下端应埋入混凝土中 1.0~1.5m。

混凝土平均升高速度不小于 0.25m/h。

水下混凝土每浇继 10m 做两组试块，其中一组 1d 后拆模，放到水下进行同等条件养护；另一组置于标准养护室养护，水下混凝土封底达到设计强度后，才能从井内抽水。

七、降水与排水

降水与排水是配合基坑开挖的安全措施，施工前应有降水与排水设计。

1. 施工质量控制

（1）降水与排水是配合基坑开挖的安全措施，施工前应有降水与排水设计。当在基坑外降水时，应有降水范围的估算。对重要建筑物或公共设施在降水过程中应监测。

（2）对不同的土质应用不同的降水形式。

（3）降水系统施工完后，应试运转，如发现井管失效，应采取措施使其恢复正常。如不可恢复则应报废，另行设置新的井管。

（4）降水系统运转过程中应随时检查观测孔中的水位。

（5）基坑内明排水应设置排水沟及集水井，排水沟纵坡宜控制在1%~2%。

2. 施工质量验收

降水与排水施工的质量验收应符合规定。

3. 质量通病及防治措施

（1）质量通病。在基坑外侧的降低地下水水位影响范围内，地基土产生不均匀沉降，导致受其影响的邻近建筑物和市政设施发生不均匀沉降，引起不同程度的倾斜、裂缝，甚至断裂、倒塌。

（2）防治措施

1）降水前，应考虑到水位降低区域内的建筑物（包括市政地下管线等）可能产生的沉降和水平位移或供水井水位下降。在施工前，必须了解邻近建筑物或构筑物的原有结构、地基与基础的详细情况，如影响使用和安全时，应会同有关单位采取措施进行处理。

2）在降水期间，应定期对基坑外地面、邻近建筑物或构筑物、地下管线进行沉陷观测。

3）基础降水工程施工前，应根据工程特点、工程地质与水文地质条件、附近建筑物和构筑物的详细调查情况等，合理选择降水方法、降水设备和降水深度，并应依照施工组织设计的要求组织施工。

4）尽可能地缩短基坑开挖、地基与基础工程施工的时间，加快施工进度，并尽快地进行回填土作业，以缩短降水的时间。在可能的条件下，施工安排在地下水水位较低或枯水的季节更佳，如此可以减少降水的深度和抽水量。

5）滤管、滤料和滤层的厚度等均应按规定设置，以保证地下水在滤层内的水流速度较大、过水量较多，又可以防止泥沙随水流入井管。抽出的地下水含泥量应符合规定，如发现水质浑浊，应分析原因，及时处理。

6）在基坑附近有建筑物或构筑物和市政管线的一侧做防水帷幕：防水帷幕可采用地下连续墙、深层搅拌桩等方法。降水井点设在基坑内一侧，以减少降水对外侧地基土的影响。

7）采用降水与回灌技术相结合的工艺，即在需要保护的建筑物或构筑物与降水井点之间埋设回灌井点或回灌砂井、回灌砂沟等，通过现场注水试验确定回灌井点、回灌砂井的数量。一般情况下，回灌井点、回灌砂井的数量、深度与降水井点相同。

第五节　地下防水工程

地下防水工程是指对房屋建筑、防护工程、市政隧道、地下铁道等地下工程进行防水设计、防水施工和维护管理等各项技术工作的工程实体。

一、主体结构防水工程

（一）防水混凝土工程

防水混凝土适用于抗渗等级不低于 P6 的地下混凝土结构，不适用于环境温度高于 80℃的地下工程。

1. 施工质量控制

（1）水泥的选择应符合下列规定：

1）宜采用普通硅酸盐水泥或硅酸盐水泥，采用其他品种水泥时应经试验确定。

2）在受侵蚀性介质作用时，应按介质的性质选用相应的水泥品种。

3）不得使用过期或受潮结块的水泥，不得将不同品种或强度等级的水泥混合使用。

（2）砂、石的选择应符合下列规定；

1）砂宜选用中粗砂，含泥量不应大于 3.0%，泥块含量不宜大于 1.0%。

2）不宜使用海砂，在没有使用河砂的条件时，应对海砂进行处理后才能使用，而且控制氯离子含量不得大于 0.06%。

3）碎石或卵石的粒径宜为 5~40mm，含泥量不应大于 1.0%，泥块含量不应大于 0.5%。

4）对长期处于潮湿环境的重要结构混凝土用砂、石，应进行碱活性检验。

（3）矿物掺合料的选择应符合下列规定：

1）粉煤灰的级别不应低于 I 级，烧失量不应大于 5%。

2）硅粉的比表面积不应小于 150000m/kg，SiO2 含量不应小于 85%。

3）粒化高炉矿渣粉的品质要求应符合现行国家标准《用于水泥和混凝土中的粒化高炉矿渣粉》（GB/T18046-2008）的有关规定。

（4）混凝土拌和用水，应符合现行行业标准《混凝土用水标准》（GJ63-2006）的有关规定。

（5）外加剂的选择应符合下列规定；

1）外加剂的品种和用量应经试验确定，所用外加剂应符合现行国家标准《混凝土外加剂应用技术规范》（GB50119-2016）的质量规定。

2）掺加引气剂或引气型减水剂的混凝土，其含气量宜控制在 3%~5%。

3）考虑外加剂对硬化混凝土收缩性能的影响。

4）严禁使用对人体产生危害、对环境产生污染的外加剂。

（6）防水混凝土的配合比应经试验确定，并应符合下列规定：

1）试配要求的抗渗水压值应比设计值提高 0.2MPa。

2）混凝土胶凝材料总量不宜小于 320kg/m²，其中水泥用量不宜小于 260kg/m²，粉煤灰掺量宜为胶凝材料总量的 20%~30%，硅粉的掺量宜为胶凝材料总量的 2%~5%。

3）水胶比不得大于 0.50，有侵蚀性介质时水胶比不宜大于 0.45。

4）砂率宜为 35%～40%，泵送时可增至 45%。

5）灰砂比宜为 1 ：1.5~1 ：2.5。

6）混凝土拌合物的气离子含量不应超过胶凝材料总量的 0.1%，混凝土中各类材料的总碱量不得大于 3kg/m²。

（7）防水混凝土采用预拌混凝土时，入泵坍落度宜控制在 120~160mm。坍落度每小时损失不应大于 20mm，坍落度总损失值不应大于 40mm。

（8）混凝土拌制和浇筑过程控制应符合下列规定：

1）拌制混凝土所用材料的品种、规格和用量，每工作班检查不应少于两次。

2）混凝土在浇筑地点的坍落度，每工作班至少检查两次，坍落度试验应符合现行国家标准《普通混凝土拌合物性能试验方法标准》（GB/T50080—2016）的有关规定。

3）泵送混凝土在交货地点的入泵坍落度，每工作班至少检查两次。

4）当防水混凝土拌合物在运输后出现离析时，必须进行二次搅拌。当坍落度损失后不能满足施工要求时，应加入原水胶比的水泥浆或掺加同品种的减水剂进行搅拌，严禁直接加水。

（9）防水混凝土抗压强度试件，应在混凝土浇筑地点随机取样后制作，并应符合下列规定：

1）同一工程、同一配合比的混凝土。取样频率与试件留置组数应符合现行国家标准《混凝土结构工程施工质量验收规范》（GB50204—2015）的有关规定。

2）抗压强度试验应符合现行国家标准《普通混凝土力学性能试验方法标准》（GB/T50081—2002）的有关规定。

3）结构构件的混凝土强度评定应符合现行国家标准《混凝土强度检验评定标准》（GB/T50107—2019）的有关规定。

（10）防水混凝土抗渗性能应采用标准条件下养护混凝土抗渗试件的试验结果评定，试件应在混凝土浇筑地点随机取样后制作，并应符合下列规定：

1）连续浇筑混凝土每 500 平方米应留置一组 6 个抗渗试件，且每项工程不得少于两组；采用预拌混凝土的抗渗试件，留置组数应视结构的规模和要求而定。

2）抗渗性能试验应符合现行国家标准《普通混凝土长期性能和耐久性能试验方法标准》（GBT50082—2009）的有关规定。

（11）大体积防水混凝土的施工应采取材料选择、温度控制、保温保湿等技术措施。在设计许可的情况下，掺粉煤灰混凝土设计强度等级的龄期宜为60d或90d。

（12）防水混凝土分项工程检验批的抽样检验数量，应按混凝土外露面积每100m² 抽查1处。

2. 施工质量验收

（1）主控项目

1）防水混凝土的原材料，配合比及坍落度必须符合设计要求。检验方法：检查产品合格证、产品性能检测报告、计量措施和材料进场检验报告。

2）防水混凝土的抗压强度和抗渗性能必须符合设计要求。检验方法：检查混凝土抗压强度、抗渗性能检验报告。

3）防水混凝土结构的施工缝、变形缝、后浇带、穿墙管、埋设件等设置和构造必须符合设计要求。检验方法：观察检查和检查隐蔽工程验收记录。

（2）一般项目

1）防水混凝土结构表面应坚实、平整，不得有露筋、蜂窝等缺陷；埋设件位置应准确。检验方法：观察检查。

2）防水混凝土结构表面的裂缝宽度不应大于0.2mm，且不得贯浆。检验方法：用刻度放大镜检查。

3）防水混凝土结构厚度不应小于250mm，其允许偏差应为+8mm，-5mm；主体结构到水面钢筋保护层厚度不应小于50mm，其允许偏差应为±5mm。

检验方法：尺量检查和检查隐蔽工程验收记录。

3. 质量通病及防治措施

（1）质量通病。防水混凝土厚度小（不足250mm），其透水通路短，地下水易从防水混凝土中通过。当混凝土内部的阻力小于外部水压时，混凝土就会发生渗漏。

（2）防治措施。防水混凝土除了混凝土密实性好、开放孔少、孔原率小以外，还必须具有一定厚度，以延长混凝土的透水通路。加大混凝土的阻水截面，使混凝土的蒸发量小于地下水的涉水量，混凝土则不会发生渗漏，综合考虑现场施工的不利条件及钢筋的引水作用等诸因素。

防水混凝土结构的最小厚度必须大于250mm，才能抵抗地下压力水的作用。

（二）水泥砂浆防水层施工

水泥砂浆防水层适用于地下工程主体结构的迎水面或背水面，不适用于受持续振动或环境温度高于80℃的地下工程。

1. 施工质量控制

（1）水泥砂浆防水层应采用聚合物水泥防水砂浆、掺外加剂或掺合料的防水砂浆。

（2）水泥砂浆防水层所用的材料应符合下列规定：

1）水泥应使用普通硅酸盐水泥、硅酸盐水泥或特种水泥，不得使用过期或受潮结块的水泥。

2）砂宜采用中砂，含泥量不应大于 1.0%，硫化物及硫酸盐含量不应大于 1.0%。

3）用于拌制水泥砂浆的水，应采用不含有害物质的清净水。

4）聚合物乳液的外观为均匀液体，无杂质、无沉淀、不分层。

5）外加剂的技术性能应符合现行国家或行业有关标准的质量要求。

（3）水泥砂浆防水层的基层质量应符合规定。

1）基层表面应平整、坚实、清洁，并应充分湿润、无明水。

2）基层表面的孔洞、缝隙，应采用与防水层相同的水泥砂浆堵塞并抹平。

3）施工前应将埋设件、穿墙管预留凹槽内嵌填密封材料后，再进行水泥砂浆防水层施工。

（4）水泥砂浆防水层施工应符合下列规定：

1）水泥砂浆的配制，应按所掺材料的技术要求准确计量。

2）分层铺抹或喷涂，铺抹时应压实、抹平，最后一层表面应提浆压光。

3）防水层各层应紧密黏合，每层宜连续施工；必须留设施工缝时，应采用阶梯坡形梯，但与阴阳角处的距离不得小于 200mm。

4）水泥砂浆终凝后应及时进行养护。养护温度不宜低于 5℃并应保持砂浆表面湿润。养护时间不得少于 14d；聚合物水泥防水砂浆未达到硬化状态时，不得浇水养护或直接受雨水冲刷。硬化后应采用干、湿交替的养护方法。潮湿环境中，可在自然条件下养护。

（5）水泥砂浆防水层分项工程检验批的抽样检验数量，应按施工面积每 100m² 抽查 1 处，每处 10m² 且不得少于 3 处。

2. 施工质量验收

主控项目：

（1）防水砂浆的原材料及配合比必须符合设计规定。

检验方法：检查产品合格证、产品性能检测报告、计量措施和材料进场检验报告。

（2）防水砂浆的黏结强度和抗渗性能必须符合设计规定。

检验方法：检查砂浆黏结强度、抗渗性能检验报告。

（3）水泥砂浆防水层与基层之间应结合牢固，无空鼓现象。

检验方法：观察和用小锤轻击检查。

一般项目：

（1）水泥砂浆防水层表面应密实、平整，不得有裂纹、起砂、麻面等缺陷。

检验方法：观察检查。

（2）水泥砂浆防水层施工缝留槎位置应正确，应按层次顺序操作，层层衔接紧密。

检验方法：观察检查和检查隐蔽工程验收记录。

（3）水泥砂浆防水层的平均厚度应符合设计要求，最小厚度不得小于设计厚度的85%。

检验方法：用针测法检查。

（4）水泥砂浆防水层表面平整度的允许偏差应为5mm。

检验方法：用2m靠尺和楔形塞尺检查。

3. 质量通病及防治措施

（1）质量通病。水泥砂浆防水层每层厚度仅2~5mm，三层素灰（水泥浆）、二层水泥砂浆总厚度才18~20mm。水泥砂浆防水层施工前，基层不做抹平，转角不做成圆弧形，每层抹压薄厚不均匀，会产生不等量收缩，造成整体防水效果差。

（2）防治措施。结构层清理润湿后，用配合比水泥：砂子（中砂）：水防水浆=1 ：2.5 ：0.6 ：0.03的质量比抹好一层防水砂浆，平面要抹平，阳角抹成10mm圆角，阴角抹成50mm圆弧。

（三）卷材防水层施工

卷材防水层适用于受侵蚀性介质作用或受震动作用的地下工程；卷材防水层应铺设在主体结构的迎水面。

1. 施工质量控制

（1）卷材防水层应采用高聚物改性沥青类防水卷材和合成高分子类防水卷材。所选用的基层处理剂、胶黏剂、密封材料等均应与铺贴的卷材相匹配。

（2）在进场材料检验的同时，防水卷材接缝黏结质量检验应按《地下防水工程质量验收规范》(GB50208—2011)。

（3）铺贴防水卷材前，基面应干净、干燥并涂刷基层处理剂；当基面潮湿时，应涂刷湿固化型胶黏剂或潮湿界面隔离剂。

（4）基层阴阳角应做成圆角或45° 坡角，其尺寸应根据卷材品种确定在转角处，变形缝、施工缝、穿墙管等部位应铺贴加强层，加强层宽度不应小于500m。

（5）防水卷材的搭接宽度应符合要求。铺贴双层卷材时，上、下两层和相邻两幅卷材的接缝应错开1/3 ~ 1/2幅宽，且两层卷材不得相互垂直铺贴。

（6）冷粘法铺贴卷材应符合下列规定；

1）胶黏剂应涂刷均匀，不得露底、堆积。

2）根据胶黏剂的性能，应控制胶黏剂涂刷与卷材铺贴的间隔时间。

3）铺贴时不得用力拉伸卷材，排除卷材下面的空气，辊压粘贴牢固。

4）铺贴卷材应平整、顺直，搭接尺寸推确，不得扭曲、皱褶。

5）卷材接缝部位应采用专用胶黏剂或胶粘带满粘，接缝口应用密封材料封严。其宽度不应小于10mm。

（7）热熔法铺贴卷材应符合下列规定：

1）火焰加热器加热卷材应均匀，不得加热不足或烧穿卷材。

2）卷材表面热熔后应立即滚铺，排除卷材下面的空气并粘贴牢固。

3）铺贴应平整、顺直，搭接尺寸准确，不得扭曲、皱褶。

4）卷材接缝部位应溢出热辩的改性沥青胶料并粘贴牢固，封闭严密。

（8）自粘法铺贴卷材应符合下列规定：

1）铺贴卷材时，应将有黏性的一面朝向主体结构。

2）外墙、顶板铺贴时，排除卷材下面的空气，辊压粘贴牢固。

3）铺贴卷材应平整。原搭接尺寸准确，不得扭曲、皱褶和起泡。

4）立面器材铺贴完成后，应将卷材端头固定并用密封材料封严。

5）低温施工时，宜对基面采用热风适当加热，然后铺贴。

（9）卷材接缝采用焊接法施工应符合下列规定：

1）焊接前卷材应铺放平整，搭接尺寸准确，焊接缝的结合面应清扫干净。

2）焊接时应先焊长边搭接缝，后焊短边搭接缝。

3）控制热风加热温度和时间，焊接处不得漏焊、跳焊或焊接不牢。

4）焊接时不得损害非焊接部位的卷材。

（10）铺贴聚乙烯丙纶复合防水卷材应符合下列规定：

1）应采用配套的聚合物水泥防水黏结材料。

2）卷材与基层粘贴应采用满粘法，黏结面积不应小于90%，刮涂黏结料应均匀，不得露底、堆积、流滴。

3）固化后的黏结料厚度不应小于1.3mm。

4）卷材接缝部位应挤出黏结料，接缝表面处应涂刮1.3mm厚、50mm宽聚合物水泥黏结料封边。

5）聚合物水泥黏结料固化前，不得在其上行走或进行后续作业。

（11）高分子自粘胶膜防本卷材宜采用预铺反粘法施工，并应符合下列规定：

1）卷材用单层铺设。

2）在潮湿基面铺设时，基面应平整、坚固、无明水。

3)卷材长边应采用自粘边搭接，短边应采用胶粘带搭接。卷材端部搭接区应相互锚开。

4）立面施工时，在自粘边位置距离卷材边缘10~20mm内，每隔400~600mm应进行机械固定，并应保证固定位置被卷材完全覆盖。

5）浇筑结构混凝土时，不得损伤防水层。

（12）卷材防水层完工并经验收合格后应及时做保护层。保护层应符合下列规定：

1）顶板的细石混凝土保护层与防水层之间宜设置隔离层。细石混凝土保护层厚度：机械回填时不宜小于70mm，人工回填时不宜小于50mm。

2）底板的细石混凝土保护层厚度不应小于50mm。

3）侧墙宜采用软质保护材料或铺抹20mm厚1:2.5水泥砂浆。

（13）卷材防水层分项工程检验批的抽样检验数量，应按铺贴面积每100m²抽查1处。每处10ml且不得少于3处。

2. 施工质量验收

主控项目：

（1）卷材防水层所用卷材及其配套材料必须符合设计要求。

检验方法：检查产品合格证、产品性能检测报告和材料进场检验报告。

（2）卷材防水层在转角处、变形缝、施工缝、穿墙管等部位的做法必须符合设计要求。

检验方法：观察检查和检查隐蔽工程验收记录。

一般项目：

（1）卷材防水层的搭接粘贴或焊接牢固、密封严密，不得有扭曲、褶皱、翘边和起泡等缺陷。

检验方法：观察检查。

（2）采用外防外贴法铺贴卷材防水层时，立面卷材接槎的搭接宽度，高聚物改性沥青类卷材应为150mm、合成高分子类卷材应为100mm，并且上层卷材应盖过下层卷材。

检验方法：观察和尺量检查。

（3）制墙卷材防水层的保护层与防水层应结合紧密，保护层厚度应符合设计要求。

检验方法：观察和尺量检查。

（4）卷材搭接宽度的允许偏差应为 - 10mm。

检验方法：观察和尺量检查。

3. 质量通病及防治措施

（1）质量通病。如在潮湿基层上铺贴卷材防水层，卷材防水层与基层黏结困难，易产生空鼓现象，立面卷材还会下坠。

（2）防治措施。

1）为保证黏结质量，当主体结构基面潮湿时，应涂刷湿固化型胶黏剂或界面隔离剂，以不影响胶黏剂固化和封闭隔离湿气。

2）选用的基层处理剂必须与卷材及胶黏剂的材性相容，才能粘贴牢固。

3）基层处理剂可采取喷涂法或涂刷法施工。喷涂应均匀一致，不得露底。为确保其黏结质量，必须待表面干燥后方可铺贴防水卷材。

（四）涂料防水层施工

涂料防水层适用于受侵蚀性介质作用或受震动作用的地下工程；有机防水涂料宜用于主体结构的迎水面。无机防水涂料宜用于主体结构的迎水面或背水面。

1. 施工质量控制

（1）有机防水涂料应采用反应型、水乳型、聚合物水泥等涂料；无机防水涂料应采用掺外加剂、掺和料的水泥基防水涂料或水泥型防水涂料。

（2）有机防水涂料基面应干燥。当基面较潮湿时，应涂刷湿固化型胶黏剂界面隔离剂；无机防水涂料施工前，基面应充分润湿，但不得有明水。

（3）涂料防水层的施工应符合下列规定：

1）多组分涂料应按配合比准确计量，搅拌均匀，并应根据有效时间确定每次配制的用量。

2）涂料应分层涂刷或喷涂，涂层应均匀，涂刷应待前期涂层干燥成膜后进行。每遍涂刷时应交替改变涂层的涂刷方向，同层涂膜的先后搭压宽度宜为30~50mm。

3）涂料助水层的甩槎处接缝宽度不应小于100mm，接涂前应将其甩槎表面处理干净。

4）采用有机防水涂料时，基层阴阳角处应做成圆弧；在转角处、变形缝、施工缝、穿墙管等部位，应增加胎体增强材料和增涂防水涂料，宽度不应小于500mm。

5）胎体增强材料的搭接宽度不应小于100mm。上、下两层和相邻两幅胎体的接缝应锚开1/3幅宽，而且上、下两层胎体不得相互垂直铺贴。

（4）涂料防水层完工并经验收合格后，应及时做保护层。

（5）涂料防水层分项工程检验批的抽样检验数量，应按涂层面积每100m² 抽查1处，每处10m² 且不得少于3处。

2. 施工质量验收

主控项目：

（1）涂料防水层所用的材料及配合比必须符合设计要求。

检验方法：检查产品合格证、产品性能检测报告、计量措施和材料进场检验报告。

（2）涂料防水层的平均厚度应符合设计要求。最小厚度不得小于设计厚度的90%。

检验方法：用针测法检查。

（3）涂料防水层在转角处、变形缝、施工缝、穿墙管等部位的做法必须符合设计要求。

检验方法：观察检测和检查隐蔽工程验收记录。

一般项目：

（1）涂料防水层应与基层黏结牢固、涂刷均匀，不得流淌、鼓泡、露槎。

检验方法：观察检查。

（2）涂层间夹铺胎体增强材料时，应使防水涂料浸透胎体、覆盖完全，不得有胎体外露现象。检验方法：观察检查。

（3）侧墙涂料防水层的保护层与防水层应结合紧密，保护层厚度应符合设计要求。

检验方法：观察检查。

3. 质量通病及防治措施

（1）质量通病。涂层施工操作中很难避免出现小气孔、微缝及凹凸不平等缺陷，加之涂料表面张力等影响，只涂刷一遍或两遍涂料，很难保证涂膜的完整性和涂膜防水层的厚度及其抗渗性能。

（2）防治措施。根据涂料不同类别确定不同的涂刷遍数。一般在涂膜防水施工前，必须根据设计要求的每 1m² 涂料用量、涂膜厚度及涂料材性，事先试验确定每遍涂料的涂刷厚度以及每个涂层需要涂刷的遍数。溶剂型和反应型防水涂料最少需涂刷 3 遍；水乳型高分子涂料宜多遍涂刷。一般不得少于 6 遍。

（五）塑料板防水层施工

塑料防水板防水层适用于经常承受水压、侵蚀性介质或有振动作用的地下工程；塑料防水板宜铺设在复合式制的初期支护与二次衬砌之间。

1. 施工质量控制

（1）塑料防水板防水层的基面应平整，无尖锐突出物，基面平整度 D/L 不应大于 1/6。D 为初期支护基面相邻两凸面间凹进去的深度；L 为初期支护基面相邻两凸面间的距离。

（2）初期支护的渗漏水，应在塑料板防水层铺设前封堵或引排。

（3）塑料防水板的铺设应符合下列规定：

1）铺设塑料防水板前应先铺缓冲层，缓冲层应用暗钉圈固定在基面上；缓冲层搭接宽度不应小于 50mm；铺设塑料防水板时，应边铺边用压焊机将塑料防水板与暗钉圈焊接。

2）两幅塑料防水板的搭接宽度不应小于 100mm，下部塑料防水板应压住上部塑料防水板。接缝焊接时，塑料防水板的搭接层数不得超过 3 层。

3）塑料防水板的搭接缝应采用双焊缝，每条焊缝的有效宽度不应小于 10mm。

4）塑料防水板铺设时宜设置分区预埋注浆系统。

5）分段设置塑料板防水层时，两端应采取封闭措施。

（4）塑料防水板的铺设应超前二次衬砌混凝土施工，超前距离宜为 5~20m。

（5）塑料防水板应牢固地固定在基面上，固定点间距应根据基面平整情况确定，拱部宜为 0.5~0.8m，边墙宜为 1.0~1.5m，底部宜为 1.5~2.0m；局部凹凸较大时，应在凹处加密固定点。

（6）塑料防水板防水层分项工程检验批的抽样检验数量，应按铺设面积每 100m² 抽查 1 处，每处 10m² 且不得少于 3 处。焊缝检验应按焊缝条数抽查 5%，每条焊缝为 1 处且不得少于 3 处。

2. 施工质量验收

主控项目：

（1）塑料防水板及其配套材料必须符合设计要求。

检验方法：检查产品合格证、产品性能检测报告和材料进场检验报告。

（2）塑料防水板的搭接缝必须采用双缝热熔焊接，每条焊缝的有效宽度不应小于 10mm。

检验方法：双焊缝间空腔内充气检查和尺量检查。

一般项目：

（1）塑料防：水板应采用无钉孔铺设，其固定点地间距应符合规定。

检验方法：观察和尺量检查。

（2）塑料防水板与暗钉圈应焊接牢靠，不得漏焊、假焊和焊穿。

检验方法：观察检查。

（3）塑料防水板的铺设应平顺，不得有下垂、绷紧和破损现象。

检验方法：观察检查。

（4）塑料防水板搭接宽度的允许偏差为 - 10mm。

检验方法：尺量检查。

3. 质量通病及防治措施

（1）塑料防水板幅宽过小（小于 1m）。

1）质量通病。塑料防水板幅宽小，搭接缝则大大增加。如 1m 宽的防水板，其搭接缝将比 4m 或 6m 宽的防水板多出好几倍，从而增加了焊缝的长度和渗漏水的概率。

2）防治措施。限制防水板的宽度一般以 2~4m 为宜，过宽的防水板虽然接缝减少了，但增加了质量，施工时铺设较困难。

（2）塑料防水板的搭接缝采用黏结法连接。

1）质量通病。塑料防水板多属难黏结的材料，且胶黏剂长期在地下工程中受到水的浸泡，某些性能可能发生变化而影响其黏结性能。

2）防治措施。塑料板防水层接缝较多，防水的关键取决于接缝密封的程度。国内多采用热压焊接法，它是将两片防水板搭接，通过焊嘴吹热风加热，使板的边缘部分达到熔融状态，然后用压辊加压，使两块板融为一体。采用热压焊接时的参数为：两幅防水板的搭接宽度不应小于 100mm，搭接缝应为热熔双焊缝，每条焊缝的有效焊接宽度不应小于 10mm。焊接要严密，不得有漏焊、焊焦、焊穿。

（六）金属板防水层施工

金属防水板适用于抗渗性能要求较高的地下工程。金属板应铺设在主体结构迎水面。

1. 施工质量控制

（1）金属板防水层所采用的金属材料和保护材料应符合设计要求。金属板及其焊接材料的规格、外观质量和主要物理性质，应符合国家现行有关标准的规定。

（2）金属板的拼接及金属板与工程结构的锚固件连接应采用焊接。金属板的拼接焊缝应进行外观检查和无损检验。

（3）金属板表面有锈蚀、麻点或划痕等缺陷时，其深度不得大于该板材厚度的负偏差值。

（4）金属板防水层分项工程检验批的抽样检验数量，应按铺设面积每 $10m^2$ 抽查 1 处，每处 $1m^2$ 且不得少于 3 处。焊缝表面缺陷检验应按焊缝的条数抽查 5%，且不得少于 1 条焊缝；每条焊缝检查 1 处，总抽查数不得少于 10 处。

2. 施工质量验收

主控项目：

（1）金属板和焊接材料必须符合设计要求。

检验方法：检查产品合格证、产品性能检测报告和材料进场检验报告。

（2）焊工应持有有效的执业资格证书。

检验方法：检查焊工执业资格证书和考核日期。

一般项目：

（1）金属板表面不得有明显凹面和损伤。

检验方法：观察检查。

（2）焊缝不得有裂纹、未熔合、夹渣、焊瘤、咬边、烧穿、弧坑、针状气孔等缺陷。

检验方法：观察检查，使用放大镜、焊缝量规及钢尺检查，必要时采用渗透或磁粉探伤检查。

（3）焊缝的焊波应均匀，焊渣和飞溅物应清除干净；保护涂层不得有漏涂、脱皮和反锈现象。

检验方法：观察检查

3. 质量通病及防治措施

（1）质量通病。在地下水压力作用下，金属板有可能发生变形或金属板锚固件被拉脱的现象，破坏金属板防水层的完整性，造成渗漏水隐患。

（2）防治措施。承受外部水压的金属板防水层的金属板厚度及固定金属板的锚固件的个数和截面，应符合设计要求或根据静水压力经计算确定。

（七）膨润土防水材料防水层施工

膨润土防水材料防水层适用于 pH 值为 4~10 的地下环境中；膨润土防水材料防水层应用于地下工程主体结构的迎水面，防水层两制应具有一定的夹持力。

1. 施工质量控制

（1）膨润土防水材料中的膨润土颗粒应采用钠基膨润土，不应采用钙基膨润土。

（2）膨润土防水材料防水层基面应整实、清洁，不得有明水，基面平整度应符合相关规定；基层阴阳角应做成圆弧或坡角。

（3）膨润土防水毯的织布面和膨润土防水板的膨润土面均应与结构外表面密贴。

（4）膨润土防水材料应采用水泥钉和垫片固定；立面和斜面上的固定间距宜为 400~500mm，平面上应在搭接缝处固定。

（5）膨润土防水材料的搭接宽度应大于 100mm，搭接部位的固定间距宜为 200~300mm，固定点与搭接边缘的距离宜为 25~30mm。衔接处应涂抹膨润土密封膏。平面搭接缝处可干撒膨润土颗粒，其用量宜为 0.3~0.5kg/m^3。

（6）膨润土防水材料的收口部位应采用金属压条和水泥钉固定，并用膨润土密封膏覆盖。

（7）转角处和变形缝、施工缝、后浇带等部位均应设置宽度不小于 500mm 的加强层，加强层应设置在防水层与结构外表面之间。穿墙管件部位宜采用膨润土橡胶止水条、膨润土密封性进行加强处理。

（8）膨润土防水材料分段铺设时应采取临时遮挡防护措施。

（9）膨润土防水材料防水层分项工程检验批的抽样检验数量，应按铺设面积每 100m² 抽查 1 处。每处 10m² 且不得少于 3 处。

2. 施工质量验收

主控项目：

（1）膨润：土防水材料必须符合设计要求。

检验方法：检查产品合格证、产品性能检测报告和材料进场检验报告。

（2）膨润土防水材料防水层在转角处和变形缝、施工缝、后浇带、穿墙管等部位的做法必须符合设计要求。

检验方法：观察检查和检查隐蔽工程验收记录。

一般项目：

（1）膨润土防水毯的织布面或防水板的膨润土面应面向工程主体结构的迎水面。

检验方法：观察检查。

（2）立面或斜面铺设的膨润土防水材料应上层压住下层，防水层与基层、防水层与防水层之间应密贴，并应平整、无褶皱。

检验方法：观察检查。

（3）膨润土防水材料的搭接和收口部位应符合《地下防水工程质量验收规范》（GB50208—2016）第 4、7、5 条、第 4、7、6 条、第 4、7 条的规定。

检验方法：观察和尺量检查。

（4）膨润土防水材料搭接宽度的允许偏差应为 - 10mm。

检验方法：观察和尺量检查。

3. 质量通病及防治措施

（1）质量通病。防水层破损。

（2）防治措施。

首先按设计和规范要求处理好基面。

采取有效的保护措施。

二、排水工程

（一）渗排水、盲沟排水施工

渗排水适用于无自流排水条件、防水要求较高且有抗浮要求的地下工程。盲沟排水适用于地基为弱透水性土层、地下水量不大或排水面积较小。地下水水位在结构底板以下或在丰水期地下水水位高于结构底板的地下工程。

1. 施工质量控制

（1）渗排水应符合下列规定：

1）渗排水层用砂、石应洁净，含泥量不应大于 2.0%。

2）粗砂过滤层总厚度宜为 300mm，如较厚时应分层铺填过滤层与基坑土层接触处。应采用厚度为 100~150mm，粒径为 5~10mm 的石子铺填。

3）集水管应设置在粗砂过滤层下部。坡度不宜小于 1% 且不得有倒坡现象。集水管之间的距离宜为 5~10m，并与集水井相通。

4）工程底板与渗排水层之间应做隔浆层，建筑周围的渗排水层顶面应做散水坡。

（2）盲沟排水应符合下列规定：

1）盲沟成型尺寸和坡度应符合设计要求。

2）盲沟的类型及盲沟与基础的距离应符合设计要求。

3）盲沟用砂、石应洁净，含泥量不应大于 2.0%。

4）盲沟反滤层的层次和粒径组成应符合规定。

（3）渗排水、盲沟排水均应在地基工程验收合格后进行施工。

（4）集水管宜采用无砂混凝土管、硬质塑料管或软式遥水管。

（5）渗排水、盲沟排水分项工程检验批的抽样检验数量，应按 10% 抽查，其中按两轴线间或 10 延米为 1 处且不得少于 3 处。

2. 施工质量验收

主控项目：

（1）盲沟反滤层的层次和粒径组成必须符合设计要求。

检验方法：检查砂、石试验报告和隐蔽工程验收记录。

（2）集水管的埋置深度和坡度必须符合设计要求。

检验方法，观察和尺量检查。

一般项目：

（1）渗排水构造应符合设计要求。

检验方法：观察检查和检查隐蔽工程验收记录。

（2）渗排水层的铺设应分层、铺平、拍实。

检验方法：观察检查和检查隐蔽工程验收记录。

（3）育沟排水构造应符合设计要求。

检验方法：观察检查和检查隐蔽工程验收记录。

（4）集水管采用平接式或承插式接口应连接牢固，不得扭曲变形和错位。

检验方法：观察检查。

3. 质量通病及防治措施

（1）质量通病。浇捣混凝土时将渗水层堵塞。

（2）防治措施。采用渗水管排水时。渗水层与土壤之间不设混凝土垫层。地下水通过滤水层和渗水层进入渗水管。为防止泥土颗粒随地下水进入渗水层将渗水管堵塞，渗水管周围可采用粒径 20~40mm 厚度不小于 400mm 的碎石（或卵石）作为渗水层，渗水层下面采用粒径 5~15mm、厚 100~150mm 的粗砂或豆石作滤水层，渗水层与混凝土底板之间应抹 15~20mm 厚的水泥砂浆或加 1 层油毡作为隔浆层，以防止浇捣混凝土时将渗水层堵塞。

渗水管可以采用两种做法，一种采用直径为 150~250mm 带孔的铸铁管或钢筋混凝土管；另一种采用不带孔的长度为 500~700mm 的预制管作渗水管。为了达到渗水要求，管子端部之间留出 10~15mm 间隙，以便向管内渗水。渗水管的坡度一般采用 1%，渗水管要顺坡铺设，不能反坡，地下水通过渗水管汇集到总集水管（或集水井）排走。

（二）隧道排水、坑道排水施工

隧道排水、坑道排水适用于贴壁式、复合式、离壁式衬砌。

1. 施工质量控制

（1）隧道或坑道内如设置排水泵房时，主排水泵站和辅助排水泵站及本池的有效容积应符合设计要求。

（2）主排水泵站、辅助排水泵站和污水裂房的废水及污水，应分别排入城市雨水和污水管道系统。污水的排放还应符合国家现行有关标准的规定。

（3）坑道排水应符合有关特殊功能设计的要求。

（4）隧道贴壁式。复合式衬砌围岩疏导排水应符合下列规定：

1）集中地下水出露处，宜在衬砌背后设置盲沟、盲管或钻孔等引排措施。

2）水量较大、出水面广时，衬砌背后应设置环向、纵向盲沟组成排水系统，将水集排至排水沟内。

3）当地下水丰富、含水层明显且有补给来源时，可采用辅助坑道或泄水洞等截、排水设施。

（5）盲沟中心宜采用无砂混凝土管或硬质塑料管，其管周围应设置反健层，盲管应采用软式透水管。

（6）排水明沟的纵向坡度应与隧道或坑道坡度一致，排水明沟应设置盖板和检查井。

（7）隧道离壁式衬砌侧墙外排水沟应做成明沟，其纵向坡度不应小于 0.5%。

（8）隧道排水、坑道排水分项工程检验批的抽样检验数量，应按 10% 抽查，其中按两轴线间或每 10 延米为 1 处且不得少于 3 处。

2. 施工质量验收

主控项目：

（1）盲沟反滤层的层次和粒径组成必须符合设计要求。

检验方法：检查砂、石试验报告。

（2）无砂混凝土管、硬质塑料管或软式透水管必须符合设计要求。

检验方法：检查产品合格证和产品性能检测报告。

（3）隧道。坑道排水系统必须通畅。

检验方法：观察检查。

一般项目：

（1）盲沟、盲管及横向导水管的管径、间距、坡度，均应符合设计要求。

检验方法：观察和尺量检查。

（2）隧道或坑道内排水明沟及离壁式衬砌外排水沟，其断面尺寸及坡度应符合设计要求。

检验方法：观察和尺量检查。

（3）盲管应与岩壁或初期支护密贴，并应固定牢固；环向、纵向盲管接头宜与盲管相配套。

检验方法：观察检查。

（4）贴壁式、复合式衬砌的盲沟与混凝土衬砌接触部位应做隔浆层。

检验方法：观察检查和检查隐蔽工程验收记录。

3. 质量通病及防治措施

（1）质量通病。隧道内排水沟设置不合理，隧道排水不畅。

（2）防治措施。洞内排水沟一般按下列规定设置：

1）水沟坡度应与线路坡度一致。在隧道中的分坡平段范围内和车站内的隧道，排水沟底部应有不小于 1% 的坡度。

2）水沟断面应根据水量大小确定，要保证有足够的过水能力且便于清理和检查。单线隧道水沟断面不应小于 25cm × 40cm（高 × 宽），双线隧道断面一般应不小于 30cm × 40cm（高 × 宽）。

3）水沟应设在地下水来源一侧。当地下水来源不明时，曲线隧道水沟应设在曲线内侧，直线隧道水沟可设在任意一侧；当地下水较多或采用混凝土宽枕道床。整体道床的隧道，宜设双侧水沟，以免大量水流流经道床而导致道床基底发生病害。

4）双线隧道可设置双制或中心水沟。

5）洞内水沟均应铺设盖板。

6）根据地下水情况，于衬砌墙脚紧靠盖板底面高程处，每隔一定距离应设置 1 个 10cm × 10cm 的泄水孔。墙背泄水孔进口高程以下超挖部分应用同级圬工回填密实，以利于泄水。

（三）塑料排水板排水工程

塑料排水板适用于无自流排水条件且防水要求较高的地下工程以及地下工程种植顶板排水。

1. 施工质量控制

（1）塑料排水板应选用抗压强度大且耐久性好的凸凹型排水板。

（2）塑料排水板排水构造应符合设计要求，并宜符合以下工艺流程：

1）室内底板排水按混凝土底板→铺设塑料排水板（支点向下）→混凝土垫层→配筋混凝土面层等顺序进行。

2）室内侧墙排水按混凝土侧墙→粘贴塑料排水板（支点向啮面）→钢丝网固定→水泥砂浆面层等顺序进行。

3）种植顶板排水按混凝土顶板→找坡层→防水层→混凝土保护层→铺设塑料排水板（支点向上）→铺设土工布→覆土等顺序进行。

4）隧道或坑道排水按初期支护→铺设土工布→铺设塑料排水板（支点向上支护）→二次衬砌结构等顺序进行。

（3）铺设塑料排水板应采用搭接法施工，长短边衔接宽度均不应小于 100mm；塑料排水板的接缝处宜采用配套黏结或热熔焊接。

（4）地下工程种植顶板种植土若低于周边土体，塑料排水板排水层必须结合排水沟或盲沟分区设置，并保证排水畅通。

（5）塑料排水板应与土工布复合使用。土工布宜采用 200~400g/m² 的聚酯无纺布。土工布应铺设在塑料排水板的凸面上，相邻土工布搭接宽度不应小于 200mm，搭接部位应采用黏合或缝合。

（6）塑料排水板排水分项工程检验批的抽样检验数量，应按铺设面积每 100 ㎡抽查 1 处，每处 10m² 且不得少于 3 处。

2. 施工质量验收

主控项目：

（1）塑料排水板和土工布必须符合设计要求。

检验方法：检查产品合格证、产品性能检测报告。

（2）塑料排水板排水层必须与排水系统连通，不得有堵塞现象。

检验方法：观察检查。

一般项目：

（1）塑料排水板排水层构造做法应符合《地下防水工程质量验收规范》（GB50208—2011）第 7.3.3 条的规定。

检验方法：观察检查和检查隐蔽工程验收记录。

（2）塑料排水板的搭接宽度和搭接方法应符合《地下防水工程质量验收规范》（GB50208—2011）第 7.8.4 条的规定。

检验方法：观察和尺量检查。

（3）土工布铺设应平整、无褶皱；土工布的搭接宽度和搭接方法应符合《地下防水工程质量验收规范》（GB50208—2011）第 7.3.6 条的规定。

检验方法：观察和尺量检查。

第七章　砌体与混凝土结构工程施工质量控制

第一节　砌体结构工程

砌体结构指的是用砖砌体、石砌体或砌块砌体建造的结构，又称砖石结构。

一、砖砌体工程

砖砌体主要适用于烧结普通砖、烧结多孔砖、混凝土多孔砖、混凝土实心砖、蒸压灰砂砖、蒸压粉煤灰砖等砌体工程。

1. 施工质量控制

（1）用于清水墙、柱表面的砖，应边角整齐、色泽均匀。

（2）砌体砌筑时，混凝土多孔砖、混凝土实心砖、蒸压灰砂砖、蒸压粉煤灰砖等块体的产品龄期不应小于 28d。

（3）有冻胀环境和条件的地区，地面以下或防潮层以下的砌体不应采用多孔砖。

（4）不同品种的砖不得在同一楼层混砌。

（5）砌筑烧结普通砖、烧结多孔砖、蒸压灰砂砖、蒸压粉煤灰砖砌体时，砖应提前 1~2d 适度湿润，严禁采用干砖或处于吸水饱和状态的砖砌筑。块体湿润程度宜符合下列规定：

1）烧结类块体的相对含水率为 60%~70%。

2）混凝土多孔砖及混凝土实心砖不需浇水湿润，但在气候干燥炎热的情况下，宜在砌筑前对其喷水湿润。其他非烧结类块体的相对含水率为 40%~50%。

（6）采用铺浆法砌筑砌体，铺浆长度不得超过 750mm；当施工期间气温超过 30℃时，铺浆长度不得超过 500mm。

（7）240mm 厚承重墙的每层墙的最上一层砖，砖砌体的阶台水平面上及挑出层的外皮砖，应整砖丁砌。

（8）弧拱式及平拱式过梁的灰缝应砌成楔形缝，拱底灰缝宽度不宜小于 5mm，拱顶灰缝宽度不应大于 15mm，拱体的纵向及横向灰缝应填实砂浆；平拱式过梁拱脚下面应伸入墙内不小于 20mm；砖物平拱过梁底应有 1% 的起拱。

（9）砖过梁底部的模板及其支架拆除时，灰缝砂浆强度不应低于设计强度的 75%。

（10）多孔砖的孔洞应垂直于受压面砌筑。半盲孔多孔砖的封底面应朝上砌筑。

（11）竖向灰缝不应出现瞎缝、透明缝和假缝。

（12）砖砌体施工临时间断处补砌时，必须将接槎处表面清理干净、洒水湿润并填实砂浆，保持灰缝平直。

（13）夹心复合墙的砌筑应符合下列规定：

1）墙体砌筑时，应采取措施防止空腔内掉落砂浆和杂物。

2）拉结件设置应符合设计要求，拉结件在叶墙上的搁置长度不应小于墙厚度的 2/3，并不应小于 60mm。

3）保温材料品种及性能应符合设计要求。保温材料的浇筑压力不应对砌体强度、变形及外观质量产生不良影响。

2. 施工质量验收

主控项目：

（1）砖和砂浆的强度等级必须符合设计要求。

抽检数量：每一生产厂家，烧结普通砖、混凝土实心砖每 15 万块，烧结多孔砖、混凝土多孔砖、蒸压灰砂砖及蒸压粉煤灰砖每 10 万块各为一验收批，不足上述数量时按 1 批计，抽检数量为 1 组。砂浆试块的抽检数量：每一检验批且不超过 250m² 砌体的各类、各强度等级的普通砌筑砂浆，每台搅拌机应至少抽检一次。验收批的预拌砂浆、蒸压加气混凝土砌块专用砂浆。抽检可为 3 组。

检验方法：检查砖和砂浆试块试验报告。

（2）砌体灰缝砂浆应密实、饱满，砖墙水平灰缝的砂浆饱满度不得低于 80%；砖柱水平灰缝和竖向灰缝饱满度不得低于 90%。

抽检数量：每检验批抽查不应少于 5 处。

检验方法：用百格网检查砖底面与砂浆的黏结痕迹面积，每处检测 3 块砖，取其平均值。

（3）砖砌体的转角处和交接处应同时砌筑，严禁无可靠措施的内外墙分砌施工。在抗震设防烈度为 8° 及 8° 以上地区，对不能同时砌筑而又必须留置的临时间断处应砌成斜槎，普通砖砌体斜槎水平投影长度不应小于高度的 2/3，多孔砖砌体的斜槎长高比不应小于 1/2。斜槎高度不得超过一步脚手架的高度。

抽检数量：每检验批抽查不应少于 5 处。

检验方法：观察检查。

（4）非抗震设防及抗震设防烈度为 6° 、7° 地区的临时间断处，当不能留斜槎时，除转角处外可留直槎，但直槎必须做成凸槎且应加设拉结钢筋，拉结钢筋应符合下列规定：

1）每 120mm 墙厚放置 1φ6 拉结钢筋（120mm 厚墙应放置 2φ6 拉结钢筋）；

2）间距沿墙高不应超过 500mm，且竖向间距偏差不应超过 100mm；

3）埋入长度从留槎处算起每边均不应小于 500mm，对抗震设防烈度 6° 、7° 的地区，不应小于 1000mm。

4）末端应有 90° 弯钩。

抽检数量：每检验批抽查不应少于 5 处。

检验方法：观察和尺量检查。

一般项目：

（1）砖砌体组砌方法应正确，内外搭砌，上、下错缝。清水墙、窗间墙无通缝，混水墙中不得有长度大于 300mm 的通缝，长度 200~300mm 的通缝每间不超过 3 处，且不得位于同一面墙体上。砖柱不得采用包心砌法。

抽检数量：每检验批抽查不应少于 5 处。

检验方法：观察检查。配体组和方法抽检每处应为 3~5m。

（2）砖砌体的灰缝应横平竖直、厚薄均匀，水平灰缝厚度及竖向灰缝宽度宜为 10mm，但不应小于 8mm，也不应大于 12mm。

抽检数量：每检验批抽查不应少于 5 处。

检验方法：水平灰缝厚度用尺量 10 皮砖砌体高度

折算：竖向灰缝宽度用尺量 2m 砌体长度折算。

（3）砖砌体尺寸、位置的允许偏差及检验应符合规定。

3. 质量通病及防治措施

（1）砖缝砂浆不饱满，砂浆与砖黏结不良。

1）质量通病。砌体水平灰缝砂浆饱满度低于 80%；竖缝出现瞎缝，特别是空心砖墙，常出现较多的透明缝；砌筑清水墙采取大缩口铺灰，缩口缝深度甚至达 20mm 以上，影响砂浆饱满度。砖在砌筑前未浇水湿润，干砖上墙，或铺灰长度过长，致使砂浆与砖黏结不良。

2）防治措施。

改善砂浆和易性，提高黏结强度，确保灰缝砂浆铺满。

改进砌筑方法。不宜采取铺浆法或摆砖砌筑，应推广“三一砌砖法”，即使用大铲，一块砖、一铲灰、一挤揉的砌筑方法。

当采用铺浆法砌筑时，必须控制铺浆的长度，一般气温条件下不得超过 750mm，当施工期间气温超过 30℃时，不得超过 500mm。

严禁用干砖砌墙。砌筑前 1~2d 应将砖浇湿，使砌筑时烧结普通砖和多孔砖的含水率达到 10%~15%，灰砂砖和粉煤灰砖的含水率达到 8%~12%。

冬期施工时，在正温条件下也应将砖面适当湿润后再砌筑。负温条件下施工无法浇砖时，应适当增大砂浆的稠度。对于 9° 抗震设防地区，在严冬无法浇砖的情况下，不能进行砌筑。

（2）清水墙面游丁走卒。

1）质量通病。大面积的清水墙面常出现了砖竖缝歪斜、宽窄不匀，丁不压中（丁砖未居中在下层顺砖上），清水墙窗台部位与窗间墙部位的上下竖缝发生错位等，直接影响到清水墙面的美观。

2）防治措施。

砌筑清水墙，应选取边角整齐、色泽均匀的砖。

砌清水墙前应进行统一摆底，并先对现场砖的尺寸进行实测，以便确定组砌方法和调整竖缝宽度。

摆底时应将窗口位置引出，使砖的竖缝尽量与窗口边线相齐，如安排不开，可适当移动窗口位置（一般不大于 20mm）。当窗口宽度不符合砖的模数（如 1.8m 宽）时，应将七分头砖留在窗口下部的中央，以保持窗间墙处上下竖缝不错位。

游丁走卒主要是由丁砖游动所引起的，因此在砌筑时，必须强调丁压中，即丁砖的中线与下层顺砖的中线重合。

在砌大面积清水墙（如山墙）时，在开始砌的几层砖中，沿墙角 1m 处，用线坠吊一次竖缝的垂直度，至少保持一步架高度内有准确的垂直度。

沿墙面每隔一定间距，在竖缝处弹墨线，墨线用经纬仪或线坠引测。当砌至一定高度（一步架或一层墙）后，将墨线向上引伸，以作为控制游丁走缝的基准。

二、混凝土小型空心砌块砌体工程

混凝土小型空心砌块指的是普通混凝土小型空心砌块和轻集料混凝土小型空心砌块（简称小砌块）。

1. 施工质量控制

（1）施工前，应按房屋设计图编绘小砌块平、立面排块图，施工中应按排块图施工。

（2）施工采用的小砌块的产品龄期不应小于 28d。

（3）砌筑小砌块时，应清除表面污物、剔除外观质量不合格的小砌块。

（4）砌筑小砌块砌体，宜选用专用小砌块砌筑砂浆。

（5）底层室内地面以下或防潮层以下的砌体，应采用强度等级不低于 C20（或 Cb20）的混凝土灌实小砌块的孔洞。

（6）砌筑普通混凝土小型空心砌块砌体，不需对小砌块浇水湿润，如遇天气干燥炎热，宜在砌筑前对其喷水湿润；对轻集料混凝土小砌块，应提前浇水湿润，块体的相对含水率宜为 40%~50%。雨天及小砌块表面有浮水时，不得施工。

（7）承重墙体使用的小砌块应完整、无破损、无裂缝。

（8）小砌块墙体应孔对孔、肋对肋错缝搭砌。单排孔小砌块的搭接长度应为块体长度的 1/2；多排孔小砌块的搭接长度可适当调整，但不宜小于小砌块长度的 1/3，且不应小于 90mm。墙体的个别部位不能满足上述要求时，应在灰缝中设置拉结钢筋或钢筋网片，但竖向通缝仍不得超过两皮小砌块。

（9）小砌块应将生产时的底面朝上反砌于墙上。

（10）小砌块墙体宜逐块坐（铺）浆砌筑。

（11）在散热器、厨房和卫生间等设备的卡具安装处砌筑的小砌块，宜在施工前用强度等级不低于 C20（或 Cb20）的混凝土将其孔洞灌实。

（12）每步架墙（柱）副筑完后，应立即刮平墙体灰缝。

（13）芯柱处小砌块墙体砌筑应符合下列规定：

1）每一楼层芯柱处第一皮砌块应采用开口小砌块。

2）砌筑时应随砌随清除小砌块孔内的毛边，并将灰缝中挤出的砂浆刮净。

（14）芯柱混凝土宜选用专用小砌块灌孔混凝土。浇筑芯柱混凝土应符合下列规定：

1）每次连续浇筑的高度宜为半个楼层，但不应大于 1.8m；

2）浇筑芯柱混凝土时，砌筑砂浆强度应大于 1MPa；

3）清除孔内掉落的砂浆等杂物，并用水冲淋孔壁；

4）浇筑芯柱混凝土前，应先注入适量与芯柱混凝土成分相同的去石砂浆；

5）每浇筑 400~500mm 高度捣实一次，或边浇筑边捣实。

（15）小砌块复合夹心墙的砌筑应参照砖砌体工程的相关内容。

2. 施工质量验收

主控项目：

（1）小砌块和芯柱混凝土、砌筑砂浆的强度等级必须符合设计要求。

抽检数量：每一生产厂家，每 1 万块小砌块为一验收批，不足 1 万块按一批计，抽检数量为 1 组；用于多层以上建筑的基础和底层的小砌块抽检数量不应少于 2 组。砂浆的抽检数量见“砖砌体工程”的相关内容。

检验方法：检查小砌块和芯柱混凝土、砌筑砂浆试块试验报告。

（2）砌体水平灰缝和竖向灰缝的砂浆饱满度，按净面积计算不得低于 90%。

抽检数量：每检验批抽查不应少于 5 处。

检验方法：用专用百格网检测小砌块与砂浆黏结痕迹，每处检测 3 块小砌块，取其平均值。

（3）墙体转角处和纵横交接处应同时砌筑。临时间断处应砌成斜槎，斜槎水平投影长度不应小于斜槎高度。施工洞口可预留直槎，但在洞口砌筑和补砌时，应在直槎上下搭砌的小砌块孔洞内用强度等级不低于 C20（或 Cb20）的混凝土灌实。

抽检数量：每检验批抽查不应少于 5 处。

检验方法：观察检查。

（4）小砌块砌体的芯柱在楼盖处应贯通，不得削弱芯柱截面尺寸；芯柱混凝土不得漏灌。

抽检数量：每检验批抽查不应少于 5 处。

检验方法：观察检查。

一般项目：

（1）砌体的水平灰缝厚度和整向灰缝宽度宜为 10mm，但不应小于 8mm，也不应大于

12mm。

抽检数量：每检验批抽查不应少于5处。

检验方法：水平灰缝厚度用尺量5皮小砌块的高度折算；竖向灰缝宽度用尺量2m砌体长度折算。

（2）小砌块砌体尺寸、位置的允许偏差应按规定执行。

3. 质量通病及防治措施

（1）混凝土小型空心砌块砌筑采取底面朝下正砌于墙上。

1）质量通病。混凝土小型砌块砌筑时采用底面朝下的正砌方法。由于小砌块是采用竖向抽芯工艺生产的，上部的壁肋薄，底部壁肋较厚，如果采取底面朝下正砌于墙上，则铺砂浆不便，小砌块砌体的水平灰缝砂浆难以饱满，将会影响砌体的受力性能。

2）防治措施。混凝土小砌块砌筑应采用底面朝上反砌于墙上，便于铺放砂浆和保证水平灰缝砂浆的饱满度以及砌体强度。

（2）混凝土小型空心砌块砌筑墙体整体性差，对受力及抗震不利。

1）质量通病。混凝土小型空心砌块砌筑时，错缝搭砌较差，搭接长度小于120mm，造成墙体整体性差，对受力及抗震不利。

2）防治措施。使用单排孔小砌块砌筑时，应对孔错缝搭砌。使用多排孔小砌块砌筑时，应锚缝搭砌，搭接长度不应小于120mm。墙体的个别部位不能满足上述要求时，应在灰缝中设置拉结钢筋或钢筋网片，但竖向通缝仍不得超过两皮小砌块。

三、石砌体工程

石砌体适用于毛石、毛料石、粗料石、细料石等砌体工程。

1. 施工质量控制

（1）石砌体采用的石材应质地坚实，无裂纹和无明显风化剥落，用于清水墙、柱表面的石材，还应色泽均匀，石材的放射性应经检验合格，其安全性应符合现行国家标准《建筑材料放射性核素限量》）（GB6566—2001）的有关规定。

（2）砌筑前应清除干净石材表面的泥垢、水锈等杂质。

（3）砌筑毛石基础的第一皮石块应坐浆，并将大面向，砌筑料石基础的第一皮石块应用丁砌层坐浆砌筑。

（4）毛石砌体的第一皮及转角处、交接处和洞口处，应用较大的平毛石砌筑。每个楼层（包括基础）砌体的最上一皮，宜选用较大的毛石砌筑。

（5）毛石砌筑时，对石块间存在的较大的缝隙，应先向缝内填灌砂浆并捣实，然后再用小石块嵌填，不得先填小石块后填灌砂浆，石块间不得出现无砂浆相互接触现象。

（6）砌筑毛石挡土墙应按分层高度砌筑，并应符合下列规定：

1）每砌3~4皮为一个分层高度，每个分层高度应将顶层石块砌平。

2）两个分层高度间分层处的错缝不得小于 80mm。

（7）料石挡土墙，当中间部分用毛石砌筑时，丁砌料石伸入毛石部分的长度不应小于 200mm。

（8）毛石、毛料石、粗料石、细料石砌体灰缝厚度应均匀，灰缝厚度应符合下列规定：

1）毛石砌体外露面的灰缝厚度不宜大于 40mm；

2）毛料石和粗料石的灰缝厚度不宜大于 20mm；

3）细料石的灰缝厚度不宜大于 5mm。

（9）挡土墙的泄水孔当设计无规定时，施工应符合下列规定：

1）泄水孔应均匀设置，在每米高度上间隔 2m 左右设置一个；

2）泄水孔与土体间铺设长宽各为 300mm、厚 200mm 的卵石或碎石作疏水层。

（10）挡土墙内侧回填土必须分层夯填，分层松土厚度宜为 300mm。墙顶土面应有适当坡度使流水流向挡土墙外侧面。

（11）在毛石和实心砖的组合墙中，毛石砌体与砖砌体应同时砌筑，并每隔 4~6 皮砖用 2~3 皮丁砖与毛石砌体拉结砌合——两种翻体间的空隙应填实砂浆。

（12）毛石墙和砖墙相接的转角处和交接处应同时砌筑。转角处、交接处应自纵墙（或横墙）每隔 4~6 皮砖高度引出不小于 120mm 与模墙（或纵墙）相接。

2. 施工质量验收

主控项目：

（1）石材及砂浆强度等级必须符合设计要求。

抽检数量：同一产地的同类石材抽检不应少于 1 组。砂浆的抽检数量参照“砖砌体工程”的相关规定。

检验方法：料石检查产品质量证明书，石材、砂浆检查试块试验报告。

（2）砌体灰缝的砂浆饱满度不应小于 80%。

抽检数量：每检验批抽查不应少于 5 处。

检验方法：观察检查。

一般项目：

（1）石砌体尺寸、位置的允许偏差及检验方法应符合规定。

抽检数量：每检验批抽查不应少于 5 处。

（2）石砌体的组砌形式应符合下列规定：

内外搭砌，上下错缝，拉结石、丁砌石交错设置。

毛石墙拉结石每 0.7m 墙面不应少于 1 块。

检查数量：每检验批抽查不应少于 5 处。

检验方法：观察检查。

3. 质量通病及防治措施

（1）质量通病。墙体砌筑缺乏长石料或图省事、操作马虎，不设置拉结石或设置数量较少。这样易造成砌体拉结不牢，影响墙体的整体性和稳定性，降低砌体的承载力。

（2）防治措施。砌体必须设置拉结石，拉结石应均匀分布、相互锚开，在立面上呈梅花形；毛石基础（墙）同皮内每隔 2m 左右设置一块：毛石墙一般每 0.7m² 墙面至少应设置一块，且同皮内的中距不应大于 2m；拉结石的长度，如墙厚小于或等于 400mm，应同厚；如墙厚大于 400mm，可用两块拉结石内外搭接，搭接长度不应小于 150mm，且其中一块长度不应小于墙厚的 2/3。

四、配筋砌体工程

配筋砌体是由配置钢筋的砌体作为建筑物主要受力构件的结构，与普通砌体相比，具有更好的抗弯、抗剪能力和良好的延性。

1. 施工质量控制

（1）配筋砖砌体工程。

1）设置在砌体水平灰缝内的钢筋，应居中置于灰缝中，灰缝厚度应比钢筋的直径大 4mm 以上。砌体灰缝内钢筋与砌体外露面距离不应小于 15mm。

2）砌体水平灰缝中钢筋的锚固长度不宜小于 50d，且其水平或垂直弯折段长度不宜小于 20d 和 150mm；钢筋的搭接长度不应小于 55d。

3）配筋砌块砌体剪力墙的灌孔混凝土中竖向受拉钢筋，钢筋搭接长度不应小于 35d 且不应小于 300mm。

4）砌体与构造柱、芯柱的连接处应设 2∮6 拉结筋或∮4 钢筋网片，间距沿墙高不应超过 500mm(小砌块为 600mm)；埋入墙内长度每边不宜小于 600mm；对抗震设防地区不宜小于 1m；钢筋末端应有 90° 弯钩。

5）钢筋网可采用连弯网或方格网。钢筋直径宜采用 3~4mm；当采用连弯网时，钢筋的直径不应大于 8mm。

6）钢筋网中钢筋的间距不应大于 120mm，并不应小于 30mm。

（2）构造柱、芯柱配筋。

1）构造柱浇灌混凝土前，必须将砌体留槎部位和模板浇水湿润，将模板内的落地灰、砖渣和其他杂物清理干净，并在结合面处注入适量与构造柱混凝土相同等级的去石水泥砂浆。振捣时，应避免触碰墙体，严禁通过墙体传震。

2）配筋砌块芯柱在楼盖处应贯通，并不得削罚芯柱戴面尺寸。

3）构造柱纵筋应穿过圈梁，保证纵筋上下贯通；构造柱箍筋在楼层上下各 500mm 范围内应进行加密，间距宜为 100mm。

4）墙体与构造柱连接处应砌成马牙槎，从每层柱脚起，先退后进，马牙槎的高度不应大于 300mm，并应先砌墙后浇混凝土构造柱。

5）小砌块墙中设置构造柱时，与构造柱相邻的南块孔洞，当设计未具体要求时，6°

（抗震设防烈度，下同）时宜灌实，7° 时应灌实，8° 时应灌实并插筋。

（3）构造柱、芯柱中箍筋。

1）当纵向钢筋的配筋率大于 0.25%，且柱承受的轴向力大于受压承载力设计值的 25% 时，柱应设箍筋；当配筋率等于或小于 0.25% 时，或柱承受的轴向力小于受压承载力设计值的 25% 时，柱中可不设置箍筋。

2）箍筋直径不宜小于 6mm。

3）箍筋地间距不应大于 16 倍的纵向钢筋直径、48 倍箍筋直径及柱截面短边尺寸中较小者。

4）箍筋应做成封闭式，端部应有弯钩。

5）箍筋皮设在灰缝或灌孔混凝土中。

2. 施工质量验收

主控项目：

（1）钢筋的品种、规格、数量和设置部位应符合设计要求。

检验方法：检查钢筋的合格证书、钢筋性能复试试验报告、隐蔽工程记录。

（2）构造柱、芯柱、组合刷体构件、配筋砌体剪力墙构件的混凝土及砂浆的强度等级应符合设计要求。

抽检数量：每检验批砌体，试块不应少于 1 组。验收批体制试块不得少于 3 组。

检验方法：检查混凝土和砂浆试块试验报告。

（3）构造柱与墙体的连接应符合下列规定：

1）墙体应砌成马牙槎，马牙槎凹凸尺寸不宜小于 60mm，高度不应超过 300mm。马牙槎应先退后进，对称砌筑；马牙槎尺寸偏差每一构造柱不应超过 2 处。

2）预留拉结钢筋的规格、尺寸、数量及位置应正确，拉结钢筋应沿墙高每隔 500mm 设 2Φ6，伸入墙内不宜小于 600mm，钢筋的整向移位不应超过 100mm，且每一构造柱竖向移位不得超过 2 处。

3）施工中不得任意弯折拉结钢筋。

抽检数量：每检验批抽查不应少于 5 处。

检验方法：观察检查和尺量检查。

（4）配筋砌体中受力钢筋的连接方式及锚固长度、搭接长度应符合设计要求。

检查数量：每检验批抽查不应少于 5 处。

检验方法：观察检查。

一般项目：

（1）构造柱一般尺寸允许偏差及检验方法应符合规定。

抽检数量：每检验批抽查不应少于 5 处。

（2）设置在砌体灰缝中钢筋的防腐保护应符合《砌体结构施工质量验收规》（GB50203—2019）的相关规定，且钢筋防护层完好，不应有肉眼可见的裂纹、剥落和擦痕等缺陷。

抽检数量：每检验批抽查不应少于 5 处。

检验方法：观察检查。

（3）网状配筋砖砌体中，钢筋网规格及放置间距应符合设计规定。每一构件钢筋网沿砌体高度位置超过设计规定一皮砖厚不得多于 1 处。

抽检数量：每检验批抽查不应少于 5 处。

检验方法：通过钢筋网成品检查钢筋规格，钢筋网放置间距采用局部剔缝观察，或用探针刺入灰缝内检查，或用钢筋位置测定仪测定。

（4）钢筋安装位置的允许偏差及检验方法应符合规定。

3. 质量通病及防治措施

（1）配防砌体钢筋遗漏和锈蚀。

1）质量通病。配筋砌体（水平配筋）中的钢筋在操作时漏放，或没有按照设计规定放置；配筋砖缝中砂浆不饱满，年久钢筋遭到严重锈蚀而失去作用。上述两种现象会使配筋体强度大幅度降低。特别是当同一条灰缝中有的部位如窗间墙有配筋，有的部位无配筋时，皮数杆灰缝若按无配筋劝体划制，则会造成配筋部位灰缝厚度偏小，使配筋在灰缝中没有保护层，或局部未被砂浆包裹，造成钢筋锈蚀。

2）防治措施。

砌体中的配筋与混凝土中的钢筋一样，都属于隐蔽工程项目，应加强检查，并填写检查记录存档。施工中，对所砌部位需要的配筋应一次备齐，以便检查有无遗漏。浇筑时，配筋端头应从砖缝处露出，作为配筋标志。

配筋宜采用冷拔钢丝点焊网片，砌筑时，应适当增加灰缝厚度（以钢筋网片厚度上下各有 2mm 保护层为宜）。如同一标高墙面有配筋和无配筋两种情况，可分划两种皮数杆，一般配筋砌体最好为外抹水泥砂浆混水墙，这样就不会影响墙体缝式的美观。

为了确保砖缝中钢筋保护层的质量，应先将钢筋网片刷水泥净浆。网片放置前，底面砖层的纵横竖缝应用砂浆填实，以增强砌体强度，同时，也能防止铺浆刷筑时砂浆掉入竖缝中而出现露筋现象。

配筋砌体一般均使用强度等级较高的水泥砂浆，为了使挤浆严实，严禁用干砖砌筑。应采取满铺满挤（也可适当敲砖振实砂浆层），使钢筋能很好地被砂浆包裹。

如有条件，可在钢筋表面涂刷防腐涂料或防锈剂。

（2）网状配筋固体中采用绑扎网片代替焊接网片。

1）质量通病。网状配筋时体的钢筋网，若施工时图省事，采用绑扎网片，会由于绑扎网片易变形，不易平直，不利于控制灰缝厚度和保持钢筋保护层厚度，会影响砂浆与砖和钢筋的牢固黏结，降低砌体的强度和承载力。

2）防治措施。

网状配筋时体钢筋网，宜采用较平直的焊接网片，以满足网面上下砂浆层厚度的要求。

为避免网片上表面砂浆过薄或直接与砖面接触，网片铺放后应将砂浆再次摊平。当采用钢筋弯连片时，由于其平直度较差，在放置前应加以调整，使其尽量平直后再使用，以保证网面上下砂浆层厚度符合要求。

五、填充墙砌体工程

填充墙砌体主要适用于烧结空心砖、蒸压加气混凝土砌块、轻集料混凝土小型空心砌块等填充墙砌体。

1. 施工质量控制

（1）砌筑填充墙时，轻集料混凝土小型空心砌块和蒸压加气混凝土砌块的产品龄期不应小于 28d。蒸压加气混凝土砌块的含水率宜小于 30%。

（2）烧结空心砖、蒸压加气混凝土砌块、轻集料混凝土小型空心砌块等的运输、装卸过程中，严禁抛掷和倾倒，进场后应按品种、规格堆放整齐，堆置高度不宜超过 2m。蒸压加气混凝土砌块在运输及堆放时应防止雨淋。

（3）吸水小的轻集料混凝土小型空心砌块及采用薄灰砌筑法施工的蒸压加气混凝土砌块，砌筑前不应对其浇（喷）水湿润，在气候干燥炎热的情况下，对吸水率较低的轻集料混凝土小型空心砌块宜在砌筑前喷水湿润。

（4）采用普通砌筑砂浆砌筑填充墙时，烧结空心砖、吸水率较大的轻集料混凝土小型空心团块应提前 1~2d 浇（喷）水湿润。蒸压加气混凝土砌块采用蒸压加气混凝土砌块砌筑砂浆或砌筑砂浆砌筑时，应在砌筑当天对砌块砌筑面喷水湿润，块体湿润程度宜符合下列规定：

1）烧结空心砖的相对含水率为 60%~70%；

2）吸水率较大的轻集料混凝土小型空心砌块、蒸压加气混凝土砌块的相对含水率为 40%~50%。

（5）在厨房、卫生间、浴室等处采用轻集料混凝土小型空心图块、蒸压加气混凝土砌块耐筑墙体时，墙底部宜现浇混凝土坎台，其高度宜为 150mm。

（6）填充墙拉结筋处的下皮小砌块宜采用半百孔小砌块或用混凝土灌实孔洞的小砌块；薄灰砌筑法施工的热压加气混凝土砌块砌体。拉结筋应放置在砌块上表面设置的沟槽内。

（7）蒸压加气混凝土砌块、轻集料混凝土小型空心砌块不应与其他块体混砌，不同强度等级的同类块体也不得混砌。

需要注意的是，窗台处和因安装门窗需要，在门窗洞口处两侧填充墙上、中、下部可采用其他块体局部嵌砌，对与框架柱、梁不脱开方法的填充墙，填塞填充墙顶部与梁之间缝隙可采用其他块体。

（8）填充墙砌体砌筑，应待承重主体结构检验批验收合格后进行。填充墙与承重主体结构间的空（缝）隙部位施工，应在填充墙砌筑 14d 后进行。

2. 施工质量验收

主控项目：

（1）烧结空心砖、小砌块和砌筑砂浆的强度等级应符合设计要求。

抽检数量：烧结空心砖每 10 万块为一验收批，小砌块每 1 万块为一验收批，不足上述数量时按一批计。抽检数量为 1 组。砂浆试块的抽检数量参见“砖砌体工程”的相关规定。

检验方法：检查砖、小砌块进场复验报告和砂浆试块试验报告。

（2）填充墙砌体应与主体结构可撑连接，其连接构造应符合设计要求，未经设计同意，不得随意改变连接构造方法。每一填充墙与柱的拉结筋的位置超过一皮块体高度的数量不得多于一处。

抽检数量：每检验批抽查不应少于 5 处。

检验方法：观察检查。

（3）填充墙与承重墙、柱、梁的连接钢筋。当采用化学植筋的连接方式时，应进行实体检测。锚固钢筋拉拔试验的轴向受拉非破坏承载力检验值应为 6.0kN。抽检钢筋在检验值作用下应基材无裂缝、钢筋无滑移宏观裂损现象；持荷 2min 期间荷载值降低不大于 5%。

一般项目：

（1）填充墙砌体尺寸、位置的允许偏差及检验方法应符合规定。

抽检数量：每检验批抽查不应少于 5 处。

（2）填充墙砌体的砂浆饱满度及检验方法应符合规定。

（3）填充墙留置的拉结钢筋或网片的位置应与块体皮数相符合。拉结钢筋或网片应置于灰缝中，埋置长度应符合设计要求，竖向位置偏差不应超过一皮高度。

抽检数量：每检验批抽查不应少于 5 处。

检验方法：观察和用尺量检查。

（4）蒸压加气混凝土砌块搭漏长度不应小于画块长度的 1/3；轻集料混凝土小型空心砌块搭砌长度不应小于 90mm；竖向通缝不应大于 2 皮。

抽检数量：每检验批抽查不应少于 5 处。

检验方法：观察检查。

（5）填充墙的水平灰缝厚度和竖向灰缝宽度应正确。烧结空心砖、轻集料混凝土小型空心砌块砌体的灰缝应为 8~12mm；蒸压加气混凝土砌块砌体当采用水泥砂浆、水泥混合砂浆或蒸压加气混凝土砌块砌筑砂浆时，水平灰缝厚度和竖向灰缝宽度不应超过 15mm；当蒸压加气混凝土块体采用蒸压加气混凝土砌块黏结砂浆时，水平灰缝厚度和竖向灰缝宽度宜为 3~4mm。

抽检数量：每检验批抽查不应少于 5 处。

检验方法：水平灰缝厚度用尺量 5 皮小砌块的高度折算；竖向灰缝宽度用尺量 2m 砌体长度折算。

3. 质量通病及防治措施

（1）填充墙与混凝土柱、梁、墙连接不良。

1）质量通病。填充墙与柱、梁、墙连接处出现裂缝，严重的受冲撞时倒塌。

2）防治措施。

①轻质小砌块填充墙应沿墙高每隔 600mm 与柱或承重墙内预埋的 2ϕ6 钢筋拉结，钢筋伸入填充墙内长度不应小于 600mm。加气砌块填充墙与柱和承重墙交接处应沿墙高每隔 1m 设置 2ϕ6 拉结筋，伸入填充墙内不得小于 500mm。

②填充墙砌至拉结筋部位时，将拉结筋调直，平铺在墙上，然后铺灰砌墙；严禁把拉结筋折断或未伸入墙体灰缝中。

3）填充墙砌完后，砌体还将有一定的变形，因此要求填充墙砌到梁。板底留一定的空隙。在抹灰前再用侧砖、立砖或预制混凝土块斜砌挤紧，其侧斜度为 60° 左右，砌筑砂浆要饱满。另外，在填充墙与柱、梁、板结合处须用砂浆嵌缝，这样可以使填充墙与梁、板、柱结合紧密，不易开裂。

4）对已出现问题的填充墙按下列方法处理：

a. 柱、梁、板或承重墙内漏放拉结筋时，可在拉结筋部位将混凝土保护层凿除，将拉结筋按规范要求的搭接倍数焊接在柱、梁、板或承重墙钢筋上。

b. 柱、梁、板或承重墙与填充墙之间出现裂缝，可凿除原有缝砂浆，重新嵌缝。

（2）填充墙砌体的灰缝厚度、宽度过小或过大。

1）质量通病。填充墙时体的灰缝厚度和宽度铺设过小或过大，对翻体的施工都会带来一定危害。当填充墙砌体灰缝厚度、宽度过小时，就会对砌筑砂浆的和易性要求高，不仅会增加砌筑难度，施工工效降低，且不能保证砌体砂浆饱满度达到规范要求，灰缝的厚度，宽度过大，不仅浪费制筑砂浆，且加大砌体灰缝的收缩，不利于砌体裂缝的控制，影响填充墙砌体的质量。

2）防治措施。填充墙砌体的灰缝厚度和宽度应严加控制。空心砖、轻集料混凝土小型空心砌块的砌体灰缝应为 8~12mm，蒸压加气混凝土砌块砌体的水平灰缝厚度及竖向灰缝宽度宜分别为 15mm 和 20mm。另外，施工中应加强检查。

第二节　混凝土结构工程

混凝土结构是以混凝土为主制成的结构，包括索混凝土结构、钢筋混凝土结构和预应力混凝土结构，按施工方法分为现浇混凝土结构和装配式混凝土结构。混凝土结构子分部工程可划分为模板、钢筋、预应力、混凝土、现浇结构和装配式结构等分项工程。

一、模板安装工程

模板工程在混凝土施工中是一种临时结构，指新浇混凝土成型的模板以及支承模板的一整套构造体系，其中，接触混凝土并控制预定尺寸、形状。位置的构造部分称为模板，支持和固定模板的杆件、桁架、联结件、金属附件、工作便桥等构成支承体系，对于滑动模板，自升模板则增设提升动力以及提升架、平台等构成。

1. 施工质量控制

（1）支架立柱和整向模板安装在基土上时，应符合下列规定：

1）应设置具有足够强度和支承面积的垫板，且应中心承载。

2）基土应坚实，并应有排水措施：对于湿陷性黄土，应有防水措施；对于冻胀性土，应有防冻融措施。

3）对于软土地基，当需要时可采用堆载预压的方法调整模板面安装高度。

（2）竖向模板安装时，应在安装基层面上测量放线，并应采取保证模板位置准确的定位措施。对竖向模板及支架，安装时应有临时稳定措施。安装位于高空的模板时，应有可靠的防倾覆措施。应根据混凝土一次浇筑高度和浇筑速度，采取合理的竖向模板抗侧移、抗浮和抗倾覆措施。

（3）对跨度不小于 4m 的梁板，其模板起拱高度宜为梁，板跨度的 1/100 ~ 3/100。

（4）采用扣件式钢管作高大模板支架的立杆时，支架搭设应完整，并应符合下列规定：

1）钢管规格、间距和扣件应符合设计要求；

2）立杆上应每步设置双向水平杆，水平杆应与立杆扣接；

3）立杆底部应设置垫板。

（5）采用扣件式钢管做高大模板支架的立杆时，除应符合上述（4）的规定外，还应符合下列规定：

1）对大尺寸混凝土构件下的支架，其立杆顶部应插入可调托座，可调托座距顶部水平杆的高度不应大于 600mm 可调托座螺杆外径不应小于 36mm，插入深度不应小于 180mm。

2）立杆的纵。横向间距应满足设计要求，立杆的步距不应大于 1.8m，顶层立杆步距应适当减小，且不应大于 1.5m；支架立杆的搭设垂直偏差不应大于 5/1000，且不应大于 100mm。

3）在立杆底部的水平方向上应按纵下构上的次序设置扫地杆。

4）承受模板荷载的水平杆与支架立杆连接的扣件。其拧紧力矩不应小于 40N · m，且不应大于 65N · m。

（6）采用碗扣式。插接式和盘销式钢管架搭设模板支架时，应符合下列规定：

1）碗扣架或盘销架的水平杆与立柱的扣接应牢靠，不应滑脱。

2）立杆上的上、下层水平杆间距不应大于1.8m。

3）插入立杆顶端可调托撑伸出顶层水平杆的悬臂长度不应超过650mm，螺杆插入钢管的长度不应小于150mm，其直径应满足与钢管内径间隙不小于6mm的要求。架体最顶层的水平杆步距应比标准步距缩小一个节点间距。

4）立柱间应设置专用斜杆或扣件钢管斜杆加强模板支架。

（7）采用门式钢管架搭设模板支架时，应符合下列规定：

1）支架应符合现行行业标准《建筑施工门式钢管脚手架安全技术规范》（JGJ128—2010）的有关规定；

2）当支架高度较大或荷载较大时，宜采用主立杆钢管直径不小于48mm并有横杆加强杆的门架搭设。

（8）支架的垂直斜撑和水平斜撑应与支架同步搭设。架体应与成形的混凝土结构拉结。钢管支架的垂直斜撑和水平斜撑的搭设应符合国家现行有关钢管脚手架标准的规定。

（9）对现浇多层、高层混凝土结构，上、下楼层模板支架的立杆应对准，模板及支架钢管等应分散堆放。

（10）模板安装应保证混凝土结构构件各部分形状、尺寸和相对位置准确，并应防止漏浆。

（11）模板安装应与钢筋安装配合进行，梁柱节点的模板宜在钢筋安装后安装。

（12）模板与混凝土接触面应清理干净并涂刷脱模剂，脱模剂不得污染钢筋和混凝土接槎处。

（13）模板安装完成后，应将模板内杂物清除干净。

（14）后浇带的模板及支架应独立设置。

（15）固定在模板上的预埋件、预留孔和预留洞均不得遗漏，且应安装牢固、位置准确。

2. 施工质量验收

主控项目：

（1）模板及支架用材料的技术指标应符合国家现行有关标准的规定，进场时应抽样检验模板和支架材料的外观、规格和尺寸。

检查数量：按国家现行有关标准的规定确定。

检验方法：检查质量证明文件，观察，尺量。

（2）现浇混凝土结构模板及支架的安装质量，应符合国家现行有关标准的规定和施工方案的要求。

检查数量：按国家现行有关标准的规定确定。

检验方法：按国家现行有关标准的规定执行。

（3）后浇带处的模板及支架应独立设置。

检查数量：全数检查。

检验方法：观察。

（4）支架竖杆或竖向模板安装在土层上时，应符合下列规定：

1）土层应坚实、平整，其承载力或密实度应符合施工方案的要求；

2）应有防水、排水措施，对冻胀性土，应有预防冻融措施；

3）支架竖杆下应有底座或垫板。

检查数量：全数检查。

检验方法：观察，检查土层密实度检测报告、土层承载力验算或现场检测报告。

一般项目：

（1）模板安装应符合下列规定：

1）模板的接缝应严密；

2）模板内不应有杂物、积水或冰雪等；

3）模板与混凝土的接触面应平整、清洁；

4）用作模板的地坪、胎膜等应平整、清洁，不应有影响构件质量的下沉、裂缝、起砂或起鼓；

5）对清水混凝土及装饰混凝土构件，应使用能达到设计效果的模板。

检查数量：全数检查。

检验方法：观察。

（2）隔高剂的品种和涂刷方法应符合施工方案的要求，隔离剂不得影响结构性能及装饰施工不得沾污钢筋、预应力筋、预埋件和混凝土接槎处，不得对环境造成污染。

检查数量：全数检查。

检验方法：检查质量证明文件，观察。

（3）模板的起拱应符合现行国家标准《混凝土结构工程施工规范》（GB50666—2019）的规定，并应符合设计及施工方案的要求。

检查数量：在同一检验批内，对梁，跨度大于18m时应全数检查，跨度不大于18m时应抽查构件数量的10%，且不应少于3件；对板，应按有代表性的自然间抽查10%，且不应少于3间；对大空间结构，板可按纵、横轴线划分检查面，抽查10%，且不应少于3面。

检验方法：水准仪或尺量。

（4）现浇混凝土结构多层连续支模应符合施工方案的规定，上、下层模板支架的竖杆宜对准，竖杆下垫板的设置应符合施工方案的要求。

检查数量：全数检查。

检验方法：观察。

（5）固定在模板上的预埋件和预留孔洞不得遗漏，且应安装牢固。有抗渗要求的混凝土结构中的预埋件，应按设计及施工方案的要求采取防渗措施。预埋件和预留孔洞的位置应满足设计和施工方案的要求。

检查数量：在同一检验批内，对梁、柱和独立基础，应抽查构件数量的10%，且不应少于3件；对墙和板，应按有代表性的自然间抽查10%，且不应少于3间；对大空间结构，墙可按相邻轴线间高度5m左右划分检查面，板可按纵、横轴线划分检查面，抽查10%，且均不应少于3面。

检验方法：观察，尺量。

（6）现浇结构模板安装的偏差及检验方法应符合规定。

检查数量：在同一检验批内，对梁、柱和独立基础，应抽查构件数量的10%，且不应少于3件：对墙和板，按有代表性的自然间抽查10%，且不应少于3间；对大空间结构，墙可按相邻轴线间高度5m左右划分检查面，板可按纵、横轴线划分检查面，抽查10%，且均不应少于3面。

（7）预制构件模板安装的偏差及检验方法应符合规定。

3. 质量通病及防治措施

（1）质量通病。墙体、立柱等竖向构件模板安装后，如不经过垂直度校正，各层垂直度累积偏差过大将造成构筑物向一侧倾斜；各层垂直度累积偏差不大，但相互间相对偏差较大，也将导致混凝土实测质量不合格，且给面层装饰找平带来困难和隐患。局部外倾部位如需凿除，可能危及结构安全及露出结构钢筋，造成受力不利及钢筋易锈蚀；局部内倾部位如需补足粉刷，则粉刷层过厚会造成起壳等隐患。

（2）防治措施。竖向构件每层施工模板安装后，均需在立面内外侧用线锤吊测垂直度，并校正模板垂直度在允许偏差范围内。在每施工一定层次后须从顶到底统一吊垂线检查垂直度，从而控制整体垂直度在一定的允许偏差范围内，如发现墙体有向一侧倾斜的趋势，应立即加以纠正。对每层模板垂直度校正后须及时加支撑，以防止浇捣混凝土过程中模板受力后再次发生偏位。

二、钢筋工程

（一）材料要求

1. 质量控制

（1）钢筋的规格和性能应符合国家现行有关标准的规定。

（2）对有抗震设防要求的结构，其纵向受力钢筋的性能应满足设计要求。

（3）钢筋在运输和存放时，不得损坏包装和标志，并应按牌号，规格分别堆放。室外堆放时，应采用避免钢筋锈蚀的措施。

（4）当发现钢筋脆断、焊接性能不良或力学性能显著不正常等现象时，应停止使用该批钢筋，并对该批钢筋进行化学成分检验或其他专项检验。

2. 质量验收

主控项目：

（1）钢筋进场时，应按国家现行相关标准的规定抽取试件做屈服强度、抗拉强度、伸长率、弯曲性能和重量偏差检验，检验结果应符合相应标准的规定。

检查数量：按进场批次和产品的抽样检验方案确定。

检验方法：检查质量证明文件和抽样检验报告。

（2）成型钢筋进场时，应抽取试件做屈服强度、抗拉强度，伸长率和重量偏差检验，检验结果应符合国家现行有关标准的规定。

对由热轧钢筋制成的成型钢筋。当有施工单位或监理单位的代表驻厂监督生产过程，并提供原材钢筋力学性能第三方检验报告时，可仅进行重量偏差检验。

检查数量：同一厂家、同一类型、同一钢筋来源的成型钢筋，不超过 30t 为一批，每批中每种钢筋牌号、规格均应至少抽取 1 个钢筋试件，总数不应少于 3 个。

检验方法：检查质量证明文件和抽样检验报告。

（3）对按一、二、三级抗震等级设计的框架和斜撑构件（含梯段）中的纵向受力普通钢筋应采用 HRB335E、HRB400E、HRB500E、HRBF400E 或 HRBF500E 钢筋，其强度和最大力下总伸长率的实测值应符合下列规定：

1）抗拉强度实测值与屈服强度实测值的比值不应小于 1.25；

2）屈服强度实测值与屈服强度标准值的比值不应大于 1.30；

3）最大力下，总伸长率不应小于 9%。

检查数量：按进场的批次和产品的抽样检验方案确定。

检验方法：检查抽样检验报告。

一般项目：

（1）钢筋应平直、无损伤，表面不得有裂纹、油污、颗粒状或片状老锈。

检查数量：全数检查。

检验方法：观察。

（2）成型钢筋的外观质量和尺寸偏差应符合国家现行有关标准的规定。

检查数量：同一厂家、同一类型的成型钢筋，不超过 30t 为一批，每批随机抽取 3 个成型钢筋。

检验方法：观察，尺量。

（3）钢筋机械连接套筒、钢筋锚固板以及预埋件等的外观质量应符合国家现行有关标准的规定。

检查数量：按国家现行有关标准的规定确定。

检验方法：检查产品质量证明文件，观察，尺量。

（二）钢筋加工

1. 施工质量控制

（1）钢筋加工宜在专业化加工厂进行。

（2）钢筋的表面应清洁、无损伤，油渍、漆污和铁锈应在加工前清除干净，带有颗粒状或片状老锈的钢筋不得使用。钢筋除锈后如有严重的表面缺陷，应重新检验该批钢筋的力学性能及其他相关性能指标。

（3）钢筋加工宜在常温状态下进行，加工过程中不应加热钢筋。钢筋弯折应一次完成，不得反复弯折。

（4）钢筋宜采用无延伸功能的机械设备进行调直，也可采用冷拉方法调直。当采用冷拉方法调直时，HPB300 光圆钢筋的冷拉率不宜大于 4%；HRB335、HRB400、HRB500、HRBF35、HRBF400、HRBF500 及 RRB400 带肋钢筋的冷拉率不宜大于 1%。钢筋调直过程中不应损伤带肋钢筋的横肋，调直后的钢筋应平直，不应有局部弯折。

（5）受力钢筋的弯折应符合下列规定：

1）光圆钢筋末端应做 180° 弯钩，弯钩的弯后平直部分长度不应小于钢筋直径的 3 倍。做受压钢筋使用时，光圆钢筋末端可不做弯钩。

2）光圆钢筋的弯弧内直径不应小于钢筋直径的 2.5 倍。

3)335MPa 级和 400MPa 级带肋钢筋的弯弧内直径不应小于钢筋直径的 5 倍。

4）直径为 28mm 以下的 500MPa 级带肋钢筋的弯弧内直径不应小于钢筋直径的 6 倍，直径为 28mm 及以上的 500MPa 级带肋钢筋的弯弧内直径不应小于钢筋直径的 7 倍。

5）框架结构的顶层端节点，对梁上部纵向钢筋、柱外侧纵向钢筋在节点角部弯折处，当钢筋直径为 28mm 以下时，弯弧内直径不宜小于钢筋直径的 12 倍；钢筋直径为 28mm 及以上时，弯弧内直径不宜小于钢筋直径的 16 倍。

6）箍筋弯折处的弯弧内直径尚不应小于纵向受力钢筋直径。

（6）除焊接封闭箍筋外，箍筋、拉筋的末端应按设计要求做弯钩。当设计无具体要求时，应符合下列规定：

1）箍筋，拉筋夸钩的弯弧内直径应符合上述第（5）条的规定；

2）对一般结构构件，箍筋弯钩的弯折角度不应小于 90°，弯折后平直部分长度不应小于箍筋直径的 5 倍；对有抗震设防及设计有专门要求的结构构件，箍筋弯钩的弯折角度不应小于 135°，弯折后平直部分长度不应小于箍筋直径的 10 倍和 75mm 的较大值。

3）圆柱锥筋的搭接长度不应小于钢筋的锚固长度，两末端均应做 135° 弯钩，弯折后平直部分长度对一般结构构件不应小于箍筋直径的 5 倍，对有抗震设防要求的结构构件不应小于箍筋直径的 10 倍。

4）拉筋两端弯钩的弯折角度均不应小于 135°，弯折后平直部分长度不应小于拉筋直径的 10 倍。

（7）焊接封闭箍筋宜采用闪光对焊，也可采用气压焊或单面搭接焊，并宜采用专用设备进行焊接。焊接封闭箍筋下料长度和端头加工应按不同焊接工艺确定，多边形焊接封闭箍筋的焊点设置应符合下列规定：

1）每个箍筋的焊点数量应为 1 个，焊点宜位于多边形箍筋中的某边中部，且距拉筋弯折处的位置不宜小于 100mm。

2）矩形柱箍筋焊点宜设在柱短边，等边多边形柱箍筋焊点可设在任一边，不等边多边形柱箍筋应加工成焊点位于不同边上的两种类型。

3）梁箍筋焊点应设置在顶边或底边。

2. 施工质量验收

主控项目：

（1）钢筋弯折的弯弧内直径应符合下列规定：

1）光圆钢筋，不应小于钢筋直径的2.5倍；

2）335MPa级、400MPa级带肋钢筋，不应小于钢筋直径的4倍；

3）500MPa级带肋钢筋，当直径为28mm以下时不应小于钢筋直径的6倍，当直径为28mm及以上时不应小于钢筋直径的7倍；

4）箍筋弯折处尚不应小于纵向受力钢筋的直径。

检查数量：同一设备加工的同一类型钢筋，每工作班抽查不应少于3件。

检验方法：尺量。

（2）纵向受力钢筋的弯折后平直段长度应符合设计要求。光圆钢筋末端做180°弯钩时，弯钩的平直段长度不应小于钢筋直径的3倍。

检查数量：同一设备加工的同一类型钢筋，每工作班抽查不应少于3件。

检验方法：尺量。

（3）箍筋、拉筋的末端应按设计要求做弯钩，并应符合下列规定：

1）对一般结构构件，箍筋弯钩的弯折角度不应小于90°，弯折后平直段长度不应小于箍筋直径的5倍；对有抗震设防要求或设计有专门要求的结构构件，箍筋弯钩的弯折角度不应小于135°，弯折后平直段长度不应小于箍筋直径的10倍。

2）圆形箍筋的搭接长度不应小于其受拉锚固长度，且两末端弯钩的弯折角度不应小于135°。弯折后平直段长度对一般结构构件不应小于箍筋直径的5倍，对有抗震设防要求的结构构件不应小于箍筋直径的10倍。

3）梁、柱复合箍筋中的单肢箍筋两端弯钩的弯折角度均不应小于135°，弯折后平直段长度应符合上述对箍筋的有关规定。

检查数量：同一设备加工的同一类型钢筋，每工作班抽查不应少于3件。

检验方法：尺量。

（4）盘卷钢筋调直后应进行力学性能和重量偏差检验。其强度等级应符合国家现行有关标准的规定，其断后伸长率、重量偏差应符合规定。

检查数量：同一设备加工的同一牌号、同一规格的调直钢筋，重量不大于30t为一批，每批见证抽取3个试件。

检验方法：检查抽样检验报告。

一般项目：

钢筋加工的形状、尺寸应符合设计要求，其偏差应符合规定。

检查数量：同一设备加工的同一类型钢筋，每工作班抽查不应少于3件。

检验方法：尺量。

3. 质量通病及防治措施

（1）质量通病。钢筋成形后弯曲处外侧产生横向裂纹。

（2）防治措施。

1）每批钢筋送交仓库时，都要认真核对合格证件，应特别注意冷弯栏所写弯曲角度和弯心直径是不是符合钢筋技术标准的规定；寒冷地区钢筋加工成形场所应采取保温或取暖措施，保证环境温度达到0℃以上。

2）取样复查冷弯性能：取样分析化学成分，检查磷的含量是否超过规定值。检查裂纹是否由于原先已弯折或碰损而形成，如有这类痕迹，则属于局部外伤可不必对原材料进行性能检验。

（三）钢筋连接

1. 施工质量控制

（1）钢筋连接方式应根据设计要求和施工条件选用。

（2）当钢筋采用机械锚固措施时，应符合现行国家标准《混凝土结构设计规范 2015年版》（GB50010—2010）等的有关规定。

（3）钢筋的接头宜设置在受力较小处，同一纵向受力钢筋不宜设置两个或两个以上的接头，接头末端至钢筋弯起点的距离不应小于钢筋公称直径的10倍。

（4）钢筋机械连接应符合现行行业标准《钢筋机械连接技术规程》（JGJ107—2016）的有关规定。机械连接接头的混凝土保护层厚度宜符合现行国家标准《混凝土结构设计规范 2015 年版》（GB50010—2010）中受力钢筋最小保护层厚度的规定，且不得小于15mm；接头之间的横向净距不宜小于25mm。

（5）钢筋焊接连接应符合现行行业标准《钢筋焊接及验收规程》（JG18—2012）的有关规定。

（6）当纵向受力钢筋采用机械连接接头或焊接接头时，设置在同一构件内的接头宜相互锚开。每层柱第一个钢筋接头仪置距楼地面高度不宜小于500mm、柱高的1/6及柱截面长边（或直径）的较大值，连续梁、板的上部钢筋接头位置宜设置在跨中1/3跨度范围内，下部钢筋接头位置宜设置在梁端1/3跨度范围内。

纵向受力钢筋机械连接接头及焊接接头连接区段的长度应为35d（d为纵向受力钢筋的较大直径）且不应小于500mm，凡接头中点位于该连接区段长度内的接头均应属于同一连接区段。同一连接区段内，纵向受力钢筋接头面积百分率为该区段内有接头的纵向受力钢筋截面面积与全部纵向受力钢筋做面面积的比值。同一连接区段内，纵向受力钢筋的接头面积百分率应符合下列规定：

1）在受拉区不宜超过50%，但装配式混凝土结构构件连接处可根据实际情况适当放宽，受压接头可不受限制。

2）接头不宜设置在有抗震要求的框架梁端，柱端的箍筋加密区。当无法避开时，对等强度高质量机械连接接头，不虚超过 50%。

3）直接承受动力荷载的结构构件中，不宜采用焊接接头，当采用机械连接接头时，不应超过 50%。

2. 施工质量验收

主控项目：

（1）钢筋的连接方式应符合设计要求。

检查数量：全数检查。

检验方法：观察。

（2）钢筋采用机械连接或焊接连接时，钢筋机械连接接头、焊接接头的力学性能、弯曲性能应符合国家现行有关标准的规定，接头试件应从工程实体中截取。

检查数量：技现行行业标准《钢筋机械连接技术规程》（JGJ107—2016）和《钢筋焊接及验收规程》（JGJ18—2012）的规定确定。

检验方法：检查质量证明文件和抽样检验报告。

（3）钢筋采用机械连接时，螺纹接头应检验拧紧扭矩值，挤压接头应量测压痕直径，检验结果应符合现行行业标准《钢筋机械连接技术规程》（JGJ107—2016）的相关规定。

检查数量：按现行行业标准《钢筋机械连接技术规程》（JGJ107—2016）的规定确定。

检验方法：采用专用扭力扳手或专用量规检查。

一般项目：

（1）钢筋接:头的位置应符合设计和施工方案要求。有抗震设防要求的结构中，梁端，柱端箍筋加密区范围内不应进行钢筋搭接。按头末端至钢筋弯起点的距离不应小于钢筋直径的 10 倍。

检查数量：全数检查。

检验方法：观察，尺量。

（2）钢筋机械连接接头、焊接接头的外观质量应符合现行行业标准《钢筋机械连接技术规程》（JGJ107—2012）和《钢筋焊接及验收规程》（JGJ18—2016）的规定。

检查数量：按现行行业标准《钢筋机械连接技术规程》（JGJ107—2012）和《钢筋焊接及验收规程》（GJ18—2016）的规定确定。

检验方法：观察，尺量。

（3）当纵向受力钢筋采用机械连接接头或焊接接头时，同一连接区段内纵向受力钢筋的接头面积百分率应符合设计要求。当设计无具体要求时，应符合下列规定：

1）受拉接头，不宜大于 50%；受压接头，可不受限制。

2）直接承受动力荷载的结构构件中，不宜采用焊接；当采用机械连接时，不应超过 50%。

检查数量：在同一检验批内，对梁、柱和独立基础，应抽查构件数量的 10%，且不应少于3件；对墙和板，应按有代表性的自然间抽查10%，且不应少于3间；对大空间结构，墙可按相邻轴线间高度5m左右划分检查面，板可按纵横轴线划分检查面抽查10%，且均不应少于3面。

检验方法：观察，尺量。

注：接头连接区段是指长度为35d且不小于500mm的区段，d为相互连接网根钢筋的直径较小值。

同一连接区段内级向受力钢筋接头面积百分率为接头中点位于该连接区段内的纵向受力钢筋截面面积与全部纵向受力钢筋截面面积的比值。

（4）当纵向受力钢筋采用绑扎搭接接头时，接头的设置应符合下列规定：

1）接头的横向净间距不应小于钢筋直径，且不应小于25mm。

2）同一连接区段内，纵向受拉钢筋的接头面积百分率应符合设计要求。当设计无具体要求时，应符合下列规定。

梁类、板类及墙类构件，不宜超过25%；基础筏板，不宜超过50%。

柱类构件，不宜超过50%。

当工程中确有必要增大接头面积百分率时，对梁类构件，不应大于50%。

检查数量：在同一检验批内，对梁、柱和独立基础，应抽查构件数量的10%，且不应少于3件；对墙和板，需按有代表性的自然间抽查10%，且不应少于3间；对大空间结构，墙可按相邻轴线间高度5m左右划分检查面，板可按纵横轴线划分检查面抽查10%，且均不应少于3面。

检验方法：观察，尺量。

a.接头连接区段是指长度为1.3倍搭接长度的区段，搭接长度取相互连接两能钢筋中较小直径计算。

b.同一连接区段内纵向受力钢筋接头面积百分率为接头中点位于该连接区段长度内的纵向受力钢筋截面面积与全部纵向受力钢筋截面图积的比值。

（5）梁、柱类构件的纵向受力钢筋搭接长度范围内箍筋的设置应符合设计要求；当设计无具体要求时，应符合下列规定：

1）箍筋直径不应小于搭接钢筋较大直径的1/4；

2）受拉搭接区段的箍筋间距不应大于搭接钢筋较小直径的5倍，且不应大于100mm；

3）受压搭接区段的箍筋间距不应大于搭接钢筋较小直径的10倍，且不应大于200mm；

4）当柱中纵向受力钢筋直径大于25mm时，应在搭接接头两个端面外100mm范围内各设置两道箍筋，其间距宜为50mm。

检查数量：在同一检验批内，应抽查构件数量的10%，且不应少于3件。

检验方法：观察，尺量。

3. 质量通病及防治措施

1）质量通病。钢筋焊接区、上下电极与钢筋表面接触处均有烧伤，焊点周围熔化钢液外溢过大，而且毛刺较多，外形不美观，焊点处钢筋显现蓝黑色。

2）防治措施。

除严格执行班前试验，正确优选焊接参数外，还必须进行试焊样品质量自检，目测焊点外观是否与班前合格试件相同，制品几何尺寸和外形是否符合规范和设计要求，全部合格后方可成批焊接。

电压的变化直接影响焊点强度。在一般情况下，电压降低 15%，焊点强度可降低 20%；电压降低 20%，焊点强度可降低 40%。因此，要随时注意电压的变化，电压降低或升高应控制在 5% 的范围内。

发现钢筋点焊制品焊点过烧时，应降低变压器级数，缩短通电时间，按新调整的焊接参数制作焊接试件，经试验合格后方可成批焊制产品。

（四）钢筋安装

1. 施工质量控制

（1）钢筋安装应采用定位件固定钢筋的位置，并宜采用专用定位件。定位件应具有足够的承载力、刚度、稳定性和耐久性。定位件的数量、间距和固定方式应能保证钢筋的位置偏差符合国家现行有关标准的规定。混凝土框架梁、柱保护层内，不宜采用金属定位件。

（2）钢筋安装过程中，设计中允许的部位不宜焊接。如因施工操作原因需对钢筋进行焊接时，焊接质量应符合现行行业标准《钢筋焊接及验收规程》（JGJ18—2012）的有关规定。

（3）采用复合箍筋时，钢筋外围应封闭。梁类构件复合箍筋内部宜选用封闭箍筋，单数肢也可采用拉筋；柱类构件复合箍筋内部可部分采用拉筋。当拉筋设置在复合箍筋内部不对称的一边时，沿纵向受力钢筋方向的相邻复合箍筋应交错布置。

（4）钢筋安装应采取可靠措施防止钢筋受模板、模具内表面的脱模剂污染。

2. 施工质量验收

主控项目：

（1）钢筋安装时，受力钢筋的牌号、规格和数量必须符合设计要求。

检查数量：全数检查。

检验方法：观察，尺量。

（2）钢筋应安装牢固，受力钢筋的安装位置、锚固方式应符合设计要求。

检查数量：全数检查。

检验方法：观察，尺量。

一般项目：

钢筋安装偏差及检验方法应符合规定，受力钢筋保护层厚度的合格点率应达到 90% 及以上，且不得有超过表中数值 1.5 倍的尺寸偏差。

检查数量：在同一检验批内，对梁、柱和独立基础，应抽查构件数量的 10%，且不应少于 3 件；对墙和板，应按有代表性的自然间抽查 10%，且不应少于 3 间；对大空间结构，墙可按相邻轴线间高度 5m 左右划分检查面，板可按纵、横轴线划分检查面抽查 10% 且均不应少于 3 面。

3. 质量通病及防治措施

（1）质量通病。下柱外伸钢筋从柱顶甩出，由于位置偏离设计要求过大，与上柱钢筋搭接不上。

（2）防治措施。

1）在外伸部分加一道临时箍筋，按图纸位置安设好，然后用样板、铁卡或本方卡好固定：浇筑混凝土前再复查一遍，如发生移位，则应矫正后再浇筑混凝土。

2）注意浇筑操作，尽量不碰撞钢筋；浇筑过程中由专人随时检查，及时校核改正。

3）在靠紧搭接不可能时，仍应使上柱钢筋保持设计位置，并采取垫筋焊接对锚位严重的外伸钢筋（甚至超出上柱模板范围），应采取专门精施处理，如加大柱截面、设置附加箍筋以联系上、下柱钢筋。具体方案视实际情况由有关技术部门确定。

三、预应力工程

（一）材料要求

1. 质量控制

（1）预应力工程材料的性能应符合国家现行有关标准的规定。

（2）预应力筋的品种、级别、规格、数量必须符合设计要求。当预应力筋需要代换时，应进行专门计算，并应经原设计单位确认。

（3）预应力工程材料在运输、存放过程中，应采取防止其损伤、锈蚀或污染的保护措施。

2. 质量验收

主控项目：

（1）预应力筋进场时，应按国家现行相关标准的规定抽取试件做抗拉强度、伸长率检验，其检验结果应符合相应标准的规定。

检查数量：按进场的批次和产品的抽样检验方案确定。

检验方法：检查质量证明文件和抽样检验报告。

（2）无黏结预应力钢绞线进场时，应进行防腐润滑脂量和护套厚度的检验，检验结果应符合现行行业标准《无黏结预应力钢绞线》（UG/T161—2016）的规定。经观察认为涂包质量有保证时，无黏结预应力筋可不做有质量和护套厚度的抽样检验。

检查数量：按现行行业标准《无黏结预应力钢绞线》（JG/T161—2016）的规定确定。

检验方法：观察、检查质量证明文件和抽样检验报告。

（3）预应力筋用锚具应和锚垫板、局部加强钢筋配套使用，锚具、夹具和连接器进场时，应按现行行业标准《预应力筋用锚具、夹具和连接器应用技术规程》（JGJ85—2002）的相关规定对其性能进行检验，检验结果应符合该标准的规定。锚具、夹具和连接器用量不足检验批规定数量的50%，且供货方提供有效的检验报告时，可不做静载锚固性能检验。

检查数量：按现行行业标准《预应力筋用锚具、夹具和连接器应用技术规程》（JGJ85—2002）的规定确定。

检验方法：检查质量证明文件、锚固传力性能试验报告和抽样检验报告。

（4）处于特殊环境条件下的无黏结预应力筋用锚具系统，应按现行行业标准《无黏结预应力混凝土结构技术规程》（JGJ92—2004）的相关规定检验其防水性能，检验结果应符合该标准的规定。

检查数量：同一品种、同一规格的锚具系统为一批，每批抽取3套。

检验方法：检查质量证明文件和抽样检验报告。

（5）孔道灌浆用水泥应采用硅酸盐水泥或普通硅酸盐水泥，水泥、外加剂的质量应符合相关规范规定：成品灌浆材料的质量应符合现行国家标准《水泥基灌浆材料应用技术规范》（GB/T50448—2015）的规定。

检查数量：按进场批次和产品的抽样检验方案确定。

检验方法：检查质量证明文件和抽样检验报告。

一般项目：

（1）预应力筋进场时，应进行外观检查，其外观质量应符合下列规定：

1）有黏结预应力筋的表面不应有裂纹，小刺、机械损伤、氧化铁皮和油污等，展开后应平放、不应有弯折；

2）无黏结预应力钢绞线护套应光滑，无裂缝，无明显褶皱，轻微破损处应外包防水塑料胶带修补，严重破损者不得使用。

检查数量：全数检查。

检验方法：观察。

（2）预应力筋用锚具、夹具和连接器进场时，应进行外观检查，其表面应无污物、锈蚀、机械损伤和裂纹。

检查数量：全数检查。

检验方法：观察。

（3）预应力成孔管道进场时，应进行管道外观质量检查、径向刚度和抗渗漏性能检验，其检验结果应符合下列规定：

1）金属管道外观应光滑，内外表面应无锈蚀，油污、附着物、孔洞；金属波纹管不应有不规则褶皱，咬口应无开裂。脱扣、钢管焊缝应连续。

2）塑料波纹管的外观应光滑，色泽均匀，内外壁不应有气泡、裂口、硬块、油污、附着物、孔洞及影响使用的划伤。

3）径向刚度和抗渗透性能应符合现行行业标准《预应力混凝土桥梁用塑料波纹管》（JT/T529—2016）或《预应力混凝土用金属波纹管》（JG225—2004）的规定。

检查数量：外观应全数检查径向刚度和抗渗漏性能的检查数量应按进场的批次和产品的抽样检验方案确定。

检验方法：观察，检查质量证明文件和抽样检验报告。

（二）预应力筋制作与安装

1. 施工质量控制

（1）预应力筋的下料长度应经计算确定，并应采用砂轮锯或切断机等机械方法切断。预应力筋制作或安装时，应避免焊渣或接地电火花损伤预应力筋。

（2）无黏结预应力筋在现场搬运和铺设过程中，不应损伤其塑料护套。当出现轻微破损时，应及时封闭。

（3）钢绞线挤压锚具应采用配套的挤压机制作，并应符合使用说明书的规定。采用的摩擦衬套应沿挤压套筒全长均匀分布；挤压完成后，预应力筋外端应露出挤压套筒不少于1mm。

（4）钢绞线压花锚具应采用专用的压花机制做成型，梨形头尺寸和直线锚固段长度不应小于设计值。

（5）钢丝镦头及下料长度偏差应符合下列规定：

1）镦头的头型直径应为钢丝直径的1.4~1.5倍，高度应为钢丝直径的0.95~1.05倍。

2）镦头不应出现横向裂纹。

3）当钢丝束两端均采用镦头锚具时，同一束中各根钢丝长度的极差不应大于钢丝长度的1/5000，且不应大于5mm。当成组张拉长度不大于10m的钢丝时，同组钢丝长度的极差不得大于2mm。

（6）孔道成型用管道的连接应密封，并应符合下列规定：

1）圆形金属波纹管接长时，可采用大一规格的同波型波纹管作为接头管，接头管长度可取其直径的3倍，且不宜小于200mm。两端旋入长度宜相等，且两端应采用防水胶带密封。

2）塑料波纹管接长时，可采用塑料焊接机热熔焊接或采用专用连接管。

3）钢管连接可采用焊接连接或套筒连接。

（7）预应力筋或成孔管道的定位应符合下列规定：

1）预应力筋或成孔管道应与定位钢筋绑扎牢固，定位钢筋直径不宜小于10mm，间距不宜大于1.2m，板中无黏结预应力筋的定位间距可适当放宽，扁形管道、塑料波纹管或预应力筋曲线曲率较大处的定位间距宜适当缩小。

2）凡施工时需要预先起拱的构件，预应力筋或成孔管道宜随构件同时起拱。

3）预应力筋或成孔管道定位控制点的竖向位置偏差应符合规定。

（8）预应力筋和预应力孔道的间距和保护层厚度，应符合下列规定：

1）先张法预应力筋之间的净间距不应小于预应力筋的公称直径或等效直径的2.5倍和混凝土粗集料最大粒径的1.25倍，且对预应力钢丝、三股钢绞线和七股钢绞线分别不应小于 15mm、20mm 和 25mm。当混凝土探捣密实性有保证时，净间距可放宽至粗集料最大粒径的 1.0 倍。

2）对后张法预制构件，孔道之间的水平净间距不宜小于 50mm，且不宜小于粗集料最大粒径的 1.25 倍。孔道至构件边缘的净间距不宜小于 30mm，且不宜小于孔道外径的 1/2。

3）混凝土梁中，曲线孔道在竖直方向的净间距不应小于孔道外径，水平方向的净间距不宜小于孔道外径的 1.5 倍，且不应小于粗集料最大粒径的 1.25 倍；从孔道外壁至构件边缘的净间距，梁底不宜小于 50mm，梁侧不宜小于 40mm；裂缝控制等级为三级的梁，从孔道外侧至构件边缘的净间距，梁底不宜小于 70mm，梁侧不宜小于 50mm。

4）当混凝土振捣密实性有可靠保证时，预应力筋孔道可水平并列贴紧布置，但并列的数量不应超过 2 束。

5）板中单根无黏结预应力筋的间距不宜大于板厚的 6 倍，且不宜大于 1m；带状束的无黏结预应力筋根数不宜多于 5 根，束间距不宜大于板厚的 12 倍，且不宜大于 2.4m。

6）梁中布置的无黏结预应力筋，束的水平净间距不宜小于 50mm，东至构件边缘的净距不宜小于 40mm。

（9）预应力孔道应根据工程特点设置排气孔、泌水孔及灌浆孔，排气孔可兼作泌水孔或灌浆孔，并应符合下列规定：

1）当曲线孔道波峰和波谷的高差大于 300mm 时，应在孔道波峰设置排气孔，排气孔间距不宜大于 30m；

2）当排气孔兼作泌水孔时，其外接管道伸出构件顶面长度不宜小于 300mm。

（10）锚垫板和连接器的位置和方向应符合设计要求，且其安装应符合下列规定：

1）锚垫板的承压面应与预应力筋或孔道曲线末端的切线垂直，预应力筋曲线起始点与张拉锚固点之间的直线段最小长度应符合规定；

2）采用连接器接长预应力筋时，应全面检查连接器的所有零件，并应按产品技术手册要求操作；

3）内埋式固定端锚垫板不应重叠。

（11）后张法有黏结预应力筋穿入孔道及其防护，应符合下列规定：

1）对采用蒸汽养护的预制构件，预应力筋应在蒸汽养护结束后穿入孔道。

2）预应力筋穿入孔道后至灌浆的时间间隔：当环境相对湿度大于 60% 或近海环境时，不宜超过 14d；当环境相对湿度不大于 60% 时，不宜超过 28d。

3）当不能满足上述的规定时宜对预应力筋采取防锈措施。

（12）预应力筋等安装完成后，应做好成品保护工作。

（13）当采用减摩材料降低孔道摩擦阻力时，应符合下列规定：

1）减摩材料不应对预应力筋、管道及混凝土产生不利的影响；

2）灌浆前应将减摩材料清除干净。

2. 施工质量验收

主控项目：

（1）预应力筋安装时，其品种、规格、级别和数量必须符合设计要求。

检查数量：全数检查。

检验方法：观察，尺量。

（2）预应力筋的安装位置应符合设计要求。

检查数量：全数检查。

检验方法：观察，尺量。

一般项目：

（1）预应力筋嘴部锚具的制作质量应符合下列规定：

1）钢绞线挤压锚具挤压完成后，预应力筋外端露出挤压套筒的长度不应小于 1mm。

2）钢绞线压花锚具的梨形头尺寸和直线锚固段长度不应小于设计值。

3）钢丝镦头不应出现横向裂纹，镦头的强度不得低于钢丝强度标准值的 98%。

检查数量：对挤压锚，每工作班抽查 5%，且不应少于 5 件；对压花锚，每工作班抽查 3 件对钢丝镦头强度，每批钢丝检查 6 个墩头试件。

检验方法：观察，尺量，检查镦头强度试验报告。

（2）预应力筋或成孔管道的安装质量应符合下列规定：

1）成孔管道的连接应密封。

2）预应力筋或成孔管道应平顺，并应与定位支撑钢筋绑扎牢固。

3）当后张有黏结预应力筋曲线孔道波峰和波谷的高差大于 300mm，且采用普通灌浆工艺时，应在孔道波峰设置排气孔。

4）锚垫板的承压面应与预应力筋或孔道曲线末端垂直，预应力筋或孔道曲线末端直线段长度应符合规定。

检查数量：全数检查；抽查预应力束总数的 10%，且不少于 5 束。

检验方法：观察，尺量。

（3）预应力筋或成孔管道定位控制点的竖向位置偏差应符合规定，其合格点率应达到 90% 及以上，且不得有超过表中数值 1.5 倍的尺寸偏差。

检查数量：在同一检验批内，应抽查各类型构件总数的 10%，且不少于 3 个构件，每个构件不应少于 5 处。

检验方法：尺量。

3. 质量通病及防治措施

（1）质量通病。后张预应力构件锚固区的锚垫板下（后）混凝土振捣不密实，强度不足，造成在张拉时锚垫板、铺具突然沉陷，甚至预应力筋断裂。

（2）防治措施。加强混凝土振捣，振捣棒应捣入锚垫板后面的部位，确保该部位混凝土振捣密实。在预应力筋张拉前，应检查锚垫板下（后）的混凝土质量，如该处混凝土有空洞现象，应在张拉前修补。

第八章　建筑工程安全管理概论

第一节　建筑工程安全生产的含义和特点

一、安全生产的含义

安全是指预知人类在生产和生活各个领域存在的固有的或潜在的危险，为消除这些危险所采取的各种方法、手段和行动的总称。

安全生产是指在劳动生产过程中，通过努力改善劳动条件，克服不安全因素，防止伤亡事故发生，使劳动生产在保障劳动者安全健康和国家财产及人民生命财产不受损失的前提下顺利进行。它涵盖了对象、范围和目的三个方面。

1. 安全生产的对象包含人和设备等一切不安全因素，其中人是第一位的。消除危害人身安全健康的一切不良因素，保障职工的安全和健康，使其舒适地工作，称为人身安全；消除损害设备、产品和其他财产的一切危险因素，保证生产正常进行，称为设备安全。

2. 安全生产的范围覆盖了各个行业、各种企业以及生产、生活中的各个环节。

3. 安全生产的目的，是使生产在保证劳动者安全健康和国家财产及人民生命财产安全的前提下顺利进行，从而实现经济的可持续发展，树立企业文明生产的良好形象。

二、施工项目安全生产的特点

1. 随着建筑业的发展，超高层、高层及结构复杂、性能特别、造型奇异的建筑产品不断出现，这给建筑施工带来了新的挑战，同时也给安全管理和安全防护技术不断地提出新的课题。

2. 施工现场受季节气候、地理环境的影响较大，如雨期、冬期及台风、高温等因素都会给施工现场的安全带来很大威胁；同时，施工现场的地质、地理、水文及现场内外水、电、路等环境条件也会影响施工现场的安全。

3. 施工生产的流动性要求安全管理举措必须及时、到位。当某一建筑产品完成后，施工队伍就必须转移到新的工作地点去，即要从刚熟悉的生产环境转入另一陌生的环境重新开始工作，脚手架等设备设施、施工机械都要重新搭设和安装，这些流动因素时常孕育着不安全因素，是施工项目安全管理的难点和重点。

4. 生产工艺复杂多变。要求有配套和完善的安全技术措施予以保证。建筑安全技术涉及面广，高危作业、电气、起重、运输、机械加工和防火、防爆、防尘、防毒等多工种、多专业，组织安全技术培训难度较大。

5. 施工场地窄小。建筑施工多为多工种立体作业。人员多，工种复杂。施工人员多为季节工、临时工等，没有受过专业培训。技术水平低，安全观念淡薄，施工中由于违反操作规程而引发的安全事故较多。

6. 施工周期长，劳动作业条件恶劣。由于建筑产品的体积特别庞大，故而施工周期较长。从基础、主体、屋面到室外装修等整个工程的 70% 均需在露天进行作业，劳动者要忍受春夏秋冬的风雨交加，酷暑严寒的气候变化，环境恶劣，工作条件差，容易导致伤亡事故。

7. 施工作业场所的固化使安全生产环境受到局限。建筑产品坐落在一个固定的位置上，产品一经完成就不可能再进行搬移，这就导致了必须在有限的场地和空间上集中大量的人力、物资、机具来进行交叉作业，因而容易产生物体打击等伤亡事故。

通过上述特点可以看出，项目施工的安全隐患多存在于高处作业、交叉作业、垂直运输以及使用电气工具上。因此，施工项目安全管理的重点和关键点是对项目流动资源和动态生产要素的管理。

三、制定安全生产法的必要性

由于生产中存在以下一些问题，因此必须制定安全生产法来保障人民的生命和财产安全以及各方面工作的顺利进行。

1. 安全生产监督管理薄弱。

2. 生产经营单位安全生产基础工作薄弱，生产安全事故率居高不下。许多生产经营单位（特别是大量非国有生产经营单位）的安全生产条件差，管理混乱，各种事故隐患和不安全因素不能被及时、有效地发现和排除，以致重大、特大事故频繁发生。

3. 从业人员的人身安全缺乏应有的法律保障。

4. 安全生产问题严重制约和影响了社会主义现代化建设事业的顺利发展。很多地方和生产经营单位把发展经济和提高经济效益列为首要任务，但是不能正确处理安全生产与发展经济的关系，不是把两者有机结合而是加以对立。

第二节 安全生产管理体系的建立

一、安全生产管理组织机构的主要职责

1. 建立健全本单位安全生产责任制；

2. 组织制定本单位安全生产规章制度和操作规程；

3. 保证本单位安全生产投入的有效实施；

4. 督促检查本单位的安全生产工作，及时消除生产安全事故隐患；

5. 组织制订并实施本单位的生产安全事故应急救援预案；

6. 及时、如实报告生产安全事故；

7. 组织制订并实施本单位的安全生产教育和培训计划。

二、安全生产管理体系的建立

为了贯彻“安全第一预防为主”的方针，建立健全安全生产责任制和群防群治制度，确保工程项目施工过程中的人身和财产安全，减少一般事故，应结合工程的特点，建立施工项目安全生产管理体系。

（一）建立安全生产管理体系的原则

1. 要适用于建设工程施工项目全过程的安全管理和控制。

2. 依据《中华人民共和国建筑法》《职业安全卫生管理体系标准》、国际劳工组织 167 号公约及国家有关安全生产的法律、行政法规和规程进行编制。

3. 建立安全生产管理体系必须包含的基本要求和内容。项目经理部应结合各自实际加以充实，建立安全生产管理体系，确保项目的施工安全。

4. 建筑业施工企业应加强对施工项目的安全管理，指导、帮助项目经理部建立、实施并保持安全生产管理体系。施工项目安全生产管理体系必须由总承包单位负责策划建立，生产分包单位应结合分包工程的特点，制订相适宜的安全保证计划，并纳入接受总承包单位安全管理体系的管理。

（二）建立安全生产管理体系的目标

1. 降低员工面临的安全风险。使员工面临的安全风险减小到最低限度，最终实现预防和控制工伤事故、职业病及其他损失的目标，帮助企业在市场竞争中树立一种负责的形象，从而提高企业的竞争能力。

2. 直接或间接获得经济效益。通过实施安全生产管理体系，可以明显提高项目安全生

产的管理水平和经济效益；通过改善劳动者的作业条件，提高劳动者的身心健康和劳动效率，对项目会产生长期的积极效应，对社会也能产生激励作用。

3. 实现以人为本的安全管理。人力资源的质量是提高生产率水平和促进经济增长的重要因素，而人力资源的质量是与工作环境的安全卫生状况密不可分的。安全生产管理体系的建立，将是保护和发展生产力的有效方法。

4. 提升企业的品牌和形象。市场中的竞争已不再仅仅是资本和技术的竞争，企业综合素质的高低将是开发市场的最重要的条件，是企业品牌的竞争。而项目职业安全卫生则是反映企业品牌的重要指标，也是企业素质的重要标志。

5. 促进项目管理现代化。管理是项目运行的基础。全球经济一体化的到来，对现代化管理提出了更高的要求，企业必须建立系统、开放、高效的管理体系，以促进项目大系统的完善和整体管理水平的提高。

6. 增强国家经济发展的能力。加大对安全生产的投入，有利于扩大社会内部需求，增加社会需求总量；同时，做好安全生产工作可以减少社会总损失，而且保护劳动者的安全与健康也是国家经济可持续发展的长远之计。

（三）建立安全生产管理体系的作用

1. 职业安全卫生状况是经济发展和社会文明程度的反映，是所有劳动者获得安全与健康，是社会公正、安全，文明、健康发展的基本标志，也是保持社会安定、团结和经济可持续发展的重要条件。

2. 安全生产管理体系对企业环境的安全卫生状态规定了具体的要求和限定，通过科学管理，使工作环境符合安全卫生标准的要求。

3. 安全生产管理体系的运行主要依赖于逐步提高、持续改进，是一个动态、自我调整和完善的管理系统，同时也是职业安全卫生管理体系的基本思想。

4. 安全生产管理体系是项目管理体系中的一个子系统，其循环也是整个管理系统循环的一个子系统。

第三节 安全生产管理制度的建立

一、安全生产目标

安全生产管理的目标主要是：按合同约定履行安全职责，严格执行国家、行业及地方现行的有关施工安全管理方面的法律。法规及规章制度，同时严格执行发包人的安全生产管理方面的规章制度、安全检查程序及施工安全管理要求。以及监理人有关安全工作的指示，坚决贯彻“安全第一，预防为主，综合治理”的方针，坚持“管生产必须管安全”的原则，保证规范施工场所的各项安全防护设施，坚决治理施工人员的违章行为，做到岗位无隐患，个人无违章。

具体安全生产目标如下：

1. 不发生人身死亡事故；

2. 不发生重大施工机械设备损坏事故；

3. 不发生重大火灾事故；

4. 不发生重大交通事故；

5. 不发生重大环境污染和垮塌事故；

6. 人员工伤事故重伤率为零，尽量减少轻伤事故，年度人身轻伤事故频率控制在5%以内。

二、安全生产管理措施

1. 组织保证

健全项目部的安全生产管理网络，即在项目部安全生产领导小组的全面领导下，以项目部安全生产管理职能部门为主导，以施工作业队安全员为依托，以施工班组兼职安全员为基础，使安全管理工作纵向到底；同时，注重党委、工会、团委全方位的监督保证作用，使安全管理工作横向到边，形成安全生产工作党、政、工、团齐抓共管的局面。安全生态环境部设专职安全员，各施工队设专职安全员1名，各班组设兼职安全员1名。

2. 制度保证

建立以项目部《安全生产责任》为核心的各项安全施工规章制度，并不断完善，保证实施。

3. 措施保证

根据本工程的实际安全施工要求，编制施工安全技术措施，报监理人和发包人批准。该施工安全技术措施包括（但不限于）施工安全保障体系，如安全生产责任制，安全生产管理规章制度安全防护施工方案，施工现场临时用电方案，施工作业安全风险评估，安全预控及保证措施方案，紧急应变措施，安全标识、警示和图护方案等。

对关键的施工作业，根据监理人要求，编制专项施工方案和安全措施方案，并附安全验算结果，经总工程师审批盖章后，报监理人和发包人批准实施，由专职安全生产管理人员进行现场监督。每天开工前，通过站班会进行安全技术交底。施工现场要应用施工作业指导书和安全施工作业票。

4. 费用保证

在编制投标报价时按照国家现行法律法规及定额标准计人相应的安全生产措施费，项目部按合同的要求和工程项目施工实际的需要，编制安全生产技术措施计划，并列出主要安全设施表、安全生产施工措施费专教专用报表，用于安全生产措施和设施，以及安全生产宣传、培训，应急设备、演练等费用。

5. 落实责任

项目部实行层层签订年度“安全生产责任书”制度，即项目部经理与施工队负责人、施工队负责人与班组长、班组长与个人均签订“安全生产责任书”，使安全生产责任落到实处。

6. 定期检查

做好项目部定期安全施工检查工作，项目部每月组织一次全工地安全施工检查，施工队每半个月进行一次安全施工检查，班组实行班前安全检查。同时做好季节性、阶段性、专业性安全检查，并做好整改措施落实情况的验证记录。

7. 防护手册

及时、认真编制工程施工《安全防护手册》，并发至全体施工人员，并同时报业主和监理人备案。该手册应着重就防护服、安全帽、防护鞋袜及防护用品、施工机械、汽车驾驶、用电、机修作业、高空作业、焊接作业的安全以及意外事故、火灾、自然灾害的救护程序、措施等方面做出规定，同时明确信号和告警的有关要求。

8. 广泛教育

对所有进场人员均进行三级安全教育，提高施工人员的安全生产素质，并建立个人教育档案。

9. 活动多样

广泛开展各项安全活动，积极参加全国“安全生产月”活动，努力增强施工人员的安全生产意识。

10. 严格考核

项目部根据各单位“安全生产责任书”的履行情况，对所属施工队进行年度安全生产考核奖罚。

11. 评比表彰

及时总结安全施工工作经验，对在安全生产工作中做出突出贡献的人和集体及时进行表彰，营造良好的安全施工氛围。

12. 安全计划

为提供符合职业安全卫生标准的劳动条件，针对工程施工进程，以机械设备安全防护装置、施工现场安全防护设施、安全生产教育培训活动等为主要内容，编制项目部年度安全生产技术措施计划。

三、总包、分包单位的安全责任

（一）总包单位的职责

1. 项目经理是项目安全生产的第一负责人，必须认真贯彻执行国家和地方的有关安全法律法规、规范标准，严格技文明安全工地标准组织随工生产，确保实现安全控制指标和文明安全工地达标计划。

2. 建立健全安全生产保证体系。根据安全生产组织标准和工程规模设置安全生产机构，配备安全检查人员，并设置 5~7 人（含分包）的安全生产委员会或安全生产领导小组，定期召开会议（每月不少于一次），负责对本工程项目安全生产工作的重大事项及时做出决策，组织督促检查实施，并将分包的安全人员纳入总包管理，统一活动。

3. 根据工程进度情况，除进行不定期、季节性的安全检查外，工程项目经理部每半月由项目执行经理组织一次检查，每周由安全部门组织各分包方进行专业（或全面）检查。对查到的隐患，责成分包方和有关人员立即成限期进行消除整改。

4. 工程项目部（总包方）与分包方应在工程实施之前或进场的同时及时签订含有明确安全目标和职责条款划分的经营（管理）合同或协议书。当不能按期签订时，必须签订临时安全协议。

5. 根据工程进展情况和分包进场时间，应分别签订年度或一次性的安全生产责任书或责任状，做到总分包在安全管理上责任划分明确，有奖有罚。

6. 项目部实行“总包方统一管理，分包方各负其责”的施工现场管理体制，负责对发包方、分包方和上级各部门或政府部门的综合协调管理工作。工程项目经理对施工现场的管理工作负全面领导责任。

7. 项目部有权限期责令分包方将不能尽责的施工管理人员调离本工程，重新配备符合总包要求的施工管理人员。

（二）分包单位的职责

1. 分包单位的项目经理、主管副经理是安全生产管理工作的第一责任人，必须认真贯彻执行总包方执行的有关规定、标准及总包方的有关决定和指示，按总包方的要求组织施工。

2. 建立健全安全保障体系。根据安全生产组织标准设置安全机构，配备安全检查人员，每 50 人要配备一名专职安全人员，不足 50 人的要设置兼职安全人员，并接受工程项目安全部门的业务管理。

3. 分包方在编制分包项目或单项作业的施工方案或冬雨期方案措施时，必须同时编制安全消防技术措施，并经总包方审批后方可实施，如改变原方案时必须重新报批。

4. 分包方必须执行逐级安全技术交底制度和班组长班前安全活动交底制度，并跟踪检查管理。

5. 分包方必须按规定执行安全防护设施、设备验收制度，履行书面验收手续，并建档存查。

6. 分包方必须接受总包方及其上级主管部门的各种安全检查并接受奖罚，在生产例会上应先检查、汇报安全生产情况。在施工生产过程中切实把好安全教育、检查、措施、交底、防护、文明，验收七关，做到预防为主。

7. 对安全管理能漏多、施工现场管理混乱的分包单位除进行罚款处理外，对问题严重、屡禁不止，甚至不服管理的分包单位，予以解除经济合同。

（三）业主指定分包单位的职责

1. 必须具备与分包工程相应的企业资质，并拥有《建筑施工企业安全生产许可证》。

2. 建立健全安全生产管理机构，配备安全员；接受总包方的监督、协调和指导，实现总包的安全生产目标。

3. 独立完成安全技术措施方案的编制、审核和审批，对自行施工范围内的安全措施、设施进行验收。

4. 对分包范围内的安全生产负责，对所辖职工的身体健康负责，为职工提供安全的作业环境，自带设备与手持电动工具的安全装置齐全、灵敏、可靠。

5. 履行与总包方和业主签订的总分包合同及安全管理责任书中的有关安全生产条款。

6. 自行完成所辖职工的合法用工手续。

7. 自行开展总包方规定的各项安全活动。

二、租赁双方的安全责任

1. 大型机械（塔式起重机、外用电梯等）租赁、安装、维修单位的职责。

（1）必须具备相应资质。

（2）所租赁的设备必须具备统一编号，且机械性能良好，安全装置齐全、灵敏、可靠。

（3）在当地施工时，租赁外埠塔式起重机和施工用电梯或外地分包自带塔式起重机和施工用电梯，使用前必须在本地建委登记备案并取得统一临时编号。

（4）租赁、维修单位对设备的自身质量和安装质量负责，并定期维修、保养。

（5）租赁单位向使用单位配备合格的司机。

2. 承租方对施工过程中设备的使用安全负责

承租方对施工过程中设备的使用安全责任应参照相关安全生产管理条例的规定。

第九章　分部分项工程安全技术

第一节　土方及基础工程安全管理

一、土方工程

（一）土方工程的事故隐患

土方施工的事故隐患主要包括以下内容：

1. 开挖前，未摸清地下管线、未制订应急措施。

2. 土方施工时，放坡和支护不符合规定。

3. 机械设备施工与槽边安全距离不符合规定，又无措施。

4. 开挖深度超过 2 m 的沟槽，未按标准设围栏防护和密目安全网封挡。

5. 地下管线和地下障碍物未明或管线 1 m 内机械挖土。

6. 超过 2 m 的沟槽，未搭设上下通道，危险处未设红色标志灯。

7. 未设置有效的排水挡水措施。

8. 配合作业人员和机械之间未有一定的距离。

9. 挖土过程中土体产生裂缝未采取措施而继续作业。

10. 挖土机械碰到支护、桩头，挖土时动作过大。

11. 在沟、坑、槽边沿 1 m 内堆土、堆料、停置机具。

12. 雨后作业前，未检查土体和支护的情况。

（二）土方工程安全技术措施

1. 挖土的安全技术一般规定

（1）人工开挖时，两个人操作间距应保持 2~3 m，并应自上而下逐层挖掘，严禁采用掏洞的挖掘方法。

（2）挖土时要随时注意土壁变动情况，如发现有裂纹或部分塌落现象，要及时进行支撑或改缓放坡，并注意支撑的稳固和边坡的变化。

（3）上下坑沟应先挖好阶梯或设木梯，不应踩踏土壁及其支撑上下。

（4）用挖土机施工时，挖土机的工作范围内，不进行其他工作，且应至少留 0.3 m 深，最后由工人修挖至设计标高。

（5）在坑边堆放弃土、材料和移动施工机械，应与坑边保持一定距离。

2. 基坑挖土操作的安全重点

（1）人员上下基坑应设坡道或爬梯。

（2）基坑边缘堆置土方或建筑材料或沿挖方边缘移动运输工具和机械，应按施工组织设计要求进行。

（3）基坑开挖时，如发现边坡裂缝或不断掉土块时，施工人员应立即撤离操作地点，并应及时分析原因，采取有效措施处理。

（4）深基坑上下应先挖好阶梯或支撑靠梯，或开斜坡道，采取防滑措施，禁止踩踏支撑上下，坑边四周应设安全栏杆。

（5）人工吊运土方时，应检查起吊工具、绳索是否牢靠。吊斗下面不得站人，卸土堆应离开坑边一定距离，以防造成坑壁塌方。

（6）用胶轮车运土，应先平整好道路，并尽量采取单行道，以免来回碰撞；用翻斗车运土时，两车前后间距不得小于 10 m；装土和卸土时，两车间距不得小于 1.0 m。

（7）已挖完或部分挖完的基坑，在雨后或冬期解冻前，应仔细观察边坡情况，如发现异常情况，应及时处理或排除险情后方可继续施工。

（8）基坑开挖后应对围护排桩的桩间土体，根据不同情况，采用砌砖、插板、挂网喷（或抹）细石混凝土等处理方法进行保护，防止桩间土方坍塌伤人。

（9）支撑拆除前，应先安装好替代支撑系统，替代支撑的截面和布置应由设计计算确定。采用爆破法拆除混凝土支撑结构前，必须对周围环境和主体结构采取有效的安全防护措施。

（10）围护墙利用主体结构“换撑”时，主体结构的底板或楼板混凝土强度应达到设计强度的 80%；在主体结构与围护墙之间应设置好可靠的换撑传力构造；在主体结构楼盖局部缺少部位，应在主体结构内的适当部位设置临时的支撑系统，支撑截面面积应由计算确定；当主体结构的底板和楼板采取分块施工或设置后浇带时，应在分块或后浇带的适当部位设置传力构件。

3. 机械挖土的安全措施

（1）大型土方工程施工前，应编制土方开挖方案，绘制土方开挖图，确定开挖方式、路线、顺序、范围、边坡坡度、土方运输路线、堆放地点以及安全技术措施等以保证挖掘、运输机械设备安全作业。

（2）机械挖方前，应对现场周围环境进行普查，对临近设施在施工中要加强沉降和位移观测。

（3）机械行驶道路应平整、坚实，必要时，底部应铺设枕木、钢板或路基箱垫道，防止作业时下陷；在饱和软土地段开挖土方应先降低地下水水位，防止设备下陷或基土产生侧移。

（4）开挖边坡土方，严禁切割坡脚，以防导致边坡失稳；山坡坡度陡于 1 ∶ 5，或在软土地段，不得在挖方上侧堆土。

（5）机械挖土应分层进行，合理放坡，防止塌方、溜坡等造成机械倾翻、淹埋等事故。

（6）多台挖掘机在同一作业面同时开挖，其间距应大于 10m；多台挖掘机械在不同台阶同时开挖，应验算边坡稳定，上下台阶挖掘机前后应相距 30 m 以上，挖掘机与下部边坡应有一定的安全距离，以防造成翻车事故。

（7）对边坡上的孤石、孤立土柱、易滑动危险土石体，在挖坡前必须清除，以防开挖时滑塌；施工中应经常检查挖方边坡的稳定性，及时清除悬置的土包和孤石；削坡施工时，坡底不得有人员或机械停留。

（8）挖掘机工作前，应检查油路和传动系统是否良好，操纵杆应置于空挡；工作时应处于水平位置，并将行走机械制动，工作范围内不得有人行走。挖掘机回转及行走时，应待铲斗离开地面，并使用慢速运转。往汽车上装土时，应待汽车停稳，驾驶员离开驾驶室，并应先鸣号，后卸土。铲斗应尽量放低，不得碰撞汽车。挖掘机停止作业，应放在稳固地点，铲斗应落地，放尽贮水，将操纵杆置于空挡，锁好车门。挖掘机转移工作地时，应使用平板拖车。

（9）推土机启动前，应先检查油路及运转机构是否正常，操纵杆是否置于空挡位置。作业时，应将工作范围内的障碍物先予清除，非工作人员应远离作业区，先鸣号，后作业。推土机上下坡应用低速行驶，上坡不得换挡，坡度不应超过 25°；下坡不得脱挡滑行，坡度不应超过 35°；在横坡上行驶时，横坡坡度不得超过 10°，并不得在陡坡上转弯。填沟渠或驶近边坡时，推铲不得超出边坡边缘，并换好倒车挡后方可提升推铲进行倒车。推土机应停放在平坦稳固的安全地方，放净贮水，将操纵杆置于空挡，锁好车门。推土机转移时，应使用平板拖车。

（10）铲运机启动前应先检查油路和传动系统是否良好，操纵杆应置于空挡位置。铲运机的开行道路应平坦，其宽度应大于机身 2 m 以上。在坡地行走，上下坡度不得超过 25°，横坡不得超过 10°。铲斗与机身不正时，不得铲土。多台机在一个作业区作业时，前后距离不得小于 10 m，左右距离不得小于 2 m。铲运机上下坡道时，应低速行驶，不得中途换挡，下坡时严禁脱挡滑行，禁止在斜坡上转弯、倒车或停车。工作结束，应将铲运机停在平坦稳固地点，放净贮水，将操纵杆置于空挡，锁好车门。

（11）在有支撑的基坑中挖土时，必须防止碰坏支撑；在坑沟边使用机械挖土时，应计算支撑强度，危险地段应加强支撑。

（12）机械施工区域禁止无关人员进入场地内，挖掘机工作回转半径范围内不得站人或进行其他作业。土石方爆破时，人员及机械设备应撤离危险区域。挖掘机、装载机卸土时，应待整机停稳后进行，不得将铲斗从运输汽车驾驶室顶部越过；装土时，任何人都不得停留在装土车上。

（13）挖掘机操作和汽车装土行驶要听从现场指挥，所有车辆必须严格按规定的开行路线行驶，防止撞车。

（14）挖掘机行走和自卸汽车卸土时，必须注意上空电线，不得在架空输电线路下工作；如在架空输电线一侧工作时，在 110~220 kV 电压时，垂直安全距离为 2.5 m，水平安全距离为 4~6 m。

（15）夜间作业时，机上及工作地点必须有充足的照明设施，在危险地段应设置明显的警示标志和护栏。

（16）冬期、雨期施工，运输机械和行驶道路应采取防滑措施，以保证行车安全。

（17）遇 7 级以上大风或雷雨、大雾天气时，各种挖掘机应停止作业，并将臂杆降低至 30°　~45°　。

4. 土方回填施工安全技术

（1）新工人必须参加入场安全教育，考试合格后方可上岗。

（2）使用电夯时，必须由电工接装电源、闸箱，检查线路、接头、零线及绝缘情况，并经试夯确认安全后方可作业。

（3）人工抬、移蛙式夯实机时必须切断电源。

（4）用小车向槽内卸土时，槽边必须设横木挡掩，待槽下人员撤至安全位置后方可倒土。倒土时应稳倾缓倒，严禁撒把倒土。

（5）人工打夯时应精神集中。两人打夯时应互相呼应，动作一致，用力均匀。

（6）在从事回填土作业前必须熟悉作业内容、作业环境，对使用的工具要进行检修，不牢固者不得使用；作业时必须执行技术交底，服从带班人员指挥。

（7）蛙式打夯机应由两人操作，一人扶夯，另一人牵线。两人必须穿绝缘鞋、戴绝缘手套。牵线人必须在夯后或侧面随机牵线，不得强力拉扯电线，电线绞缠时必须停止操作，严禁夯机砸线，严禁在夯机运行时隔夯扔线。转向或倒线有困难时，应停机。清除夯盘内的土块、杂物时必须停机，严禁在夯机运转中清掏。

（8）作业时必须根据作业要求，佩戴防护用品，施工现场不得穿拖鞋。从事淋灰、筛灰作业时穿好胶靴，戴好手套，戴好口罩，不得赤脚、露体，应站在上风方向操作，4 级以上强风禁止筛灰。

（9）配合其他专业工种人员作业时，必须服从该专业工种人员的指挥。

（10）取用槽帮土回填时，必须自上而下台阶式取土，严禁掏洞取土。

（11）作业后必须拉闸断电，盘好电线，把夯放在无水浸危险的地方，并盖好苫布。

（12）作业时必须遵守劳动纪律，不得擅自动用各种机电设备。

（13）蛙式打夯机手把上的开关按钮应灵敏、可靠，手把应缠裹绝缘胶布或套胶管。

（14）回填沟槽（坑）时，应按技术交底要求在构造物胸腔两侧分层对称回填，两侧高差应符合规定要求。

二、基坑支护与降水工程

（一）基坑支护与降水工程的事故隐患

基坑支护与降水工程的事故隐患主要包括以下内容：

1. 未按规定对毗邻管线道路进行沉降检测。

2. 基坑内作业人员无安全立足点。

3. 机器设备在坑边小于安全距离。

4. 人员上下无专用通道或通道不符合要求。

5. 支护设施已有变形但未采取措施调整。

6. 回填土方前拆除基坑支护的全部支撑。

7. 在支护和支撑上行走、堆物。

8. 基础施工无排水措施。

9. 未按规定进行支护变形检测。

10. 深基坑施工未有防止邻近建筑物沉降的措施。

11. 基坑边堆物距离小于有关规定。

12. 垂直作业上下无隔离。

13. 井点降水未经处理。

（二）基坑支护与降水工程安全技术

1. 基坑支护工程

（1）基坑开挖应严格按支护设计要求进行，应熟悉围护结构撑锚系统的设计图纸，包括围护墙的类型、撑锚位置、标高及设置方法、顺序等设计要求。

（2）混凝土灌注桩、水泥土墙等支护应有 28 d 以上龄期，达到设计要求时，方能开挖基坑。

（3）围护结构撑锚系统的安装和拆除顺序应与围护结构的设计工况相一致，以免出现变形过大、失稳、倒塌等事故。

（4）围护结构撑锚安装应遵循时空效应原理，根据地质条件采取相应的开挖、支护方式。一般竖向应严格遵守分层开挖，先支撑后开挖、撑锚与挖土密切配合、严禁超挖的原则，使土方挖到设计标高的区段内，能及时安装并发挥支撑作用。

（5）撑锚安装应采用开槽架设，在撑锚顶面需要运行施工机械时，撑锚顶面安装标高应低于坑内土面 20~30 cm。钢支撑与基坑土之间的空隙应用粗沙土填实，并在挖土机或土方车辆的通道处铺设道板。钢结构支撑宜采用工具式接头，并配有计量千斤顶装置，并定期校验，使用中有异常现象应随时校验或更换。钢结构支撑安装应施加预应力。预压力控制值一般不应小于支撑设计轴向力的 50%，也不宜大于 75%。采用现浇混凝土支撑必须在混凝土强度达到设计的 80% 以上时，才能开挖支撑以下的土方。

（6）在基坑开挖时，应限制支护周围振动荷载的作用并做好机械上、下基坑坡道部位的支护。在挖土过程中不得碰撞支护结构、损坏支护背面截水围幕。

在挖土和撑锚过程中，应有专人监察和监测，实行信息化施工，掌握围护结构的变形和变形速率，其上边坡土体稳定情况，以及邻近建筑物、管线的变形情况。发现异常现象，应查清原因，采取安全技术措施进行认真处理。

2. 降水工程

（1）排降水结束后，集水井、管井和井点孔应及时填实，恢复地面原貌或达到设计要求。

（2）现场施工排水，宜排入已建排水管道内。排水口宜设在远离建（构）筑物的低洼地点并应保证排水畅通。

（3）施工期间施工排降水应连续进行，不得间断。构筑物、管道及其附属构筑物未具备抗浮条件时，不得停止排降水。

（4）施工排水不得在沟槽、基坑外漫流回渗，危及边坡稳定。

（5）排降水机械设备的电气接线、拆卸、维护必须由电工操作，严禁非电工操作。

（6）施工现场应备有充足的排降水设备，并宜设备用电源。

（7）施工降水期间，应设专人对临近建（构）筑物、道路的沉降与变位进行监测，遇异常征兆，必须立即分析原因，采取防护、控制措施。

（8）对临近建（构）筑物的排降水方案必须进行安全论证，确认能保证建（构）筑物、道路和地下设施的正常使用和安全稳定，方可进行排降水施工。

（9）采用轻型井点、管井井点降水时，应进行降水检验，确认降水效果符合要求。降水后，通过观测井水位，确认水位符合施工设计要求，方可开挖沟槽或基坑。

三、桩基工程

（一）桩基工程的事故隐患

桩基工程常见的事故形式有触电、物体打击、机械伤害、坍塌等，桩基工程的事故隐患主要包括以下内容：

1. 电气线路老化、破损、漏电、短路。

2. 在设备运转，起吊重物，设备搬迁、维修、拆卸，钢筋笼制作、焊接、吊放及下钢筋笼过程中，操作不当。

3. 各种机具在运转和移动工程中，防护措施不当或操作不当。

4. 孔壁维护不好。

5. 桩孔处有地下溶洞。

（二）桩基工程安全技术

1. 打（沉）桩

（1）打桩前，应对邻近施工范围内的原有建筑物、地下管线等进行检查，对有影响的工程，应采取有效的加固防护措施或隔震措施，施工时加强观测，以确保施工安全。

（2）打桩机行走道路必须平整、坚实，必要时铺设道砟，经压路机碾压密实。

（3）打（沉）桩前应先全面检查机械各个部件及润滑情况，钢丝绳是否完好，发现问题及时解决。检查后要进行试运转，严禁“带病”工作。

（4）打（沉）桩机架安设应铺垫平稳、牢固。吊桩就位时，桩必须达到100%的强度，起吊点必须符合设计要求。

（5）打桩时，桩头垫料严禁用手拨正，不得在桩锤未打到桩顶就起锤或过早刹车，以免损坏桩机设备。

（6）在夜间施工时，必须有足够的照明设施。

2. 灌注桩

（1）施工前，应认真查清邻近建筑物情况，采取有效的防震措施。

（2）灌注桩成孔机械操作时，应保持垂直平稳，防止成孔时突然倾倒或冲（桩）锤突然下落，造成人员伤亡或设备损坏。

（3）冲击锤（落锤）操作时，距锤6 m内不得有人员行走或进行其他作业，非工作人员不得进入施工区域内。

（4）灌注桩在已成孔尚未灌注混凝土前，应用盖板封严或设置护栏，以防掉土或人员坠入孔内，造成重大人身安全事故。

（5）进行高空作业时，应系好安全带，混凝土灌注时，装、拆导管人员必须戴安全帽。

3. 人工挖孔桩

（1）井口应有专人操作垂直运输设备，井内照明、通风、通信设施应齐全。

（2）要随时与井底人员联系，不得任意离开岗位。

（3）挖孔施工人员下入桩孔内须戴安全帽，连续工作不宜超过4 h。

（4）挖出的弃土应及时运至堆土场堆放。

第二节　结构工程安全管理

一、模板工程

（一）模板工程的事故隐患

模板工程及支撑体系的危险性主要为坍塌，模板工程的事故隐患主要包括以下内容：

1. 支拆模板在2 m以上无可靠立足点。

2. 模板工程无验收手续。

3. 大模板场地未平整夯实，未设1.2 m高的围栏防护。

4. 清扫模板和刷隔离剂时，未将模板支撑牢固，两模板中间走道小于60cm。

5. 立杆间距不符合规定。

6. 模板支撑固定在外脚手架上。

7. 支拆模板无专人监护。

8. 在模板上运混凝土无通道板。

9. 人员站在正在拆除的模板上。

10. 作业面空洞和临边防护不严。

11. 拆除底模时下方有人员施工。

12. 模板物料集中超载堆放。

13. 拆模留下无撑悬空模板。

14. 支独立梁模不搭设操作平台。

15. 利用拉杆支撑攀登上下。

16. 支模间歇未将模板做临时固定。

17. 不按规定设置纵横向剪刀撑。

18.3 m 以上的立柱模板未搭设操作平台。

19. 在组合钢模板上使用 220 V 以上的电源。

20. 站在柱模上操作。

21. 支拆模板高处作业无防护或防护不严。

22. 支拆模板区域无警戒区域。

23. 排架底部无垫板，排架用砖垫。

24. 各种模板存放不整齐，堆放过高。

25. 交叉作业上下无隔离措施。

26. 拆钢底模时一次性把顶撑全部拆除。

27. 在未固定的梁底模上行走。

28. 现浇混凝土模板支撑系统无验收。

29. 在 6 级以上大风天气高空作业。

30. 支拆模板使用 2 × 4 板钢模板做立人板。

31. 未设存放工具的口袋或挂钩。

32. 封柱模板时从顶部往下套。

33. 支撑牵扯杆搭设在门窗框上。

34. 模板拆除前无混凝土强度报告或强度未达到规定提前拆模。

35. 拆模前未经拆模申请。

36. 拆下的模板未及时运走而集中堆放。

37. 拆模后未及时封盖预留洞口。

（二）模板工程安全技术

1. 模板安装

（1）支模过程中应遵守职业健康安全操作规程，若遇途中停歇，应将就位的支顶、模板连接稳固，不得空架浮搁。

（2）模板及其支撑系统在安装过程中，必须设置临时固定设施，严防倾覆。

（3）拼装完毕的大块模板或整体模板，吊装前应确定吊点位置，先进行试吊，确认无误后，方可正式吊运安装。

（4）安装整块柱模板时，不得将其支在柱子钢筋上代替临时支撑。

（5）支设高度在 3 m 以上的柱模板，四周应设斜撑，并应设立操作平台，低于 3 m 的可用马凳操作。

（6）支设悬挑形式的模板时，应有稳定的立足点。支设临空构筑物模板时，应搭设支架。模板上有预留洞时，应在安装后将洞盖没。

（7）在支模时，操作人员不得站在支撑上，而应设置立人板，以便操作人员站立。立人板应用木质 50 mm × 200 mm 中板为宜，并适当绑扎固定。不得用钢模板及 50 mm × 100 mm 的木板。

（8）承重焊接钢筋骨架和模板一起安装时，模板必须固定在承重焊接钢筋骨架的节点上。

（9）当层间高度大于 5 m 时，若采用多层支架支模，则应在两层支架立柱间铺设垫板，且应平整，上下层支柱要垂直，并在同一垂直线上。

（10）当模板高度大于 5 m 时，应搭脚手架，设防护栏，禁止上下在同一垂直面上操作。

（11）特殊情况下在临边、洞口作业时，如无可靠的安全设施，必须系好安全带并扣好保险钩，高挂低用。经医生确认不宜高处作业人员，不得进行高处作业。

（12）在模板上施工时，堆物（如钢筋、模板、木方等）不宜过多，不准集中在一处堆放。

（13）模板安装就位后，要采取防止触电的保护措施，施工楼层上的配电箱必须设漏电保护装置，防止漏电伤人。

2. 模板拆除

（1）高处、复杂结构模板的装拆，事先应有可靠的安全措施。

（2）拆楼层外边模板时，应有防高空坠落及防止模板向外倒跌的措施。

（3）在模板拆装区域周围，应设置围栏，并挂明显的标志牌，禁止非作业人员入内。

（4）拆模起吊前，应检查对拉螺栓是否拆净，在确定拆净并保证模板与墙体完全脱离后，方准起吊。

（5）模板拆除后，在清扫和涂刷隔离剂时，模板要临时固定好，板面相对停放之间，应留出 50~60 cm 宽的人行通道，模板上方要用拉杆固定。

（6）拆模后模板或木方上的钉子，应及时拔除或敲平，防止钉子扎脚。

（7）模板所用的脱模剂在施工现场不得乱扔，以防止影响环境质量。

（8）拆模时，临时脚手架必须牢固，不得用拆下的模板作为脚手架。

（9）组合钢模板拆除时，上下应有人接应，模板随拆随运走，严禁从高处抛掷。

（10）拆基础及地下工程模板时，应先检查基坑土壁状况。若有不安全因素，必须采取安全措施后，方可作业。拆除的模板和支撑件不得在基坑上口 1 m 以内堆放，应随拆随运走。

（11）拆模必须一次性拆净，不得留有无撑模板。混凝土板有预留孔洞时，拆模后，应随时在其周围做好安全护栏，或用板将孔洞盖住，防止作业人员因扶空、踏空而坠落。

（12）拆模间歇时，应将已活动的模板、拉杆、支撑等固定，防止其突然掉落伤人。

（13）拆模时，应逐块拆卸，不得成片松动、撬落或拉倒，严禁作业人员在同一垂直面上同时操作。

（14）拆 4 m 以上模板时，应搭脚手架或工作台，并且设防护栏杆，严禁站在悬臂结构上敲拆底模。

（15）两人抬运模板时，应相互配合，协同工作。传递模板、工具，应用运输工具或绳索系牢后升降，不得乱抛。

二、钢筋工程

（一）钢筋工程的事故隐患

钢筋工程的危险性主要是机械伤害、触电、高处坠落、物体打击等，钢筋工程的事故隐患主要包括以下内容：

1. 在钢筋骨架上行走。
2. 绑扎独立柱头时站在钢箍上操作。
3. 绑扎悬空大梁时站在模板上操作。
4. 钢筋集中堆放在脚手架和模板上。
5. 钢筋成品堆放过高。
6. 模板上堆料处靠近临边洞口。
7. 钢筋机械无人操作时不切断电源。
8. 工具、钢箍、短钢筋随意放在脚手板上。
9. 钢筋工作棚内照明灯无防护。
10. 钢筋搬运场所附近有障碍。
11. 操作台上钢筋斗不清理。
12. 钢筋搬运场所附近有架空线路临时用电器。
13. 用木料、管子、钢模板穿在钢箍内做立人板。
14. 机械安装不坚实稳固，机械无专用的操作棚。

15. 起吊钢筋规格长短不一。

16. 起吊钢筋下方站人。

17. 起吊钢筋挂钩位置不符合要求

18. 钢筋在吊运中未降到 1 m 就靠近。

（二）钢筋工程安全技术

1. 钢筋调直、切断、弯曲、除锈、冷拉等各道工序的加工机械必须遵守行业现行标准《建筑机械使用安全技术规程》（JGJ 33—2012）的规定，保证安全装置齐全有效，动力线路用钢管从地坪下引入，机壳要有保护零线。

2. 施工现场用电必须符合行业现行标准《施工现场临时用电安全技术规范》（JGJ46—2005）的规定。

3. 制作成型钢筋时，场地要平整，工作台要稳固，照明灯具必须加网罩。

4. 钢筋加工场地必须设专人看管，非工作人员不得擅自进入钢筋加工场地。

5. 加工好的钢筋现场堆放应平稳、分散，防止倾倒、塌落伤人。

6. 各种加工机械在作业人员下班后一定要拉闸断电。

7. 搬运钢筋时，应防止钢筋碰撞障碍物，防止在搬运中碰撞电线，发生触电事故。

8. 多人运送钢筋时，起、落、转、停动作要一致，人工上下传递不得在同一垂直线上。

9. 对从事钢筋挤压连接和钢筋直螺纹连接施工的有关人员应培训、考核，持证上岗，并经常进行安全教育，防止发生人身和设备安全事故。

10. 在高处进行挤压操作，必须遵守行业现行标准《建筑施工高处作业安全技术规范》（JGJ80—2016）的规定。

11. 在建筑物内的钢筋要分散堆放，安装钢筋，高空绑扎时，不得将钢筋集中堆放在模板或脚手架上。

12. 在高空、深坑绑扎钢筋和安装骨架时，必须搭设脚手架和马道。

13. 绑扎圈梁、挑檐、外墙、边柱钢筋时，应搭设外脚手架或悬挑架，并按规定挂好安全网。脚手架的搭设必须由专业架子工搭设，且符合安全技术操作规程。

14. 绑扎 3 m 以上的柱钢筋必须搭设操作平台，不得站在钢箍上绑扎。已绑扎的柱骨架应用临时支撑拉牢，以防倾倒。

15. 绑扎筒式结构（如烟囱、水池等），不得站在钢筋骨架上操作或上下。

16. 雨、雪、风力 6 级以上（含 6 级）天气不得露天作业。雨雪后，应清除积水、积雪后方可作业。

三、混凝土工程

（一）混凝土工程的事故隐患

混凝土工程的危险性主要是触电、高处坠落、物体打击等，混凝土工程的事故隐患主要包括以下内容：

1. 泵送混凝土架子搭设不牢靠。

2. 混凝土施工高处作业缺少防护、无安全带。

3.2 m 以上小面积混凝土施工无牢靠立足点。

4. 运送混凝土的车道板搭设两头没有搁置平稳。

5. 用电缆线拖拉或吊挂插入式振动器。

6.2 m 以上的高空悬挑未设置防护栏杆。

7. 板墙独立梁柱混凝土施工站在模板或支撑上。

8. 运送混凝土的车子向料斗倒料无挡车措施。

9. 清理地面时向下乱抛杂物。

10. 运送混凝土的车道板宽度过小（单向小于 1.4m，双向小于 2.8 m）。

11. 料斗在临边时人员站在临边一侧。

12. 井架运输时，小车把伸出笼外。

13. 插入式振动器电缆线不满足所需的长度。

14. 运送混凝土的车道板下横楞顶撑没有按规定设置。

15. 使用滑槽操作部位无护身栏杆。

16. 插入式振动器在检修作业间未切断电源。

17. 插入式振动器电缆线被挤压。

18. 运料中相互追逐超车，卸料时双手脱把。

19. 运送混凝土的车道板上有杂物并有沙等。

20. 混凝土滑槽没有固定牢靠。

21 插入式振动器的软管出现断裂。

22. 站在滑槽上操作。

（二）混凝土工程安全技术

1. 施工安全技术

（1）采用手推车运输混凝土时，不得争先抢道，装车不应过满，装运混凝土量应低于车厢 5~10 cm；卸车时应有挡车措施，不得用力过猛或撒把，以防车把伤人。

（2）使用井架提升混凝土时，应设制动装置，升降应有明确信号，操作人员未离开提升台时，不得发升降信号。提升台内停放手推车要平衡，车把不得伸出台外，车轮前后应挡牢。

（3）混凝土浇筑前，应对振动器进行试运转。振动器操作人员应穿绝缘靴、戴绝缘手套，振动器不能挂在钢筋上，湿手不能接触电源开关。

（4）混凝：土运输、浇筑部位应有安全防护栏杆和操作平台。

（5）现场施工负责人应为机械作业提供道路、水电、机棚或停机场地等必备的条件，并消除对机械作业有妨碍或不安全的因素。夜间作业应设置充足的照明。

（6）机械进入作业地点后，施工技术人员应向操作人员进行施工任务和安全技术措施交底。操作人员应熟悉作业环境和施工条件，听从指挥，遵守现场安全规则。

2. 操作人员要求

（1）操作人员在作业过程中，应集中精力正确操作，注意机械工况，不得擅自离开工作岗位或将机械交给其他无证人员操作，严禁无关人员进入作业区或操作室内。

（2）使用机械与安全生产发生矛盾时，必须首先服从安全要求。

第三节　屋面及装饰装修工程安全

一、屋面工程

屋面工程的危险性主要有高处坠落、物体打击、火灾、中毒等。

1. 屋面工程安全技术的一般规定

（1）屋面施工作业前，无女儿墙的屋面的周围边沿和预留孔洞处，必须按“洞口、临边”防护规定进行安全防护。施工中由临边向内施工，严禁由内向外施工。

（2）施工现场操作人员必须戴好安全帽，防水层和保温层施工人员禁止穿硬底和带钉子的鞋。

（3）易燃材料必须贮存在专用仓库或专用场地，应设专人进行管理。

（4）库房及现场施工隔汽层、保温层时，严禁吸烟和使用明火，并配备消防器材和灭火设施。

（5）屋面材料垂直运输或吊运中应严格遵守相应的安全操作规程。

（6）屋面没有女儿墙，在屋面上施工作业时，作业人员应面对檐口，由檐口往里施工，以防不慎坠落。

（7）清扫垃圾及砂浆拌和物过程中，避免灰尘飞扬。建筑垃圾，特别是有毒有害物质，应按时定期清理并运送到指定地点。

（8）屋面施工作业时，绝对禁止从高处向下乱扔杂物，以防砸伤他人。

（9）雨雪、大风天气应停止作业，待屋面干燥和风停后，方可继续工作。

2. 柔性防水屋面施工安全技术

（1）溶剂型防水涂料易燃有毒，应存放于阴凉、通风、无强烈日光直晒、无火源的库房内，并备有消防器材。

（2）使用溶剂型防火涂料时，施工人员应穿工作服、工作鞋、戴手套。操作时若皮肤上沾上涂料，应及时用沾有相应溶剂的棉纱擦除，再用肥皂和清水洗净。

（3）卷材作业时，作业人员操作应注意风向，防止下风方向作业人员中毒或烫伤。

（4）屋面防水层作业过程中，操作人员若发生恶心、头晕、过敏等情况，应立即停止操作。

（5）屋面铺贴卷材时，四周应设置 1.2 m 高的围栏，靠近屋面四周沿边应侧身操作。

3. 刚性防水屋面施工安全技术

（1）浇筑混凝土时，混凝土不得集中堆放。

（2）水泥、沙、石、混凝土等材料运输过程中，不得随处溢洒，及时清扫撒落的材料，保持现场环境整洁。

（3）混凝土振捣器使用前，必须经电工检验确认合格后方可使用。开关箱必须装设漏电保护器，插头应完好无损，电源线不得破皮漏电，操作者必须穿绝缘鞋（胶鞋），戴绝缘手套。

二、抹灰饰面工程

1. 抹灰饰面工程的事故隐患

抹灰饰面工程较易发生高处坠落、物体打击等事故，抹灰饰面工程的事故隐患主要包括以下内容：

（1）往窗口下随意乱抛杂物。

（2）活动架子移动时架上有人员作业。

（3）喷浆设备使用前未按要求使用防护用品。

（4）顶板批嵌时不戴防护眼镜。

（5）喷射砂浆设备的喷头疏通时不关机，喷头疏通时对人。

（6）在架子上乱扔粉刷工具和材料。

（7）梯子有缺档。

（8）利用梯子行走。

（9）人站在人字梯最上一层施工。

（10）人字扶梯无连接绳索、下部无防滑措施。

（11）两人在梯子上同时施工。

（12）单面梯子使用时与地面夹角不符合要求。

（13）梯子下脚垫高使用。

（14）室内粉刷使用的登高搭设不平稳。

（15）室内的登高搭设脚手板高度大于 2 m。

（16）搭设的活动架子不牢固、不平稳。

（17）登高脚手板搁置在门窗管道上。

（18）外墙面粉刷施工前未对外脚手进行检查。

（19）喷射砂浆设备使用前未进行检查。

（20）料斗上料时无专人指挥专人接料。

（21）随意拆除脚手架上的安全设施。

（22）脚手板搭设的单跨跨度大于 2 m。

（23）人字梯未用橡胶包脚使用。

2. 抹灰饰面工程安全技术

（1）墙面抹灰的高度超过 1.5 m 时，要搭设脚手架或操作平台，大面积墙面抹灰时，要搭设脚手架。

（2）搭设抹灰用高大架子必须有设计和施工方案，参加搭架子的人员，必须经培训合格，持证上岗。

（3）高大架子必须经相关安全部门检验合格后，方可开始使用。

（4）施工操作人员严禁在架子上打闹、嬉戏，使用的灰铲、刮杠等不要乱丢、乱扔。

（5）遇有恶劣气候（如风力在 6 级以上），影响安全施工时，禁止高空作业。

（6）提拉灰斗的绳索要结实牢固，防止绳索断裂，灰斗坠落伤人。

（7）施工作业中应尽可能地避免交叉作业，抹灰人员不要在同一垂直面上工作。

（8）施工现场的脚手架、防护设施、安全标志和警告牌，不得擅自拆动，需拆动时，应经施工负责人同意，并由专业人员加固后拆动。

（9）乘人的外用电梯、吊笼应有可靠的安全装置，禁止人员随同运料吊篮、吊盘上下。

（10）对安全帽、安全网、安全带要定期检查，不符合要求的严禁使用。

（11）外墙贴面砖施工前先要由专业架子工搭设装修用外脚手架，经验收合格后才能使用。

（12）操作人员进入施工现场必须戴好安全帽，系好风紧扣。

（13）高空作业必须佩戴安全带，上架子作业前必须检查脚手板搭放是否安全可靠，确认无误后方可，上架进行作业。

（14）上架工作衣着要轻便，禁止穿硬底鞋、拖鞋、高跟鞋，并且架子上的人不得集中在一块，严禁从上往下抛掷杂物。

（15）脚手架的操作面上不可堆积过量的面砖和砂浆。

（16）施工现场临时用电线路必须按用电规范布设，严禁乱接乱拉，远距离电缆线不得随地乱拉，必须架空固定。

（17）小型电动工具，必须安装漏电保护装置，使用时，应经试运转合格后方可操作。

（18）电器设备应有接地、接零保护。现场维护电工应持证上岗，非维护电工不得乱接电源。

（19）电源、电压须与电动机具的铭牌电压相符。电动机具移动时，应先断电后移动。下班或使用完毕必须拉闸断电。

（20）施工时必须按施工现场安全技术交底施工。

（21）施工现场严禁扬尘作业，清理打扫时，必须洒少量水湿润后方可打扫，并注意对成品的保护，废料及垃圾必须及时清理干净，装袋运至指定堆放地点，堆放垃圾处必须进行围挡。

（22）切割石材的临时用水，必须有完善的污水排放措施。

（23）用滑轮和绳索提拉水泥砂浆时，滑轮一定要固定好，绳索要结实可靠，防止绳索断裂，坠物伤人。

（24）对施工中噪声大的机具，尽量安排在白天及夜晚 10：00 前操作，严禁噪声扰民。

（25）雨后、春暖解冻时，应及时检查外架子，防止沉陷，出现险情。

第十章　建筑施工专项安全技术

第一节　高处作业安全管理

一、高处作业的定义、事故隐患与基本规定

1. 高处作业的定义

《高处作业分级》(GB/T 3608—2008）规定：“在距坠落高度基准面 2m 或 2m 以上有可能坠落的高处进行的作业称为高处作业。”

所谓坠落高度基准面，是指通过可能坠落范围内最低处的水平面。如从作业位置可能坠落到的最低点的地面、楼面、楼梯平台、相邻较低建筑物的屋面、基坑的底面、脚手架的通道板等。

以作业位置为中心，6m 为半径，划出垂直于水平面的柱形空间的最低处与作业位置间的高度差称为基础高度。

以作业位置为中心，以可能坠落范围的半径为半径划成的与水平面垂直的柱形空间，成为可能坠落范围。高处作业可能坠落范围用坠落半径表示，用以确定不同高度作业时，其安全平网的防护宽度。

2. 高处作业的事故隐患

高处作业极易发生高处坠落事故，也容易因高处作业人员违章或失误，发生物体打击事故。高处作业的事故隐患主要包括以下几项：

（1）安全网未取得有关部门的准用证。

（2）上下传递物件抛掷。

（3）安全网规格材质不符合要求。

（4）立体交叉作业未采取隔离防护措施。

（5）未每隔四层并不大于 10 m 张设平网。

（6）未按高挂低用要求正确系好安全带。

（7）防护措施未采用定型化、工具化设备。

（8）在建工程未用密目式安全网封闭。

（9）未设置上杆 1.2 m、下杆 0.5~0.6 m 的上下两道防护栏杆。

（10）框架结构施工作业面（点）无防护或防护不完善。

（11）阳台楼板屋面临边无防护或防护不牢固。

（12）25 cm × 25 cm 以上洞口不按规定设置防护栏、盖板、安全网。

（13）未按规定安装防护门或护栏，安装后高度低于 1.5 m。

（14）出入口未搭设防护棚或搭设不符合相关规范要求。

（15）使用钢模板和其他板厚小于 5 cm 的板料做脚手板。

（16）安全帽、安全网、安全带未进行定期检查。

（17）护栏高度低于 1.2m，未上下设置栏杆并没有密目网遮挡。

（18）未按规定安装高度 1.8 m 的防护门。

（19）恶劣天气进行高空起重吊装作业。

3. 高处作业的基本规定

为了防止高处坠落与物体打击、杜绝高处作业事故隐患，《建筑施工高处作业安全技术规范》（JGJ 80—2016）对工业与民用房屋建筑及一般构筑物施工时，高处作业中临边、洞口、攀登、悬空、操作平台及交叉等项作业，以及属于高处作业的各类洞、坑、沟、槽等工程施工的安全要求做出了明确规定。其中，高处作业的基本安全规定如下：

（1）建筑施工中凡涉及临边与洞口作业、攀登与悬空作业、操作平台、交叉作业及安全网搭设的，应在施工组织设计或施工方案中制订高处作业安全技术措施。

（2）高处作业施工前，应按类别对安全防护设施进行检查、验收，验收合格后方可进行作业，并应做验收记录。验收可分层或分阶段进行。

（3）高处作业施工前，应对作业人员进行安全技术交底，并应记录。应对初次作业人员进行培训。

（4）应根据要求将各类安全警示标志悬挂于施工现场各相应部位，夜间应设红灯警示。高处作业施工前，应检查高处作业的安全标志、工具、仪表、电气设施和设备，确认其完好后，方可施工。

（5）高处作业人员应根据作业的实际情况配备相应的高处作业安全防护用品，并应按规定正确佩戴和使用相应的安全防护用品、用具。

（6）对施工作业现场可能坠落的物料，应及时拆除或采取固定措施。高处作业所用的物料应堆放平稳，不得妨碍通行和装卸。工具应随手放入工具袋；作业中的走道、通道板和登高用具，应随时清理干净；拆卸下的物料及余料和废料应及时清理运走，不得随意放置或向下丢弃。传递物料时不得抛掷。

（7）高处作业应按现行国家标准《建设工程施工现场消防安全技术规范》（GB 50720—2011）的规定，采取相应的防火措施。

（8）在雨、霜、雾、雪等天气进行高处作业时，应采取防滑、防冻和防雷措施，并应及时清除作业面上的水、冰、雪、霜。

当遇有6级及以上强风、浓雾、沙尘暴等恶劣气候，不得进行露天攀登与悬空高处作业。雨、雪天气后，应对高处作业安全设施进行检查，当发现有松动、变形、损坏或脱落等现象时，应立即修理完善，维修合格后方可使用。

（9）对需临时拆除或变动的安全防护设施，应采取可靠措施，作业后应立即恢复。

（10）安全防护设施验收应包括下列主要内容：

1）防护栏杆的设置与搭设；

2）攀登与悬空作业的用具与设施搭设；

3）操作平台及平台防护设施的搭设；

4）防护棚的搭设；

5）安全网的设置；

6）安全防护设施、设备的性能与质量、所用的材料、配件的规格；

7）设施的节点构造，材料配件的规格、材质及其与建筑物的固定、连接状况。

（11）安全防护设施验收资料应包括下列主要内容：

1）施工组织设计中的安全技术措施或施工方案；

2）安全防护用品用具、材料和设备产品合格证明；

3）安全防护设施验收记录；

4）预埋件隐蔽验收记录；

5）安全防护设施变更记录。

（12）应有专人对各类安全防护设施进行检查和维修保养，发现隐患应及时采取整改措施。

（13）安全防护设施宜采用定型化、工具化设施，防护栏应为黑黄或红白相间的条纹标示，盖件应为黄或红色标示。

二、安全帽、安全带、安全网

进入施工现场必须戴安全帽，登高作业必须佩戴安全带，在建建筑物四周必须用绿色的密目式安全网全部封闭，这是多年来在建筑施工中对安全生产的规定。安全帽、安全带、安全网一般被称为“救命三宝”。目前，这三种防护用品都有产品标准。在使用时，也应选择符合建筑施工要求的产品。

（一）安全帽

安全帽是用来避免或减轻外来冲击和碰撞对头部造成伤害的防护用品，由帽壳、帽衬、下颏带、附件组成。安全帽必须满足耐冲击、耐穿透、耐低温、侧向刚性、电绝缘性、阻燃性等基本技术性能的要求。安全帽的佩戴要符合标准，使用要符合规定。如果佩戴和使用不正确，就起不到充分的防护作用。一般应注意下列事项：

1.新领的安全帽，首先检查是否有“LA”标志及产品合格证，再看是否破损、薄厚不均，缓冲层及调整带和弹性带是否齐全有效。不符合规定要求的要立即调换。

2. 每次佩戴之前应检查安全帽的外观是否有裂纹、碰伤痕迹、凹凸不平、磨损，帽衬是否完整，帽衬的结构是否处于正常状态，安全帽上如存在影响其性能的明显缺陷就及时报废，以免影响防护作用。任何受过重击、有裂痕的安全帽，无论有无损坏现象，均应报废。

3. 应注意在有效期内使用安全帽，植物枝条编织的安全帽有效期为 2 年，塑料安全帽的有效期限为两年半，玻璃钢（包括维纶钢）和胶质安全帽的有效期限为 3 年半，超过有效期的安全帽应报废。

4. 戴安全帽前应将帽后调整带按自己头型调整到适合的位置，然后将帽内弹性带系牢。缓冲衬垫的松紧由带子调节，人的头顶和帽体内顶部的空间垂直距离一般为 25~50 mm，不小于 32 mm 为好。佩戴者在使用时一定要将安全帽戴正、戴牢，不能晃动，要系紧下颏带。

5. 使用者不得随意在安全帽上打孔、拆卸或添加附件，不能随意调节帽衬的尺寸。不要把安全帽歪戴，也不要把帽檐戴在脑后方。

6. 施工人员在现场作业中，不得将安全帽脱下，搁置一旁，或当坐垫使用。

7. 平时使用安全帽时应保持整洁，不能接触火源，不要任意涂刷油漆。

8. 安全帽不能在有酸、碱或化学试剂污染的环境中存放，不能放置在高温、日晒或潮湿的场所中，以免其老化变质。

（二）安全带

安全带是预防高处作业人员坠落事故的个人防护用品，由带子、绳子和金属配件组成。

1. 安全带的日常管理规定

（1）安全带采购回来后必须经过专职安全员检查并报验监理单位验收合格后才能使用，进场时查验是否具备合格证、厂家检验报告，是否附有永久标识。不合格的安全防具用品一律不准进入施工现场。

（2）安全带在每次使用前都应进行外观检查。外观检查的项目主要包括：组件完整、无短缺、无伤残破损；绳索、编带无脆裂、断股或扭结；皮革配件完好、无伤残；所有缝纫点的针线无断裂或者磨损；金属配件无裂纹、焊接无缺陷、无严重锈蚀；挂钩的钩舌咬口平整不错位，保险装置完整可靠。

（3）对使用中的安全带每周进行一次外观检查。

（4）安全带每年要进行一次静负荷重试验。

（5）安全带每次受力后，必须做详细的外观检查和静负荷重试验，不合格的不得继续使用。

（6）使用频繁的绳，要经常做外观检查，发现异常时，应立即更换新绳，更换新绳时要注意加绳套。

（7）安全带上的各种部件不得任意拆掉。

（8）安全带使用 2 年以后，使用单位应按购进批量的大小，选择一定比例的数量，做一次抽检，即用 80 kg 的沙袋做自由落体试验，若未破断可继续使用，但抽检的样带应更换新的挂绳才能使用；如试验不合格，购进的这批安全带就应报废。

（9）安全带的使用期为 3~5 年，若使用期间发现异常，应提前报废；超过使用规定年限后，必须报废。

2. 安全带的穿戴步骤

（1）抓住 D 形环提起，并理顺扭曲的带子。

（2）将包裹下部盆骨的带子放于身后，提起安全带置于肩膀上。

（3）调节滑动的 D 形环置于背部肩胛骨的位置。

（4）锁扣腿带。把腿带套在腿上，拉紧或松开吊带末端，调节到感觉紧且舒适时，锁住扣件。

（5）连接腰带。将腰带系在腰下面、臀部上面的胯部位，调节至舒适的位置，连接扣紧腰带。

3. 安全带的使用和维护

（1）安全带上的各种部件不得任意拆掉。

（2）安全带使用时必须高挂低用，且悬挂点高度不应低于自身腰部。

（3）使用时要防止摆动碰撞，严禁使用打结和继接的安全绳，不准将钩直接挂在安全绳上使用，应将钩挂在连接环上用。

（4）悬挂安全带必须有可靠的锚固点，即安全带要挂在牢固可靠的地方，禁止挂在移动及带尖锐角不牢固的物件上。

（5）安全绳的长度限制在 1.5~2.0 m，使用 3 m 以上长绳应加缓冲器。

（6）在温度较低的环境中使用安全带时，要注意防止安全绳的硬化割裂。

（7）使用后，将安全带、绳卷成盘放在无化学试剂、阳光的场所中，切不可折叠。应在金属配件上涂些机油，以防生锈。

（8）安全带不使用时要妥善保管，不可接触高温、明火、强酸、强碱或尖锐物体，不要存放在潮湿的仓库中保管。

（三）安全网

安全网是用来防止人、物坠落，或用来避免、减轻坠落物击伤人的网具。

安全网按构造形式可分为平网（P）、立网（L）、密目网（ML）三种。平网是指其安装平面平行于水平面，主要用来承接人和物的坠落。每张平网的质量一般不小于 5.5kg，不超过 15 kg，并要能承受 800 N 的冲击力。立网是指其安装平面垂直于水平面，主要用来阻止人和物的坠落。每张立网的质量一般不小于 2.5 kg。平网和立网主要由网绳、边绳、系绳、筋绳组成。密目网，又称“密目式安全立网”，是指网目密度大于 2 000 目 /100 cm^2、垂直于水平面安装、施工期间包围整个建筑物、用于防止人员坠落及坠物伤害的有色立式网。密目网主要由网体、边绳、环扣及附加系绳构成。每张密目网的质量一般不小于

3kg。立网、密目网不能代替平网。

自 2012 年 7 月 1 日，《建筑施工安全检查标准》（JGJ 59—2011）实施后，P3X6 的大网眼的安全平网就只能在电梯井里、外脚手架的跳板下面、脚手架与墙体间的空隙等处使用。在建筑物四周要求用密目网全封闭，它意味着两个方面的要求：一方面，在外脚手架的外侧用密目网全封闭；另一方面，无外脚手架时，在楼层里将楼板、阳台等临边处用密目网全封闭。为了能使用合格的密日网，施工单位采购来以后，除进行外观、尺寸、质量、目数等的检查外，还要做贯穿试验和冲击试验。

一般情况下，安全网的使用应符合下列规定：

1. 施工现场使用的安全网必须有产品质量检验合格证，旧网必须有允许使用的证明书。

2. 安装前必须对网及支撑物（架）进行检查，要求支撑物（架）有足够的强度、刚性和稳定性，且系网处无撑角及尖锐边缘，确认无误时方可安装。

3. 安全网搬运时，禁止使用钩子，禁止把网拖过粗糙的表面或锐边。

4. 在施工现场安全网的支搭和拆除要严格按照施工负责人的安排进行，不得随意拆毁安全网。

5. 在使用过程中不得随意向网上乱抛杂物或撕坏网片。

6. 安装时，在每个系结点上，边绳应与支撑物（架）靠紧，并用一根独立的系绳连接，系结点沿网边均匀分布，其距离不得大于 750 mm。系结点应符合打结方便，连接牢固又容易解开，受力后又不会散脱的原则。有筋绳的网在安装时，也必须将筋绳连接在支撑物（架）上。

7. 多张网连接使用时，相邻部分应靠紧或重叠，连接绳材料与网相同时，强力不得低于网绳强力。

8. 凡高度在 4 m 以上的建筑物，首层四周必须支搭固定 3 m 宽的平网。安装平网应外高里低，以 15° 为宜。平网网面不宜绷得过紧，平网内或下方应避免堆积物品，平网与下方物体表面的距离不应小于 3 m，两层平网间的距离不得超过 10 m。

9. 装立网时，安装平面应与水平面垂直，立网底部必须与脚手架全部封严。

10. 要保证安全网受力均匀，必须经常清理网上落物，网内不得有积物。

11. 安全网安装后，必须经专人检查验收合格签字后才能使用。

12. 安全网暂时不用时应存放在通风、避光、隔热、无化学品污染的仓库或专用场所。

第二节　季节施工安全管理

一、冬期施工

冬期施工，主要是制订防火、防滑、防冻、防煤气中毒、防亚硝酸钠中毒、防风等安全措施。

1. 防火要求

（1）加强冬季防火安全教育，增强全体人员的防火意识。将普遍教育与特殊防火工种的教育相结合，根据冬期施工防火工作的特点，入冬前对电气焊工、司炉工、木工、油漆工、电工、炉火安装和管理人员、警卫巡逻人员进行有针对性的教育和考试。

（2）冬期施工中，国家级重点工程、地区级重点工程、高层建筑工程及起火后不易扑救的工程，禁止使用可燃材料作为保温材料，应采用不燃或难燃材料进行保温。

（3）一般工程可采用可燃材料进行保温，但必须进行严格管理。使用可燃材料进行保温的工程，必须设专人进行监护、巡逻检查。人员的数量应根据使用可燃材料的数量、保温的面积而定。

（4）冬期施工中，保温材料定位以后，禁止一切用火、用电作业，且照明线路、照明灯具应远离可燃的保温材料。

（5）冬期施工中，保温材料使用完后，要随时进行清理，集中进行存放保管。

（6）冬季现场供暖锅炉房宜建造在施工现场的下风方向，远离在建工程、易燃可燃建筑、露天可燃材料堆场、料库等。锅炉房应不低于二级耐火等级。

（7）烧蒸汽锅炉的人员必须经过专门培训，取得司炉证后才能独立作业。烧热水锅炉的人员也要经过培训合格后方能上岗。

（8）冬期施工的加热采暖方法，应尽量使用暖气。如果用火炉，必须事先提出方案和防火措施，经消防保卫部门同意后方能开火。但在油漆、喷漆、油漆调料间以及木工房、料库、使用高分子装修材料的装修阶段，禁止使用火炉采暖。

（9）各种金属与砖砌火炉，必须完整良好，不得有裂缝。各种金属火炉与模板支柱、斜撑、拉杆等可燃物和易燃保温材料的距离不得小于 1 m，已做保护层的火炉距可燃物的距离不得小于 70 cm。各种砖砌火炉壁厚不得小于 30 cm。在没有烟囱的火炉上方不得有拉杆、斜撑等可燃物，必要时需架设铁板等非燃材料隔热，其隔热板应比炉顶外围的每一边都多出 15cm 以上。

（10）在木地板上安装火炉，必须设置炉盘。有脚的火炉炉盘厚度不得小于 12cm，无脚的火炉炉盘厚度不得小于 18 cm。炉盘应伸出炉门前 50 cm，伸出炉后左右各 15cm。

（11）各种火炉应根据需要设置高出炉身的火档。各种火炉的炉身、烟囱和烟囱出口等部分与电源线和电气设备应保持 50 cm 以上的距离。

（12）炉火必须由受过安全消防常识教育的专人看守，每人看管火炉的数量不应过多。

（13）火炉看火人应严格执行检查值班制度和操作程序。火炉着火后，不准离开工作岗位，值班时间不允许睡觉或做无关的事情。

（14）移动各种加热火炉时，必须先将火熄灭后方准移动。掏出的炉灰必须随时用水浇灭后倒在指定地点。禁止用易燃、可燃液体点火。放的煤不应过多，以不超出炉口上沿为宜，防止热煤掉出引起可燃物起火。不准在火炉上熬炼油料、烘烤易燃物品等。

（15）工程的每层都应配备灭火器材。

（16）用热电法施工，要加强检查和维修，防止触电和火灾。

2. 防滑要求

（1）冬期施工中，在施工作业前，对斜道、通行道、爬梯等作业面上的霜冻、冰块、积雪要及时清除。

（2）冬期施工中，现场脚手架搭设接高前必须将钢管上的积雪清除，等到霜冻、冰块融化后再施工。

（3）冬期施工中，若通道防滑条有损坏要及时补修。

3. 防冻要求

（1）入冬前，按照冬期施工方案材料要求提前备好保温材料，对施工现场怕受冻的材料和施工作业面（如现浇混凝土）按技术要求采用保温措施。

（2）冬期施工工地（指北方的），应尽量安装地下消火栓，在入冬前应进行一次试水，加少量润滑油。

（3）消火栓用草帘、锯末等覆盖，做好保温工作，以防冻结。

（4）冬天下雪时，应及时扫除消火栓上的积雪，以免雪化后将消火栓井盖冻住。

（5）高层临时消防竖管应进行保温或将水放空，消防水泵内应考虑采暖措施，以免冻结。

（6）入冬前，应做好消防水池的保温工作，随时进行检查，发现冻结时应进行破冻处理。一般方法是在水池上盖上木板，木板上再盖上不小于 40~50 cm 厚的稻草、锯末等。

（7）入冬前应将泡沫灭火器、清水灭火器等放入有采暖的地方，并套上保温套。

4. 防中毒要求

（1）冬季取暖炉的防煤气中毒设施必须齐全、有效，建立验收合格证制度，经验收合格发证后，方准使用。

（2）冬期施工现场加热采暖和宿舍取暖用火炉时，要注意经常通风换气。

（3）对亚硝酸钠要加强管理，严格发放制度，要按定量改革小包装并加上水泥、细沙、粉煤灰等，将其改变颜色，以防止误食中毒。

二、雨期施工

雨期施工，主要应制订防触电、防雷、防坍塌、防火、防台风等安全措施。

1. 防触电要求

（1）雨期施工到来之前，应对现场的每个配电箱、用电设备、外敷电线、电缆进行一次彻底的检查，采取相应的防雨、防潮保护。

（2）配电箱必须防雨、防水，电器布置符合规定，电器元件不应破损，严禁带电明露。机电设备的金属外壳，必须采取可靠的接地或接零保护。

（3）外敷电线、电缆不得有破损。电源线不得使用裸导线和塑料线，也不得沿地面敷设，防止因短路造成起火事故。

（4）雨期到来前，应检查手持电动工具漏电保护装置是否灵敏。工地临时照明灯、标志灯，其电压不超过 36 V。特别潮湿的场所以及金属管道和容器内的照明灯不超过 12 V。

（5）阴雨天气，电气作业人员应尽量避免露天作业。

2. 防雷要求

（1）雨季到来前，塔式起重机、外用电梯、钢管脚手架、井字架、龙门架等高大设施，以及在施工的高层建筑工程等应安装可靠的避雷设施。

（2）塔式起重机的轨道，一般应设两组接地装置，对较长的轨道应每隔 20 m 补做一组接地装置。

（3）高度在 20 m 及以上的井字架、门式架等垂直运输的机具金属构架上，应将一侧的中间立杆接高，高出顶端 2 m 作为接闪器，在该立杆的下部设置接地线与接地极相连，同时应将卷扬机的金属外壳可靠接地。

（4）在施高大建筑工程的脚手架，沿建筑物四角及四边利用钢脚手本身加高 2~3 m 做接闪器，下端与接地极相连，接闪器间距不应超过 24 m。如施工的建筑物中都有突出高点，也应做类似避雷针。随着脚手架的升高，接闪器也应及时加高。防雷引下线不应少于两处以下。

（5）雷雨季节拆除烟囱、水塔等高大建（构）筑物脚手架时，应待正式工程防雷装置安装完毕并已接地之后，再拆除脚手架。

（6）塔式起重机等施工机具的接地电阻应不大于 42，其他防雷接地电阻一般不大于 10 Ω。

3. 防坍塌要求

（1）暴雨、台风前后，应检查工地临时设施，脚手架、机电设施有无倾斜，基土有无变形、下沉等现象，发现问题及时修理加固，有严重危险的，应立即排除。

（2）雨季中，应尽量避免挖土方、管沟等作业，已挖好的基坑和沟边应采取挡水措施和排水措施。

（3）雨后施工前，应检查沟槽边有无积水，坑槽有无裂纹或土质松动现象，防止积水渗漏，造成塌方。

4. 防火要求

（1）雨期中，生石灰、石灰粉的堆放应远离可燃材料，防止因受潮或雨淋产生高热引起周围可燃材料起火。

（2）雨期中，稻草、草帘、草袋等堆垛不宜过大，垛中应留通气孔，顶部应防雨，防止因受潮、遇雨发生自燃。

（3）雨期中，电石、乙炔瓶、氧气瓶、易燃液体等应在库内或棚内存放，禁止露天存放，防止因受雷雨、日晒发生起火事故。

三、暑期施工

夏季气候炎热，高温时间持续较长，应制订防火防暑降温安全措施。

1. 合理调整作息时间，避开中午高温时间工作，严格控制工人加班加点，工人的工作时间要适当缩短，保证工人有充足的休息和睡眠时间。

2. 对容器内和高温条件下的作业场所，要采取措施，搞好通风和降温。

3. 对露天作业集中和固定的场所，应搭设歇凉棚，防止热辐射，并要经常洒水降温。高温、高处作业的工人，需经常进行健康检查，发现有职业禁忌证者应及时调离高温和高处作业岗位。

4. 要及时供应合乎卫生要求的茶水、清凉含盐饮料、绿豆汤等。

5. 要经常组织医护人员深入工地进行巡回医疗和预防工作。重视年老体弱、患过中暑者和血压较高的工人的身体情况的变化。

6. 及时给职工发放防暑降温的急救药品和劳动保护用品。

第三节　脚手架工程安全管理

一、脚手架工程的事故隐患与基本安全要求

1. 脚手架工程的事故隐患

脚手架是高处作业设施，在搭设、使用和拆除过程中，为确保作业人员的安全，重点应落实好预防脚手架垮塌、防电、防雷击、预防人员坠落的措施。

脚手架工程的事故隐患主要包括以下内容：

（1）20 m 以上高层脚手未采用刚性连墙件与建筑物可靠连接。

（2）将外径 48 mm 和 51 mm 的钢管混合使用或采用钢竹混搭。

（3）搭拆作业区域和警戒区无监护人。

（4）脚手架高度超过相关规范规定未进行设计计算。

（5）脚手板、脚手笆不满铺固定，有探头板。

（6）特殊脚手架无专项方案，搭设方法、设计计算书未经上级审批。

（7）步距、立杆的纵距、横距、连墙件的设置部位和间距不符合，连墙件未设置在距离主节点 30 cm 内。

（8）剪刀撑未按规定与脚手同步搭设，设置欠缺不连续。

（9）施工层缺 1.2 m 防护栏杆或少于三排高于 18 cm 的挡脚板。

（10）脚手架外侧未设置密目网，或密封不严。

（11）脚手架离结构处未按规定设置隔离防护措施。

（12）脚手架与建筑物未按规定设置连墙件（包括首步拉结）。

（13）脚手架搭设前地基处理不当。

（14）脚手架钢管、扣件、脚手笆、脚手板、密目网材质不符合要求。

（15）雨、雪、大风、雷雨等恶劣天气、高压线、恶劣环境附近搭拆作业。

（16）剪刀撑设置角度过大或过小，斜杆下端未支撑在垫块或垫板上。

（17）脚手各杆件扣件力矩未达到 45 N.m。

（18）临边处脚手架安装人员无防护措施。

（19）脚手架用料选材不严。

（20）拆架不按安全规定操作。

（21）脚手架未按规定高于作业面 1.5 m。

（22）作业层的施工负载超过规定要求。

（23）脚手架立柱采用搭接（顶排除外）。

（24）搭设前无交底，搭设时无分阶段验收合格挂牌使用。

（25）落地式脚手架搭设前地基不平整，地基无排水，未做验收。

（26）拆除作业未由上而下逐层进行，未做到一步一清。

（27）落地式脚手底座、垫板和立杆间距不符合规定。

（28）用脚手固定模板、拉揽风、固定混凝土砂浆泵管、悬挂起重设备。

（29）脚手架一次搭设高度超过连墙件以上两步。

（30）卸料平台无设计计算，搭设投入使用未按规定验收挂牌。

（31）结构、构造、材料、安装不符合设计要求。

（32）拆除连墙件整层和数层再拆脚手架，分段拆除高差大于两步。

（33）高层脚手架未按规定设置避雷措施。

（34）脚手架未按规定设置上下登高，斜道未设防滑条。

（35）悬挑脚手架作业层以下无平网或其他安全防护措施。

（36）脚手架堆载不均匀，负荷超过规定。

（37）架子工作业无可靠的立足点，未系好安全带。

（38）落地式脚手架未按规定设置纵横向扫地杆。

（39）落地式脚手架基础开挖未采取加固措施。

（40）两挂脚手架之间的空隙未加设有效盖板。

（41）卸料平台支撑系统和脚手架相连。

2. 脚手架工程的基本安全技术

（1）脚手架防护要求

1）搭设过程中必须严格按照脚手架专项安全施工组织设计和安全技术措施交底要求设置安全网和采取安全防护措施。

2）脚手架搭至两步及以上时，必须在脚手架外立杆内侧设置 1.2 m 高的防护栏杆。

3）架体外侧必须用密目式安全网封闭，网体与操作层不应有大于 10 mm 的缝隙，网间不应有大于 25 min 的缝隙。

4）施工操作层及以下连续三步应铺设脚手板和 180mm 高的挡脚板。

5）施工操作层以下每隔 10 m 应用平网或其他措施封闭隔离。

6）施工操作层脚手架部分与建筑物之间应用平网或竹笆等实施封闭，当脚手架里立杆与建筑物之间的距离大于 200 mm 时，还应自上而下做到四步一隔离。

7）操作层的脚手板应设护栏和挡脚板。脚手板必须满铺且固定，护栏高度为 1 m，挡脚板应与立杆固定。

（2）脚手架技术要求

1）无论搭设哪种类型的脚手架，脚手架所用的材料和加工质量必须符合规定要求，绝对禁止使用不合格材料搭设脚手架，以防发生意外事故。

2）一般脚手架必须按脚手架安全技术操作规程搭设，对于高度超过 15 m 的高层脚手架，必须有设计，有计算，有详图，有搭设方案，有上一级技术负责人审批，有书面安全技术交底，然后才能搭设。

3）对于危险性大而且特殊的吊、挑、挂、插口、堆料等架子也必须经过设计和审批，编制单独的安全技术措施，才能搭设。

4）施工队伍接受任务后，必须组织全体人员，认真领会脚手架专项安全施工组织设计和安全技术措施交底，研讨搭设方法，并派技术好、有经验的技术人员负责搭设技术指导和监护。

（3）脚手架使用要求

1）作业层上的施工荷载应符合设计要求，不得超载。

2）不得将模板支架、缆风绳、泵送混凝土和砂浆的输送管等固定在脚手架上，严禁悬挂起重设备。

3）在脚手架使用期间，严禁拆除主节点处的纵横向水平杆和扫地杆、连墙件。如因施工确需拆除，应事先办理拆除申请手续。有关拆除加固方案应经工程技术负责人和原脚手架工程安全技术措施审批人书面同意后，方可实施。

4）在脚手架上进行电、气焊作业时，必须有防火措施和专人监护。

5）工地临时用电线路的架设及脚手架接地、避雷措施等，应按《施工现场临时用电安全技术规范》（JGJ 46—2005）的有关规定执行。

6）遇 6 级以上大风或大雾、雨雪等恶劣天气时应暂停脚手架作业。

（4）脚手架搭设要求

1）搭设时，认真处理好地基，确保地基具有足够的承载力，垫木应铺设平稳，不能有悬空，避免脚手架发生整体或局部沉降。

2）确保脚手架整体平稳牢固，并具有足够的承载力，作业人员搭设时必须按要求与结构拉接牢固。

3）搭设时，必须按规定的间距搭设立杆、横杆、剪刀撑、栏杆等。

4）搭设时，必须按规定设连墙杆、剪刀撑和支撑。脚手架与建筑物之间的连接应牢固，脚手架的整体应稳定。

5）搭设时，脚手架必须有供操作人员上下的阶梯、斜道。严禁施工人员攀爬脚手架。

6）脚手架的操作面必须满铺脚手板，不得有空隙和探头板。木脚手板有腐朽、劈裂、大横透节、有活动节子的均不能使用。使用过程中严格控制荷载，确保有较大的安全储备，避免因荷载过大造成脚手架倒塌。

7）金属脚手架应设避雷装置。遇有高压线必须保持大于 5 m 或相应的水平距离，搭设隔离防护架。

8)6 级以上大风、大雪、大雾天气下应暂停脚手架的搭设及在脚手架上作业。斜边板要钉防滑条，如有雨水、冰雪，要采取防滑措施。

9）脚手架搭好后，必须验收，合格后方可使用。使用中，遇台风、暴雨，以及使用期较长时，应定期检查，及时排除安全隐患。

10）因故闲置一段时间或发生大风、大雨等灾害性天气后，重新使用脚手架时必须认真检查加固后方可使用。

（5）脚手架拆除要求

1）施工人员必须听从指挥，严格按方案和操作规程进行拆除，防止脚手架大面积倒塌和物体坠落砸伤他人。

2）脚手架拆除时要划分作业区，周围用栏杆围护或竖立警戒标志，地面设有专人指挥，并配备良好的通信设施。警戒区内严禁非专业人员人内。

3）拆除前检查吊运机械是否安全可靠，吊运机械不允许搭设在脚手架上。

4）拆除过程中建筑物的所有窗户必须关闭锁严，不允许向外开启或向外伸挑物件。

5）所有高处作业人员，应严格按高处作业安全规定执行，上岗后，先检查、加固松动部分，清除各层留下的材料、物件及垃圾块。清理物品应安全输送至地面，严禁高处抛掷。

6）运至地面的材料应按指定地点，随拆随运，分类堆放，当天拆当天清，拆下的扣件或钢丝等要集中回收处理。

7）脚手架拆除过程中不能碰坏门窗、玻璃、水落管等物品，也不能损坏已做好的地面和墙面等。

8）在脚手架拆除过程中，不得中途换人；如必须换人时，应将拆除情况交代清楚后方可离开。

9）拆除时要统一指挥，上下呼应，动作协调，当解开与另一人有关的结扣时，应先通知对方，以防坠落。

10）在大片架子拆除前应将预留的斜道、上料平台等先行加固，以便拆除后能确保其完整、安全和稳定。

11）脚手架拆除程序，应由上而下按层按步骤进行拆除，先拆护身栏、脚手板和横向水平杆，再依次拆剪刀撑的上部扣件和接杆。拆除全部剪刀撑、抛撑以前，必须搭设临时加固斜支撑，预防脚手架倾倒。

12）拆脚手架杆件，必须由 2~3 人协同操作，拆纵向水平杆时，应由站在中间的人向下传递，严禁向下抛掷。

13）拆除大片架子应加临时围栏。作业区内电线及其他设备有妨碍时，应事先与有关部门联系拆除、转移或加防护栏。

14）脚手架拆至底部时，应先加临时固定措施后，再拆除。

15）夜间拆除作业，应有良好照明设施。遇大风、雨、雪等特殊天气，不得进行拆除作业。

二、门式钢管脚手架

1. 施工准备

（1）脚手架搭设前，工程技术负责人应按相关规程和施工组织设计要求向搭设和使用人员做技术和安全作业要求的交底。

（2）对门架、配件、加固件应按《建筑施工门式钢管脚手架安全技术规范》（JGJ 128—2010）相关要求进行检查、验收。严禁使用不合格的门架、配件。

（3）对脚手架的搭设场地应进行清理、平整，并做好排水。

2. 地基与基础安全要求

（1）门式脚手架与模板支架的地基与基础施工，应符合《建筑施工门式钢管脚手架安全技术规范》（JGJ 128—2010）的相关规定和专项施工方案的要求。

（2）在搭设前，应先在基础上标出门架立杆位置线，垫板、底座安放位置应准确，标高应一致。

3. 门式钢管脚手架的搭设安全要求

（1）门式脚手架与模板支架搭设程序应符合下列规定：

1）门式脚手架的搭设应与施工进度同步，一次搭设高度不宜超过最上层连墙件两步且自由高度不应大于 4 m。

2）门架的组装应自一端向另一端延伸，应自下而上按步架设，并应逐层改变搭设方向，不应自两端相向搭设或自中间向两端搭设。

3）每搭设完两步门架后，应校验门架的水平度及立杆的垂直度。

（2）搭设门架及配件除应符合《建筑施工门式钢管脚手架安全技术规范》（JGJ 128—2010）第 6 章的规定外，还应符合下列要求：

1）交叉支撑、脚手板应与门架同时安装。

2）连接门架的锁臂、挂钩必须处于锁住状态。

3）钢梯的设置应符合专项施工方案组装布置图的要求，底层钢梯底部应加设钢管，并应采用扣件扣紧在门架立杆上。

4）在施工作业层外侧周边应设置 180mm 高的挡脚板和两道栏杆，上道栏杆高度应为 1.2 m，下道栏杆应居中设置。挡脚板和栏杆均应设置在门架立杆的内侧。

（3）加固杆的搭设应符合下列规定。

1）水平加固杆、剪刀撑加固杆必须与门架同步搭设。

2）水平加固杆应设于门架立杆内侧，剪刀撑应设于门架立杆外侧。

（4）门式脚手架连墙件的安装必须符合下列规定：

1）连墙件的安装必须随脚手架搭设同步进行，严禁滞后安装。

2）当脚手架操作层高出相邻连墙件以上两步时，在连墙件安装完毕前，必须采用确保脚手架稳定的临时拉结措施。

（5）加固杆、连墙件等杆件与门架采用扣件连接时，应符合下列规定：

1）扣件规格应与所连接钢管的外径相匹配。

2）扣件螺栓拧紧扭力矩值应为 40~65 N · m。

3）杆件端头伸出扣件盖板边缘长度不应小于 100 mm。

（6）门式脚手架通道口的搭设应符合《建筑施工门式钢管脚手架安全技术规范》（JGJ128—2010）第 6.6 节的要求，斜撑杆、托架梁及通道口两侧的门架立杆加强杆件应与门架同步搭设，严禁滞后安装。

4. 门式钢管脚手架的拆除安全要求

（1）拆除作业必须符合下列规定：

1）架体应从上而下逐层拆除，严禁上下同时作业。

2）同一层的构配件和加固件必须按先上后下、先外后内的顺序拆除。

3）连墙件必须随脚手架逐层拆除，严禁先将连墙件整层或数层拆除后再拆架体。拆除作业过程中，当架体的自由高度大于两步时，必须加设临时拉结。

4）连接门架的剪刀撑等加固杆件必须在拆卸该门架时拆除。

（2）拆卸连接部件时，应先将止退装置旋转至开启位置，然后拆除，不得硬拉，严禁敲击。在拆除作业中，严禁使用手锤等硬物击打、撬别。

（3）当门式脚手架需分段拆除时，架体不拆除部分的两端应采取加固措施后再拆除。

（4）门架与配件应采用机械或人工运至地面，严禁抛投。

（5）拆卸的门架与配件、加固杆等不得集中堆放在未拆架体上，并应及时检查、整修与保养，并宜按品种、规格分别存放。

第四节 施工用电安全管理

一、施工用电的基本要求与事故隐患

（一）施工用电组织设计

1. 临时用电组织设计范围。按照《施工现场临时用电安全技术规范》（JGJ 46—2005）的规定，临时用电设备在5台及5台以上或设备总容量在50kW及50kW以上者，应编制临时用电施工组织设计，临时用电设备在5台以下或设备总容量在50 kW以下者，应制订安全用电技术措施及电气防火措施。

2. 临时用电组织设计的主要内容。

（1）现场勘测。

（2）确定电源进线、变电所或配电室、配电装置、用电设备位置及线路走向。

（3）进行负荷计算。

（4）选择变压器。

（5）设计配电系统。主要内容包括设计配电线路、配电装置和接地装置等。

（6）设计防雷装置。

（7）确定防护措施。

（8）制订安全用电措施和电气防火措施。

3. 临时用电组织设计程序。

（1）临时用电工程图纸应单独绘制，临时用电工程应按图施工。

（2）临时用电组织设计及变更时，必须履行“编制、审核、批准”程序，由电气工程技术人员组织编制，经相关部门审核及具有法人资格企业的技术负责人批准后实施。变更用电组织设计时应补充有关图纸资料。

（3）临时用电：工程必须经编制、审核、批准部门和使用单位共同验收，合格后方可投入使用。

4. 临时用电施工组织设计审批手续

（1）施工现场临时用电施工组织设计必须由施工单位的电气工程技术人员编制，技术

负责人审核。封面上要注明工程名称、施工单位、编制人并加盖单位公章。

（2）施工单位所编制的临时用电施工组织设计，必须符合《施工现场临时用电安全技术规范》（JGJ 46—2005）中的有关规定。

（3）临时用电施工组织设计必须在开工前15日内报上级主管部门审核，批准后方可进行临时用电施工。施工时要严格执行审核后的施工组织设计，按图施工。当需要变更施工组织设计时，应补充有关图纸资料。同样，需要上报主管部门批准，待批准后，按照修改前、后的临时用电施工组织设计对照施工。

（二）施工用电的人员要求与技术交底

1. 施工用电的人员要求

（1）电工必须按国家现行标准考核合格后，持证上岗工作；其他用电人员必须通过相关安全教育培训和技术交底，考核合格后方可上岗工作。

（2）安装、巡检、维修或拆除临时用电设备和线路，必须由电工完成，并应有人监护。

（3）电工等级应同工程的难易程度和技术复杂性相适应。

（4）各类用电人员应掌握安全用电基本知识和所用设备的性能。

（5）使用电气设备前必须按规定穿戴和配备好相应的劳动防护用品，并应检查电气装置和保护设施，严禁设备带“缺陷”运转。

（6）用电人员负责保管和维护所用设备，发现问题及时报告解决。

（7）现场暂时停用设备的开关箱必须分断电源隔离开关，并应关门上锁。

（8）用电人员移动电气设备时，必须经电工切断电源并做妥善处理后进行。

2. 施工用电的安全技术交底。对于现场中一些固定机械设备的防护，应和操作人员进行如下交底：

（1）开机前，认真检查开关箱内的控制开关设备是否齐全、有效，漏电保护器是否可靠，发现问题及时向工长汇报，工长派电工处理。

（2）开机前，仔细检查电气设备的接零保护线端子有无松动，严禁赤手触摸一切带电绝缘导线。

（3）严格执行安全用电规范。凡一切属于电气维修、安装的工作，必须由电工来操作，严禁非电工进行电工作业。

（4）施工现场临时用电施工，必须执行施工组织设计和安全操作规程。

（三）施工用电安全技术档案

1. 施工现场临时用电必须建立安全技术档案，并应包括下列内容：

（1）用电组织设计的全部资料。

（2）修改用电组织设计的资料。

（3）用电技术交底资料。

（4）用电工程检查验收表。

（5）电气设备的试验、检验凭单和调试记录。

（6）接地电阻、绝缘电阻和漏电保护器漏电动作参数测定记录表。

（7）定期检（复）查表。

（8）电工安装、巡检、维修、拆除工作记录。

2. 安全技术档案应由主管现场的电气技术人员负责建立与管理。其中，电工安装、巡检、维修、拆除工作记录可指定电工代管，每周由项目经理审核认可，并应在临时用电工程拆除后统一归档。

3. 临时用电工程应定期检查。定期检查时，应复查接地电阻值和绝缘电阻值。

4. 临时用电工程定期检查应按分部分项工程进行，对安全隐患必须及时处理，并应履行复查验收手续。

（四）用电作业存在的事故隐患

1. 施工现场临时用电来建立安全技术档案。

2. 未按要求使用安全电压。

3. 停用设备未拉闸断电，并锁好开关箱。

4. 电气设备设施采用不合格产品。

5. 灯具金属外壳未做保护接零。

6. 电箱内的电器和导线有带电明露部分，相线使用端子板连接。

7. 电缆过路无保护措施。

8.36V 安全电压照明线路混乱和接头处未用绝缘胶布包扎。

9. 电工作业未穿绝缘鞋，作业工具绝缘破坏。

10. 用铝导体、带肋钢作接地体或垂直接地体。

11. 配电不符合三级配电二级保护的要求。

12. 搬迁或移动用电设备未切断电源，未经电工妥善处理。

13. 施工用电设备和设施线路裸露，电线老化破皮未包。

14. 照明线路混乱，接头未绝缘。

15. 停电时未挂警示牌，带电作业现场无监护人。

16. 保护零线和工作零线混接。

17. 配电箱的箱门内无系统图和开关电器未标明用途无专人负责。

18. 未使用五芯电缆，使用四芯加一芯代替五芯电缆。

19. 外电与设施设备之间的距离小于安全距离又无防护或防护措施不符合要求。

20. 电气设备发现问题未及时请专业电工检修。

21. 在潮湿场所不使用安全电压。

22. 闸刀损坏或闸具不符合要求。

23. 电箱无门、无锁、无防雨措施。

24. 电箱安装位置不当，周围杂物多，没有明显的安全标志。

25. 高度小于 2.4 m 的室内未用安全电压。

26. 现场缺乏相应的专业电工，电工不掌握所有用电设备的性能。

27. 接触带电导体或接触与带电体（含电源线）连通的金属物体。

28. 用其他金属丝代替熔丝。

29. 开关箱无漏电保护器或失灵，漏电保护装置参数不匹配。

30. 各种机械未做保护接零或无漏电保护器。

二、配电系统安全技术

施工现场临时用电必须采用三级配电系统。三级配电是指施工现场从电源进线开始至用电设备之间，应经过三级配电装置配送电力，即由总配电箱（一级箱）或配电室的配电柜开始，依次经由分配电箱（二级箱）、开关箱（三级箱）到用电设备。

（一）配电系统设置规则

三级配电系统应遵守四项规则，即分级分路规则，动、照分设规则，压缩配电间距规则和环境安全规则。

1. 分级分路

（1）从一级总配电箱（配电柜）向二级分配电箱配电可以分路。

（2）从二级分配电箱向三级开关箱配电同样也可以分路。

（3）从三级开关箱向用电设备配电实行所谓“一机一闸”制，不存在分路问题。

按照分级分路规则的要求，在三级配电系统中，任何用电设备均不得越级配电，即其电源线不得直接连接分配电箱或总配电箱，任何配电装置不得挂接其他临时用电设备；否则，三级配电系统的结构形式和分级分路规则将被破坏。

2. 动、照分设

（1）动力配电箱与照明配电箱宜分别设置。若动力与照明合置于同一配电箱内共箱配电，则动力与照明应分路配电。

（2）动力开关箱与照明开关箱必须分箱设置，不存在共箱分路设置问题。

3. 压缩配电间距。压缩配电间距规则是指除总配电箱、配电室（配电柜）外，分配电箱与开关箱之间、开关箱与用电设备之间的空间间距应尽量缩短。按照《施工现场临时用电安全技术规范》（JGJ 46—2005）的规定，压缩配电间距规则可用以下三个要点说明：

（1）分配电箱应设在用电设备或负荷相对集中的场所。

（2）分配电箱与开关箱的距离不得超过 30 m。

（3）开关箱与其供电的固定式用电设备的水平距离不宜超过 3 m。

4. 环境安全。环境安全规则是指配电系统对其设置和运行环境安全因素的要求。主要是指对易燃易爆物、腐蚀介质、机械损伤、电磁辐射、静电等因素的防护要求，防止由其引发设备损坏、触电和电气火灾事故。

（二）配电室及自备电源

1. 配电室的位置要求

（1）靠近电源。

（2）靠近负荷中心。

（3）进出线方便。

（4）周边道路畅通。

（5）周围环境灰尘少、潮气少、振动少、无腐蚀介质、无易燃易爆物、无积水。

（6）避开污染源的下风侧和易积水场所的正下方。

2. 配电室的布置。配电室的布置主要是指配电室内配电柜的空间排列。

（1）配电柜正面的操作通道宽度，单列布置或双列背对背布置时不小于 1.5 m，双列面对面布置时不小于 2 m。

（2）配电柜后面的维护通道宽度，单列布置或双列面对面布置时不小于 0.8 m；双列背对背布置时不小于 1.5 m；个别地点有建筑物结构凸出的空地，则此点通道宽度可减少 0.2 m。

（3）配电柜侧面的维护通道宽度不小于 1 m，配电室顶棚与地面的距离不低于 3 m。

（4）配电室内设值班室或检修室时，该室边缘与配电柜的水平距离大于 1m，并采取屏障隔离。

（5）配电室内的裸母线与地面通道的垂直距离不小于 2.5m，小于 2.5m 时应采取遮拦隔声，遮拦下面的通道高度不小于 1.9 m。

（6）配电室围栏上端与其正上方带电部分的净距不小于 75 mm。

（7）配电装置上端（包括配电柜顶部与配电母线）距离天棚不小于 0.5 m。

（8）配电室经常保持整洁，无杂物。

3. 配电室的照明。配电室的照明应包括两个彼此独立的照明系统，一是正常照明，二是事故照明。

4. 自备电源的设置。按照《施工现场临时用电安全技术规范》（JGJ 46—2005）规定，施工现场设置的自备电源，是指自行设置的 230 V/400 V 发电机组。施工现场设置自备电源主要是基于以下两种情况：

（1）正常用电时，由外电线路电源供电，自备电源仅作为外电线路电源停止供电时的后备接续供电电源。

（2）正常用电时，无外电线路电源可用，自备电源即作为正常用电的电源。

（三）配电箱及开关箱

1. 配电箱和开关箱的安装要求

（1）位置选择。总配电箱位置应综合考虑便于电源引入，靠近负荷中心，减少配电线路等因素确定。

分配电箱应考虑用电设备分布状况，分片装在用电设备或负荷相对集中的地区，一般分配电箱与开关箱距离应不超过 30 m。

（2）环境要求。配电箱、开关箱应装设在干燥通风及常温场所，无严重瓦斯、烟气、蒸汽、液体及其他有害介质，无外力撞击和强烈振动、液体浸溅及热源烘烤的场所，否则应做特殊处理。

配电箱、开关箱周围应有足够两人同时工作的空间和通道，附近不应堆放任何妨碍操作、维修的物品，不得有灌木、杂草。

（3）安装高度。固定式配电箱、开关箱的中心点与地面垂直距离应为 1.4~1.6m。移动式分配电箱、开关箱中心点与地面的垂直距离宜为 0.8~1.6 m。

2. 配电装置的选择

（1）总配电箱应装设总隔离开关和分路隔离开关、总熔断器和分熔断器（或自动开关和分路自动开关）以及漏电保护器。若漏电保护器同时具备短路、过载、漏电保护功能，则可不设总路熔断器或分路自动开关。总开关电器的额定值、动作整定值应与分路开关电器的额定值、动作整定值相适应。

总配电箱应设电压表、总电流表、总电度表及其他仪器。

（2）分配电箱应装设总隔离开关和分路隔离开关总熔断器和分熔断器（或自动开关和分路自动开关）。总开关电器的额定值、动作整定值应与分路开关电器的额定值、动作整定值相适应。

（3）每台用电设备应有各自的开关箱，箱内必须装有隔离开关和漏电保护器。漏电保护器应安装在隔离开关的负荷侧，严禁用同一个开关电器直接控制两台及两台以上用电设备（包括插座）（“一机一闸一防一箱”）。

（4）关于隔离开关。隔离开关一般多用于高压变配电装置中。《施工现场临时用电安全技术规范》（JGJ 46—2005）考虑到施工现场实际情况，规定了总配电箱、分配电箱以及开关箱中，都要装设隔离开关，满足在任何情况下都可以使用电设备实现电源隔离。隔离开关必须是能使工作人员可以看见的在空气中有一定间隔的断路点。一般可将闸刀开关、闸刀型转换开关和熔断器用作电源隔离开关，但空气开关（自动空气断路器）不能做隔离开关。

一般隔离开关没有灭弧能力，绝对不可带负荷拉闸合闸，否则造成电弧伤人和其他事故。因此在操作中，必须在负荷开关切断后，才能拉开隔离开关，只有在先合上隔离开关后，再合负荷开关。

3. 其他要求

（1）配电箱、开关箱应采用冷轧钢板或阻燃绝缘材料制作，钢板厚度应为 1.2~2.0 mm，其中开关箱箱体钢板厚度不得小于 1.2 mm，配电箱箱体钢板厚度不得小于 1.5 mm，箱体表面应做防腐处理。

（2）配电箱、开关箱应装设端正、牢固。固定式配电箱、开关箱的中心点与地面垂直距离应为 1.4~1.6 m。移动式分配电箱、开关箱中心点与地面的垂直距离宜为 0.8~1.6m。

（3）配电箱、开关箱内的电器（包括插座）应先安装在金属或非木质阻燃绝缘电器安装板上，然后方可整体固定在配电箱、开关箱箱体内。

（4）配电箱、开关箱内的电器（包括插座）应按其规定位置固定在电器安装板上，不得歪斜和松动。

（5）配电箱的电器安装板上必须分设 N 线端子板和 PE 线端子板。N 线端子板必须与金属电器安装板绝缘；PE 线端子板必须与金属电器安装板做电气连接。进出线中的 N 线必须通过 N 线端子板连接，PE 线必须通过 PE 线端子板连接。

（6）配电箱金属箱体及箱内不应带电金属体都必须做保护接零，保护零线应通过接线端子连接。

（7）配电箱、开关箱的电源进线端严禁采用插头和插座做活动连接。

（8）配电箱、开关箱的导线的进线和出线应设在箱体的下端，严禁设在箱体的上顶面、侧面、后面或箱门处。进、出线应加护套，分路成束并做防水套，导线不得与箱体进出口直接接触。

（9）所有的配电箱均应标明其名称、用途并做出分路标记。

（10）所有的配电箱、开关箱应每月进行检查和维修一次。检查、维修人员必须是专业电工。检查维修时必须按规定穿戴绝缘鞋、手套，必须使用电工绝缘工具。

（11）在对配电箱、开关箱进行检查、维修时，必须将其前一级相应的电源分闸断电，并悬挂“禁止合闸，有人工作”的停电标志牌，严禁带电作业。

（12）现场停止作业 1 小时以下时，应将动力开关箱断电上锁。

（13）所有配电箱、开关箱在使用过程中必须按照下述操作顺序：

1）送电操作顺序为：总配电箱→分配电箱→开关箱。

2）停电操作顺序为：开关箱→分配电箱→总配电箱。

第五节　施工机械安全管理

一、塔式起重机

1. 塔式起重机常见的事故隐患

塔式起重机事故主要有五大类，即整机倾覆、起重臂折断或碰坏、塔身折断或底架碰坏、塔式起重机出轨、机构损坏。其中，塔式起重机的倾覆和断臂等事故占了 70%。引起这些事故发生的隐患主要有以下内容：

（1）塔式起重机安拆人员未经过培训、安拆企业无塔式起重机装拆资质或无相应的资质。

（2）高塔基础不符合设计要求。

（3）行走式起重机路基不坚实、不平整，轨道铺设不符合要求。

（4）无力矩限制器或失效。

（5）无超高变幅行走限位或失效。

（6）吊钩无保险或吊钩磨损超标。

（7）轨道无极限位置阻挡器或设置不合理。

（8）两台以上起重机作业无防碰撞措施。

（9）升降作业无良好的照明。

（10）塔式起重机升降时仍进行回转。

（11）顶升撑脚就位后未插上安全销。

（12）轨道无接地接零或不符合要求。

（13）塔式起重机、卷扬机滚筒无保险装置。

（14）起重机的接地电阻大于4Ω。

（15）塔式起重机高度超过规定不安装附墙。

（16）起重机与架空线路小于安全距离无防护。

（17）行走式起重机作业完不使用夹轨钳固定。

（18）塔式起重机起重作业时吊点附近有人员站立和行走。

（19）塔身支承梁未稳固仍进行顶升作业。

（20）内爬后遗留下的开孔位未做好封闭措施。

（21）自升塔式起重机爬升套架未固定牢或顶升撑脚未固定就顶升。

（22）固定内爬框架的楼层楼板未达到承载要求仍作为固定点。

（23）附墙距离和附墙间距超过使用标准未经许可仍使用。

（24）附墙构件和附墙点的受力未满足起重机附墙要求。

（25）塔式起重机悬臂自由端超过使用标准仍使用。

（26）作业中遇停电或电压下降时未及时将控制器回到零位。

（27）动臂式起重机吊运载荷达到额定起重量90%以上仍进行变幅运行。

（28）塔式起重机内爬升降过程仍进行起升、回转、变幅等作业。

（29）作业时未清除或避开回转半径内的障碍物。

（30）动臂式起重机变幅与起升或回转行走等同时进行。

（31）塔式起重机升降时标准节和顶升套架间隙超过标准不调整继续升降。

（32）塔式起重机升降时起重臂和平衡臂未处于平衡状态下进行顶升。

（33）起重指挥失误或与司机配合不当。

（34）超载起吊或违章斜吊。

（35）没有正确地挂钩，盛放或捆绑吊物不妥。

（36）恶劣天气下进行起重机拆装和升降工作。

（37）设备缺乏定期检修保养，安全装置失灵、违章修理。

2. 塔式起重机安装、使用、拆卸的基本规定

（1）塔式起重机安装、拆卸单位必须在资质许可范围内，从事塔式起重机的安装、拆卸业务。

一级企业可承担各类起重设备的安装与拆卸；二级企业可承担单项合同额不超过企业注册资本金 5 倍的 1 000 kN · m 及以下塔式起重机等起重设备，120 t 及以下起重机和龙门吊的安装与拆卸；三级企业可承担单项合同额不超过企业注册资本金 5 倍的 800kN · m 及以下塔式起重机等起重设备、60 t 及以下起重机和龙门吊的安装与拆卸。

（2）塔式起重机安装、拆卸单位应具备安全管理保证体系，有健全的安全管理制度。

（3）塔式起重机安装、拆卸作业应配备下列人员。

1）持有安全生产考核合格证书的项目和安全负责人、机械管理人员。

2）具有建筑施工特种作业操作资格证书的建筑起重机械安装拆卸工、起重信号工、起重司机、司索工等特种作业操作人员。

（4）塔式起重机应具有特种设备制造许可证、产品合格证、制造监督检验证明，并已在住房城乡建设主管部门备案登记。

（5）塔式起重机应符合现行国家标准《塔式起重机安全规程》（GB 5144—2006）及《塔式起重机》（GB/T 5031—2008）的相关规定。

（6）塔式起重机启用前应检查下列项目：

1）塔式起重机的备案登记证明等文件。

2）建筑施工特种作业人员的操作资格证书。

3）专项施工方案。

4）建筑起重机械的合格证及操作人员资格证。

（7）应对塔式起重机建立技术档案，其技术档案应包括下列内容：

1）购销合同、制造许可证、产品合格证、制造监督检验证明、安装使用说明书、备案证明等原始资料。

2）定期检验报告、定期自行检查记录、定期维护保养记录、维修和技术改造记录、运行故障和生产安全事故记录、累计运转记录等运行资料。

3）历次安装验收资料。

（8）有下列情况的塔式起重机严禁使用：

1）国家明令淘汰的产品。

2）超过规定使用年限经评估不合格的产品。

3）不符合国家或行业标准的产品。

4）没有完整安全技术档案的产品。

（9）塔式起重机的选型和布置应满足工程施工要求，便于安装和拆卸，并不得损害周边其他建（构）筑物。

（10）塔式起重机安装、拆卸前，应编制专项施工方案，指导作业人员实施安装、拆卸作业。专项施工方案应根据塔式起重机产品说明书和作业场地的实际情况编制，并应符合相关法规、规程、标准的要求。专项施工方案应由本单位技术、安全、设备等部门审核、技术负责人审批后，经监理单位批准实施。

（11）当多台塔式起重机在同一施工现场交叉作业时，应编制专项方案，并应采取防碰撞的安全措施。任意两台塔式起重机之间的最小架设距离应符合下列规定：

1）低位塔式起重机的起重臂端部与另一台塔式起重机的塔身之间的距离不得小于2m。

2）高位塔式起重机的最低位置的部件（吊钩升至最高点或平衡重的最低部位）与低位塔式起重机中处于最高位置部件之间的垂直距离不得小于2 m。

（12）塔式起重机在安装前和使用过程中，应按相关规定进行检查，发现有下列情况之一的，不得安装和使用：

1）结构件上有可见裂纹和严重锈蚀的。

2）主要受力构件存在塑性变形的。

3）连接件存在严重磨损和塑性变形的。

4）钢丝绳达到报废标准的。

5）安全装置不齐全或失效的。

（13）在塔式起重机的安装、使用及拆卸阶段，进入现场的作业人员必须佩戴安全帽、防滑鞋、安全带等防护用品，无关人员严禁进入作业区域内。在安装、拆卸作业期间，应设立警戒区。

（14）塔式起重机在使用时，起重臂和吊物下方严禁有人员停留；物件在吊运时，严禁从人员上方通过。

（15）严禁用塔式起重机载运人员。

二、施工升降机

施工升降机，又称施工电梯，是一种在高层建筑施工中运送施工人员及建筑材料与工具设备的垂直运输设施，是一种使工作笼（吊笼）沿导轨做垂直运动的机械。

1. 施工升降机常见事故隐患

由于施工升降机是一种危险性较大的设备，易导致重大伤亡事故。常见的事故隐患及其产生的原因主要有以下内容：

（1）施工升降机的装拆

1）有些施工企业将施工升降机的装拆作业发包给无相应资质的队伍或个人，或装拆单位虽有相应资质，但由于业务量多而人手不足时，盲目拆装，造成施工升降机的装拆质量和安全运行存在很大的安全隐患。

2）不执行施工升降机装拆方案施工，或根本无装拆方案，有时即使有方案也无针对性，拆装过程中无专人统一指挥，使得拆装作业无序进行，危险性大。

3）施工升降机完成安装作业后即投入使用，不履行相关的验收手续和必经的试验程序，甚至不向当地住房城乡建设主管部门指定的专业检测机构申报检测，使得各类事故多发。

4）装拆人员未经专业培训即上岗作业。

5）装拆作业前未进行详细的、有针对性的安全技术交底，作业时又缺乏必要的监护措施，现场违章作业随处可见，极易发生高处坠落、落物伤人等重大事故。

（2）安全装置装设不当甚至不装，使得吊笼在运行过程中一旦发生故障而安全装置无法发挥作用。

（3）楼屋门设置不符合要求，楼层门净高偏低，迫使有些运料人员将头伸出门外观察吊笼运行情况时而发生伤亡事故。

（4）施工升降机的司机未持证上岗，一旦遇到意外情况不知所措，最终酿成事故。

（5）不按升降机额定荷载控制人员数量和物料重量，使升降机长期处于超载运行的状态，导致吊笼及其他受力部件变形，给升降机的安全运行带来了严重的安全隐患。

（6）限速器未按规定进行每 3 个月 1 次的坠落试验，一旦吊笼下坠失速，限速器失灵，必将产生严重后果。

（7）金属结构和电气金属外壳不接地或接地不符合安全要求、悬挂配重的钢丝绳安全系数达不到 8 倍、电气装置不设置相序和断相保护器等都是施工升降机使用过程中常见的事故。

2. 施工升降机的安装与拆卸

（1）每次安装与拆卸作业之前，施工单位应根据施工现场工作环境及辅助设备情况编制安装拆卸方案，经技术负责人审批同意后方能实施。

（2）每次安装或拆除作业之前，作业人员应持专门的资格证书上岗，对作业人员按不同的工种和作业内容进行详细的技术、安全交底。

（3）升降机的装拆作业必须由具有起重设备安装专业承包资质的施工企业实施。

（4）每次安装升降机后，施工企业应当组织有关职能部门和专业人员对升降机进行必要的试验和验收。确认合格后应当向当地住房城乡建设主管部门认定的检测机构申报，经专业检测机构检测合格后，才能正式投入使用。

（5）施工升降机在安装作业前，应对升降机的各部件做如下检查。

1）导轨架、吊笼等金属结构的成套性和完好性。

2）传动系统的齿轮、限速器的安装质量。

3）电气设备主电路和控制电路是否符合国家规定的产品标准。

4）基础位置和做法是否符合该产品的设计要求。

5）附墙架设置处的混凝土强度和螺栓孔是否符合安装条件。

6）各安全装置是否齐全，安装位置是否正确、牢固，各限位开关动作是否灵敏、可靠。

7）升降机安装作业环境有无影响作业安全的因素。

（6）安装作业应严格按照预先制定的安装方案和施工工艺要求实施，安装过程中有专人统一指挥，画出警戒区域并有专人监控。

（7）安装与拆卸工作宜在白天进行，遇恶劣天气应停止作业。

（8）作业人员施工时应按高处作业的要求，系好安全带。

（9）拆卸时严禁从高处向下抛掷物件。

3. 施工升降机的安全使用

（1）升降机安装后，应经企业技术负责人会同有关部门对基础和附壁支架以及升降机架设安装的质量、精度等进行全面检查，并应按规定程序进行技术试验（包括坠落试验），经试验合格签证后，方可投入运行。

（2）升降机的防坠安全器，在使用中不得任意拆检调整，需要拆检调整时或每用满1年后，均应由生产厂或指定的认可单位进行调整、检修或鉴定。

（3）新安装或转移工地重新安装以及经过大修后的升降机，在投入使用前，必须经过坠落试验。升降机在使用中每隔3个月，应进行一次坠落试验。试验程序应按说明书规定进行，当试验中梯笼坠落超过1.2 m制动距离时，应查明原因，并应调整防坠安全器，切实保证不超过1.2m的制动距离。试验后以及正常操作中每发生一次防坠动作，均必须对防坠安全器进行复位。

（4）作业前重点检查项目应符合下列要求。

1）各部结构无变形，连接螺栓无松动。

2）齿条与齿轮、导向轮与导轨均接合正常。

3）各部钢丝绳固定良好，无异常磨损。

4）运行范围内无障碍。

（5）启动前，应检查并确认电缆、接地线完整无损，控制开关在零位。电源接通后，应检查并确认电压正常，应测试无漏电现象。应试验并确认各限位装置、梯笼、围护门等处的电器联锁装置良好可靠，电器仪表灵敏有效。启动后，应进行空载升降试验，测定各传动机构制动器的效能，确认正常后，方可开始作业。

（6）升降机在每班首次载重运行时，当梯笼升离地面1~2 m时，应停机试验制动器的可靠性；当发现制动效果不良时，应调整或修复后方可运行。

（7）梯笼内乘人或载物时，应使载荷均匀分布，不得偏重。严禁超载运行。

（8）操作人员应根据指挥信号操作，作业前应鸣声示意。在升降机未切断总电源开关前，操作人员不得离开操作岗位。

（9）当升降机运行中发现有异常情况时，应立即停机并采取有效措施将梯笼降到底层，排除故障后方可继续运行。在运行中发现电气失控时，应立即按下急停按钮；在未排除故障前，不得打开急停按钮。

（10）升降机在大雨、大雾、6 级及以上大风以及导轨架、电缆等结冰时，必须停止运行，并将梯笼降到底层，切断电源。暴风雨后，应对升降机各有关安全装置进行一次检查，确认正常后，方可运行。

（11）升降机运行到最上层或最下层时，严禁用行程限位开关作为停止运行的控制开关。

（12）当升降机在运行中由于断电或其他原因而中途停止时，可进行手动下降，将电动机尾端制动电磁铁手动释放拉手缓缓向外拉出，使梯笼缓慢地向下滑行。梯笼下滑时，不得超过额定运行速度，手动下降必须由专业维修人员进行操纵。

（13）作业后，应将梯笼降到底层，各控制开关拨到零位，切断电源，锁好开关箱，闭锁梯笼门和围护门。

第六节　施工现场消防安全管理

一、建筑防火

1. 一般规定

（1）临时用房和在建工程应采取可靠的防火分隔和安全疏散等防火技术措施。

（2）临时用房的防火设计应根据其使用性质及火灾危险性等情况进行确定。

（3）在建工程防火设计应根据施工性质、建筑高度、建筑规模及结构特点等情况进行确定。

2. 临时用房防火

（1）办公用房、宿舍的防火设计应符合下列规定：

1）建筑构件的燃烧性能应为 A 级。当采用金属夹芯板材时，其芯材的燃烧性能等级应为 A 级。

2）层数不应超过 3 层，每层建筑面积不应大于 300 m²。

3）层数为 3 层或每层建筑面积大于 200 m² 时，应至少设置两部疏散楼梯，房间疏散门至疏散楼梯的最大距离不应大于 25 m。

4）单面布置用房时，疏散走道的净宽度不应小于 1 m；双面布置用房时，疏散走道的净宽度不应小于 1.5 m。

5）疏散楼梯的净宽度不应小于疏散走道的净宽度。

6）宿舍房间的建筑面积不应大于 30 m²，其他房间的建筑面积不宜大于 100 m²。

7）房间内任一点至最近疏散门的距离不应大于 15 m，房门的净宽度不应大于 0.8m；房间超过 50 m² 时，房门净宽度不应小于 1.2 m。

8）隔墙应从楼地面基层隔断至顶板基层底面。

（2）发电机房、变配电房、厨房操作间、锅炉房、可燃材料库房和易燃、易爆危险品库房的防火设计应符合下列规定：

1）建筑构件的燃烧性能等级应为A级。

2）层数应为1层，建筑面积不应大于200 m^2。

3）可燃材料库房单个房间的建筑面积不应超过30 m^2，易燃、易爆危险品库房单个房间的建筑面积不应超过20m^2。

4）房间内任一点至最近疏散门的距离不应大于10 m，房门的净宽度不应大于0.8 m。

（3）其他防火设计应符合下列规定：

1）宿舍、办公用房不应与厨房操作间、锅炉房、变配电房等组合建造。

2）会议室、娱乐室等人员密集房间应设置在临时用房的一层，其疏散门应向疏散方向开启。

3. 在建工程防火

（1）在建工程作业场所的临时疏散通道应采用不燃或难燃材料建造，并应与在建工程结构施工同步设置，也可利用在建工程施工完毕的水平结构、楼梯。

（2）在建工程内临时疏散通道的设置应符合下列规定：

1）疏散通道的耐火极限不应低于0.5 h。

2）设置在地面上的临时疏散通道，其净宽度不应小于1.5 m；利用在建工程施工完毕的水平结构、楼梯做临时疏散通道时，其净宽度不宜小于1.0 m；用于疏散的爬梯及设置在脚手架上的临时疏散通道，其净宽度不应小于0.6 m。

3）临时疏散通道为坡道，且坡度大于25° 时，应修建楼梯或台阶踏步或设置防滑条。

4）临时疏散通道不宜采用爬梯，确需采用时，应采取可靠固定措施。

5）疏散通道的侧面如为临空面，应沿临空面设置高度不小于1.2m的防护栏杆。

6）临时疏散通道搭设在脚手架上时，脚手架应采用不燃材料搭设。

7）临时疏散通道应设置明显的疏散指示标志。

8）临时疏散通道应设置照明设施。

（3）既有建筑在进行扩建、改建施工时，必须明确划分施工区和非施工区。施工区不得营业、使用和居住，非施工区继续营业、使用和居住时，应符合下列规定：

1）施工区和非施工区之间应采用不开设门、窗、洞口的耐火极限不低于3 h的不燃烧体隔墙进行防火分隔。

2）非施工区内的消防设施应完好和有效，疏散通道应保持畅通，并应落实日常值班及消防安全管理制度。

3）施工区的消防安全应配有专人值守，发生火情应能立即处置。

4）施工单位应向居住和使用者进行消防宣传教育，告知建筑消防设施、疏散通道位置及使用方法，同时应组织疏散演练。

5）外脚手架搭设不应影响安全疏散、消防车正常通行及灭火救援操作，外脚手架搭设长度不应超过该建筑物外立面周长的 1/2。

（4）外脚手架、支模架等的架体宜采用不燃或难燃材料搭设，下列工程的外脚手架、支模架的架体，应采用不燃材料搭设：

1）高层建筑；

2）既有建筑的改造工程。

（5）下列安全防护网应采用阻燃型安全防护网：

1）高层建筑外脚手架的安全防护网；

2）既有建筑外墙改造时，其外脚手架的安全防护网；

3）临时疏散通道的安全防护网。

（6）作业场所应设置明显的疏散指示标志，其指示方向应指向最近的疏散通道入口。

（7）作业层的醒目位置应设置安全疏散示意图。

二、临时消防设施

1. 一般规定

（1）施工现场应设置灭火器、临时消防给水系统和临时消防应急照明等临时消防设施。

（2）临时消防设施的设置应与在建工程的施工保持同步。对于房屋建筑工程，临时消防设施的设置与在建工程主体结构施工进度的差距不应超过 3 层。

（3）在建工程可利用已具备使用条件的永久性消防设施作为临时消防设施。当永久性消防设施无法满足使用要求时，应增设临时消防设施，并应符合相关规范的规定。

（4）施工现场的消火栓泵应采用专用消防配电线路。专用配电线路应自施工现场总配电箱的总断路器上端接入，并应保持连续供电。

（5）地下工程的施工作业场所宜配备防毒面具。

（6）临时消防给水系统的贮水池、消火栓泵、室内消防竖管及水泵接合器等应设置醒目标识。

2. 灭火器

（1）在建工程及临时用房的下列场所应配置灭火器：

1）易燃易爆危险品存放及使用场所；

2）动火作业场所；

3）可燃材料存放、加工及使用场所；

4）厨房操作间、锅炉房、发电机房、变配电房、设备用房、办公用房、宿舍等临时用房；

5）其他具有火灾危险的场所。

（2）施工现场灭火器配置应符合下列规定：

1）灭火器的类型应与配备场所可能发生的火灾类型相匹配。

2）灭火器的最低配置标准应符合《建设工程施工现场消防安全技术规范》（GB50720—2011）中表5.2.2-1的规定。

3）灭火器的配置数量应按现行国家标准《建筑灭火器配置设计规范》（GB50140—2005）的有关规定经计算确定，且每个场所的灭火器数量不应少于2具。

4）灭火器的最大保护距离应符合《建设工程施工现场消防安全技术规范》（GB 50720—2011）中表5.2.2-2的规定。

3. 临时消防给水系统

（1）施工现场或其附近应设有稳定、可靠的水源，并应能满足施工现场临时消防用水的需要。

消防水源可采用市政给水管网或天然水源，采用天然水源时，应有可靠措施确保冰冻季节、枯水期最低水位时顺利取水，并满足消防用水量的要求。

（2）临时消防用水量应为临时室外消防用水量与临时室内消防用水量之和。

（3）临时室外消防用水量应按临时用房和在建工程临时室外消防用水量的较大者确定，施工现场火灾次数可按同时发生一次考虑。

（4）临时用房建筑面积之和大于1 000 m^2或在建工程（单体）体积大于10 0000 m^2时，应设置临时室外消防给水系统。当施工现场处于市政消火栓的150m保护范围内，且市政消火栓的数量满足室外消防用水量要求时，可不设置临时室外消防给水系统。

（5）临时用房的临时室外消防用水量不应小于《建设工程施工现场消防安全技术规范》（GB 50720—2011）中表5.3.5的规定。

（6）在建工程的临时室外消防用水量不应小于《建设工程施工现场消防安全技术规范》（GB 50720—2011）中表5.3.6的规定。

（7）施工现场的临时室外消防给水系统的设置应符合下列要求：

1）给水管网宜布置成环状。

2）临时室外消防给水主干管的管径，应根据施工现场临时消防用水量和干管内水流计算速度计算确定，且不应小于DN100。

3）室外消火栓沿在建工程、临时用房、可燃材料堆场及其加工场均匀布置，与在建工程、临时用房和可燃材料堆场及其加工场的外边线距离不应小于5.0 m。

4）消火栓的间距不应大于120 m。

5）消火栓的最大保护半径不应大于150 m。

（8）建筑高度大于24 m或体积超过30 000 m^3（单体）的在建工程，应设置临时室内消防给水系统。

（9）在建工程的临时室内消防用水量不应小于《建设工程施工现场消防安全技术规范》（GB 50720—2011）中表5.3.9的规定。

（10）在建工程临时室内消防竖管的设置应符合下列规定：

1）消防竖管的设置位置应便于消防人员操作，其数量不应少于2根，当结构封顶时，应将消防竖管设置成环状；

2）消防竖管的管径应根据室内消防用水量、竖管给水压力或流速进行计算确定，且管径不应小于 DN100。

（11）设置室内消防给水系统的在建工程，应设置消防水泵接合器。消防水泵接合器应设置在室外便于消防车取水的部位，与室外消火栓或消防水池取水口的距离宜为 15~40 m。

（12）设置临时室内消防给水系统的在建工程，各结构层均应设置室内消火栓接口及消防软管接口，并应符合下列要求：

1）消火栓接口及软管接口应设置在位置明显且易于操作的部位；

2）在消火栓接口的前端设置截止阀；

3）消火栓接口或软管接口的间距，多层建筑不应大于 50 m，高层建筑不应大于 30 m。

（13）在建工程结构施工完毕的每层楼梯处应设置消防水枪、水带及软管，且每个设置点不应少于 2 套。

（14）建筑高度超过 100m 的在建工程，应在适当楼层增设临时中转水池及加压水泵。中转水池的有效容积不应少于 10 m，上下两个中转水池的高差不应超过 100 m。

（15）临时消防给水系统的给水压力应满足消防水枪充实水柱长度不小于 10 m 的要求；给水压力不能满足现场消防给水系统的给水压力要求时，应设置加压水泵。加压水泵应按照一用一备的要求进行配置，消火栓泵宜设置自动启动装置。

（16）当外部消防水源不能满足施工现场的临时消防用水量要求时，应在施工现场设置临时贮水池。临时贮水池宜设置在便于消防车取水的部位，其有效容积不应小于施工现场火灾延续时间内一次灭火的全部消防用水量。

（17）施工现场临时消防给水系统可与施工现场生产、生活给水系统合并设置，但应设置将生产、生活用水转为消防用水的应急阀门。应急阀门不应超过两个，阀门应设置在易于操作的场所，并应有明显标志。

（18）寒冷和严寒地区的现场临时消防给水系统应有防冻措施。

4. 应急照明

（1）施工现场的下列场所应配备临时应急照明：

1）自备发电机房及变、配电房。

2）水泵房。

3）无天然采光的作业场所及疏散通道。

4）高度超过 100 m 的在建工程的室内疏散通道。

5）发生火灾时仍需坚持工作的其他场所。

（2）作业场所应急照明的照度值不应低于正常工作所需照度值的 90%。

（3）临时消防应急照明灯具宜选用自备电源的应急照明灯具，自备电源的连续供电时间不应小于 60 min。

第七节　职业卫生工程安全管理

一、建筑施工过程中造成职业病的危害因素

由生产性有害因素引起的疾病，统称为职业病。与建筑行业有关的职业病，主要有尘肺病、职业中毒、物理因素职业病、职业性皮肤病、职业性眼病、职业性耳鼻喉疾病、职业性肿瘤等。造成这些建筑职业病的危害因素，大致有以下几类。

1. 生产性粉尘

建筑行业在施工过程中会产生多种粉尘，主要包括矽（游离二氧化硅原称矽）尘、水泥尘、电焊尘、石棉尘以及其他粉尘等。如果工人在含粉尘浓度高的场所作业，吸入肺部的粉尘量就多，当粉尘达到一定数量时，就会引起肺组织发生纤维化病变，使肺组织逐渐硬化，失去正常的呼吸功能，称为尘肺病。

产生这些粉尘的作业主要有以下几项：

（1）矽尘：挖土机、推土机、刮土机、铺路机、压路机、打桩机、钻孔机、凿岩机、碎石机设备作业，挖方工程、土方工程、地下工程、竖井工程和隧道掘进作业，爆破作业，除锈作业，旧建筑的拆除和翻修作业。

（2）水泥尘：水泥运输、储存和使用。

（3）电焊尘：电焊作业。

（4）石棉尘：保温工程、防腐工程、绝缘工程作业，旧建筑的拆除和翻修作业。

（5）其他粉尘：木材料加工产生木尘，钢筋、铝合金切割产生金属尘，炸药运输、储存和使用产生三硝基甲苯粉尘，装饰作业使用腻子粉产生混合粉尘，使用石棉代用品产生人造玻璃纤维、岩棉、渣棉粉尘。长期吸入这样的粉尘可发生硅肺病。

2. 有毒物品

许多建筑施工活动可产生多种化学毒物，主要有以下几项：

（1）爆破作业产生氮氧化物、一氧化碳等有毒气体；

（2）油漆、防腐作业产生苯、甲苯、二甲苯、游离甲苯二异氰酸酯以及铅、汞等金属毒物，防腐作业产生沥青烟气；

（3）涂料作业产生甲醛、苯、甲苯、二甲苯、游离甲苯二异氰酸酯以及铅、汞等金属毒物；

（4）建筑物防水工程作业产生沥青烟、煤焦油、甲苯、二甲苯等有机溶剂，以及石棉、阴离子再生乳胶、聚氨酯、丙烯酸树脂、聚氯乙烯、环氧树脂、聚苯乙烯等化学品；

（5）电焊作业产生锰、镁、铁等金属化合物、氮氧化物、一氧化碳、臭氧等，这些毒

物主要经过呼吸道或皮肤进入人体。

3. 弧光辐射

弧光辐射的危害对建筑施工来说主要是紫外线的危害。适量的紫外线对人的身体健康是有益的，但长时间受焊接电弧产生的强烈紫外线照射对人的健康是有一定危害的。手工电弧焊、氩弧焊、二氧化碳气体保护焊和等离子弧焊等作业，都会产生紫外线辐射。其中，二氧化碳气体保护焊弧光强度是手工电弧焊的 2~3 倍。紫外线对人体的伤害是由于光化学作用，主要会造成对皮肤和眼睛的伤害。

4. 放射线

建筑施工中常用放射线进行工业探伤、焊缝质量检查等。放射线的伤害，主要是可使接受者出现造血障碍、白细胞减少、代谢机能失调、内分泌障碍、再生能力消失、内脏器官变形、胎儿畸形等。

5. 噪声

施工及构件在加工过程中，存在着多种无规律的音调和使人听之生厌的杂乱声音。

（1）机械性噪声，即由机械的撞击、摩擦、敲打、切削、转动等而发生的噪声。如风钻、风镐、混凝土搅拌机、混凝土振动器，木材加工的带锯、圆锯、平刨等发生的噪声。

（2）空气动力性噪声，如通风机、鼓风机、空气压缩机、铆枪、空气锤打桩机、电锤打桩机等发出的噪声。

（3）电磁性噪声，如发电机、变压器等发出的噪声。

（4）爆炸性噪声，如爆破作业过程中发出的噪声。

以上噪声不仅损害人的听觉系统，造成职业性耳聋、爆炸性耳聋，严重者可致鼓膜出血，而且可能造成神经系统及自主神经功能紊乱、胃肠功能紊乱等。

6. 振动

建筑行业产生振动危害的作业主要有风钻、风铲、铆枪、混凝土振动器、锻锤打桩机、汽车、推土机、铲运机、挖掘机、打夯机、拖拉机、小翻斗车等。振动危害可分为局部症状和全身症状。局部症状主要是手指麻木、胀痛、无力、双手震颤、手腕关节骨质变形、指端坏死等；全身症状主要是脚部周围神经和血管的改变，肌肉触痛，以及头晕、头痛、腹痛、呕吐、平衡失调与内分泌障碍等。

7. 高温作业

在建筑施工中露天作业，常可遇到气温高、湿度大、强热辐射等不良气象条件。如果施工环境气温超过 35℃或热辐射强度超过 6.3J/(cm² · min)，或气温在 30℃以上、相对湿度超过 80% 的作业，称为高温作业。

高温作业可造成人体体温和皮肤温度升高、水盐代谢改变、循环系统改变、消化系统改变、神经系统改变以及泌尿系统改变。

二、职业卫生工程安全技术措施

1. 防尘技术措施

（1）水泥除尘措施

1）搅拌机除尘。在建筑施工现场，搅拌机流动性比较大，因此，除尘设备必须考虑其特点，既要达到除尘目的，又要做到装、拆方便。

搅拌机上有两个粉尘源：一是向料斗上加料时飞起的粉尘；二是料斗向拌筒中倒料时，从进料口、出料口飞起的粉尘。

搅拌机除尘的措施是采用通风除尘系统，即在搅拌筒出料口安装活动胶皮护罩，挡住粉尘外扬；在拌筒上方安装吸尘罩，将拌筒进料口飞起的粉尘吸走；在地面料斗侧向安装吸尘罩，将加料时扬起的粉尘吸走，通过风机将空气粉尘送入旋风滤尘器，再通过滤尘器内水浴将粉尘降落，流入沉淀池。

2）搅拌站除尘。水泥制品厂搅拌站多采用混凝土搅拌自动化。由计算机控制混凝土搅拌、输送全系统，这不仅提高了生产效率，降低了工人的劳动强度，同时在进料仓上方安装水泥、沙料粉尘除尘器，就可使料斗作业点粉尘降为零，从而达到彻底改善职工劳动条件的目的。

（2）木屑除尘措施。可在每台加工机械尘源上方或侧向安装吸尘罩，通过风机作用，将粉尘吸入输送管道，再送到蓄料仓内。

（3）金属除尘措施。钢、铝门窗的抛光（砂轮打磨）作业中，一般是采用局部通风除尘系统，或在打磨台工人操作的侧方安装吸尘罩，通过支道管、主道管，将含金属粉尘的空气输送到室外。

2. 防中毒技术措施

（1）在职业中毒的预防上，管理和生产部门应采取以下几个方面的措施：

1）加强管理，搞好防毒工作。

2）严格执行劳动保护法规和卫生标准。

3）对新建、改建、扩建的工程，一定要做到主体工程和防毒设施同时设计、施工及投产使用。

4）依靠科学技术，提高预防中毒的技术水平，包括改革工艺，禁止使用危害严重的化工产品：加强设备的密闭化，加强通风。

（2）对生产工人应采取下面的预防职业中毒的措施：

1）认真执行操作规程，熟练掌握操作方法，严防错误操作；

2）穿戴好个人防护用品。

（3）防止铅中毒的技术措施。防止铅中毒要积极采取措施，改善劳动条件，降低生产环境空气中铅烟浓度，达到国家规定标准（0.03 mg/m²）。铅尘浓度在 0.05 mg/m² 以下，就可以防止铅中毒。具体措施如下：

1）清除或减少铅毒发生源；

2）改进工艺，使生产过程机械化、密闭化，减少与铅烟或铅尘接触的机会；

3）加强个人防护及个人卫生。

（4）防止锰中毒的技术措施。预防锰中毒，最主要的是应在那些通风不良的电焊作业场所采取措施，使空气中锰烟浓度降低到 0.2 mg/m² 以下。预防锰中毒主要应采取下列具体防护措施：

1）加强机械通风，或安装锰烟抽风装置，以降低现场锰浓度；

2）尽量采用低尘低毒焊条或无锰焊条，用自动焊代替手工焊等；

3）工作时戴手套、口罩，饭前洗手漱口，下班后全身淋浴，不在车间内吸烟、喝水、进食。

（5）预防苯中毒的措施。建筑企业使用油漆、喷漆的工人较多，施工前应采取综合性预防措施，使苯在空气中的浓度下降到国家卫生标准的标准值（苯为 40 mg/m²，甲苯、二甲苯为 100 mg/m²）以下，主要应采取以下措施：

1）用无毒或低毒物代替苯；

2）在喷漆上采用新的工艺；

3）采用密闭的操作和局部抽风排毒设备；

4）在进入密闭的场所，如地下室等环境工作时，应戴防毒面具；

5）在通风不良的地下室、防水池内涂刷各种防腐涂料、环氧树脂或玻璃钢等作业时，必须根据场地大小，采取多台抽风机把苯等有害气体抽出室外，以防止急性苯中毒；

6）施工现场油漆配料房，应改善自然通风条件，减少连续配料时间，防止发生苯中毒和铅中毒；

7）在较小的喷漆室内进行小件喷漆，可以采取水幕隔离的防护措施，即工人在水幕外面操纵喷枪，喷嘴在水幕内喷漆。

3. 弧光辐射、红外线、紫外线的防护措施

生产中的红外线和紫外线主要来源于火焰和加热的物体，如气焊和气割等。

（1）为了保护眼睛不受电弧的伤害，焊接时必须使用镶有特制防护眼镜片的面罩。可根据焊接电流强度和个人眼睛情况，选择吸水式滤光镜片或是反射式防护镜片。

（2）为防止弧光灼伤皮肤，焊工必须穿好工作服、戴好手套和鞋帽。

4. 防止噪声危害的技术措施

各建筑、安装企业应重视噪声的治理，主要应从三个方面着手，即消除和减弱生产中的噪声源，控制噪声的传播和加强个人防护。

（1）控制和减弱噪声。从改革工艺入手，以无声的工具代替有声的工具。

（2）控制噪声的传播。

1）合理布局；

2）从消声方面采取措施，如消声、吸声、隔声、隔振、阻尼。

（3）做好个人防护。及时戴耳塞、耳罩、头盔等防噪声用品。

（4）定期进行预防性体检。

5. 防止振动危害的技术措施

（1）隔振，就是在振源与需要防振的设备之间，安装具有弹性性能的隔振装置，使振源产生的大部分振动被隔振装置所吸收。

（2）改革生产工艺，是防止振动危害的根本措施。

（3）有些手持振动工具的手柄包扎泡沫塑料等隔振垫，工人操作时戴好专用的防振手套，也可减少振动的危害。

6. 防暑降温措施

（1）为了补偿高温作业工人因大量出汗而损失的水分和盐分，最好的办法是供给含盐饮料。

（2）对高温作业工人应进行体格检查，凡有心血管器质性疾病者不宜从事高空作业。

（3）炎热季节医务人员要到现场巡查，发现中暑，要立即抢救。

结语

综上所述，建筑工程施工过程所涉及的内容非常广泛，想要提升施工质量，首先，应以完善的施工技术保障制度为基础。健全的施工技术控制制度对于建筑工程施工技术质量而言非常必要。第一，建筑施工单位应不断健全自身的技术控制制度，确保所有环节都能落实制度要求；同时，建筑施工单位还要提高对制度落实工作的监督力度，这样才能避免各种施工漏洞。第二，建筑施工企业还要约束并规范施工人员的行为，在完善人员管理制度的同时采用不同策略提升制度的公信力和约束力，如科学合理的奖惩制度等，以此提升其技术操作规范程度，避免违规操作，提高施工的安全性。

其次，提高施工技术人员专业技术水平。建筑工程的顺利开展离不开施工技术人员，因此想要确保建筑工程的施工质量就要对施工技术人员提起足够的重视。施工技术人员的专业技术水平和综合素质能够直接影响建筑施工技术质量，所以建筑企业必须采取一定的策略来提升员工的技术水平。第一，做好岗前技术培训工作，招聘施工人员后不仅要培训其理论知识，还要增强其安全施工的意识，让其深刻体悟到技术质量对施工工程的重要性。第二，完善考核机制，定期考核。建筑施工单位需要构建完善、合理的考核机制，通过奖励努力施工人员不断提升自身技术水平。第三，定期考核也可让建筑单位掌握施工技术人员的技术水平，寻求其不足之处，然后制定相应的培训机制，这样施工技术人员才有更多机会提升自己的技术与综合素质。

再次，严格控制工程材料的采购供货。材料是建筑工程开展的基础要素，在很大程度上能够决定施工技术质量控制工作好坏。因此，施工采购部门必须根据有关章程规定来采购材料，同时还要对设备和施工场地材料进行严格检查。材料检查内容包括材料出厂检验报告、随即取样检测等，只有进出场检查报告齐全且在取样通过试验机构核查后，施工材料才能被用于施工建筑中。倘若施工材料来自国外，那么就要求有相应的商检部门检查合格证书，其质量符合我国有关规定，如此才能确保施工技术质量的合格。

最后，加大施工方法控制力度。施工过程中所涉及的工艺流程、施工方案和检测方法等控制方法统称为施工方法。其中，这些方法的一个主要参考就是技术文件，进而技术文件的科学性和完整性会对施工技术产生重要影响。因此，相关人员在构建技术文件时必须做到科学、合理，能够通过网络技术和信息技术对其进行动态管理，让所有文件内容都可查到依据。施工技术质量控制主要是以施工图纸为标准的，所以建筑施工单位必须严格审查施工图纸这项重要技术文件，且审查工作必须由专业机构接管，这样有利于降低因为图纸错误而带来的不利影响，保障工程质量。

参考文献

[1] 肖亮 . 装配式建筑施工技术在建筑工程施工管理中的应用 [J]. 中小企业管理与科技 (下旬刊),2021(6):183-184.

[2] 王明新 . 超高压架空输电线路工程建设施工分析 [J]. 科技风 ,2021(16):121-122.

[3] 祁杰 . 浅谈电力工程项目经理对施工现场安全管控的认识 [J]. 农电管理 ,2021(6):35-36.

[4] 张恩诚 . 建设工程施工中影响安全管理及优化措施 [J]. 房地产世界 ,2021(11):110-112.

[5] 张丽平 . 浅析智能建筑工程施工管理 [J]. 砖瓦 ,2021(6):158-159.

[6] 李素娟 . 市政道路交通安全设施的施工与管理 [J]. 科技经济导刊 ,2021,29(16):85-86.

[7] 栾德成 . 推深做实人民调解　营造建筑业良好发展环境 [N]. 中国建设报 ,2021-06-01(006).

[8] 姚宇 . 浅谈公路桥梁施工的质量监督及其控制 [J]. 建筑与预算 ,2021(5):41-43.

[9] 樊世军 . 桥梁钻孔灌注桩施工技术研究 [J]. 智能城市 ,2021,7(10):107-108.

[10] 罗正环 . 第三人在支付文件上签注“代付”内容构成债务加入 [N]. 人民法院报 ,2021-05-27(007).

[11] 王静元 , 靳李玲 , 周吉高 . 材料价格上涨时承包人可主张的调价依据 [N]. 建筑时报 ,2021-05-27(003).

[12] 郜飞 , 高敏 . 钢材价格疯涨行情下承包人调价路径与策略分析 [N]. 建筑时报 ,2021-05-27(003).

[13] 刘乐 . 民事主体在民事活动中应遵循诚信原则 [N]. 辽宁日报 ,2021-05-26(010).

[14] 文卫阳 . 浅析水利工程施工中边坡开挖支护技术的应用 [J]. 绿色环保建材 ,2021(5):151-152.

[15] 张玉欣 . 工程施工中边坡支护技术的有效应用对策 [J]. 房地产世界 ,2021(10):82-84.

[16] 张建卫 . 道路桥梁隧道工程施工中的难点和技术对策 [J]. 低碳世界 ,2021,11(5):225-226.

[17] 李福强 . 公路桥梁隧道工程施工防水设施应用 [J]. 科技经济导刊 ,2021,29(15):66-67.

[18] 朱晓龙 . 基于 BIM 的土木建筑工程施工管理方法研究 [J]. 大众标准化 ,2021(10):249-251.

[19] 杜越楠 . 化工基建工程项目核算与财务管理 [J]. 化工管理 ,2021(15):15-16.

[20] 吴夏阳 . 浅谈建设工程施工合同纠纷类型及预防措施 [J]. 财经界 ,2021(15):187-188.

[21] 胡成海主编 . 建设工程施工管理 [M]. 北京：中国言实出版社，2017.

[22] 环球网校建造师考试研究院编 . 建设工程施工管理 [M]. 北京：北京理工大学出版社，2016.

[23] 蔡军兴，王宗昌，崔武文编著 . 建设工程施工技术与质量控制 [M]. 北京：中国建材工业出版社，2018.

[24] 学尔森学院建造师考试命题研究院编；邱四豪主编 . 建设工程施工管理 [M]. 上海：同济大学出版社，2015.

[25] 优路教育二级建造师考试命题研究委员会组编；石泰主编；杨翠玉，王朝阳，武瑞玲等参编 . 建设工程施工管理 [M]. 北京：机械工业出版社，2015.

[26] 学尔森学院建造师考试命题研究院编；邱四豪 . 建设工程施工管理 [M]. 上海：同济大学出版社，2014.

[27] 二级建造师执业资格考试命题研究中心编 . 建设工程施工管理：第 4 版 [M]. 武汉：华中科技大学出版社，2015.

[28] 优路教育二级建造师考试命题研究委员会组编 . 建设工程施工管理 [M]. 北京：机械工业出版社，2014.

[29] 浙江省建设工程造价管理总站主编 . 浙江省建设工程施工机械台班费用定额 [M]. 北京：中国计划出版社，2018.

[30] 黄明主编，高公略副主编 . 建设工程施工管理精讲与题解 [M]. 西安：西安电子科技大学出版社，2016.